高职高专土建类专业“十三五”规划教材

建筑材料与检测

JIANZHU CAILIAO YU JIANCE

●主编 梅 杨 赵瑞霞

●主审 王稼振

郑州大学出版社

郑 州

图书在版编目(CIP)数据

建筑材料与检测/梅杨,赵瑞霞主编. —郑州:郑州大学出版社,2018.9

高职高专土建类专业“十三五”规划教材

ISBN 978-7-5645-5499-6

Ⅰ.①建… Ⅱ.①梅…②赵… Ⅲ.①建筑材料-检测-高等职业教育-教材 Ⅳ.①TU502

中国版本图书馆 CIP 数据核字（2018）第 134417 号

郑州大学出版社出版发行

郑州市大学路 40 号　　邮政编码:450052

出版人:张功员　　发行电话:0371-66966070

全国新华书店经销

郑州市诚丰印刷有限公司印制

开本:787 mm×1 092 mm　1/16

印张:19

字数:453 千字

版次:2018 年 9 月第 1 版　　印次:2018 年 9 月第 1 次印刷

书号:ISBN 978-7-5645-5499-6　　定价:39.00 元

本书作者

主　　审　王稼振

主　　编　梅　杨　赵瑞霞

副 主 编　张　烨　徐珊珊

参编人员　（以姓氏笔画为序）

马石磊　王　丽　王稼振

汪艳梅　张黎黎　高　珂

前言

本书根据高职教育培养高素质技能型人才的特点，加强了理论知识部分与材料检测部分的联系，方便读者使用。为及时反映最新技术进展，体现教材的科学性和先进性，全书引用的均为最新技术标准、技术规范和法定计量单位，增加了与本书配套的实验报告、电子课件、习题库及参考答案等教学资源。

本书可作为高职高专、普通专科院校建筑工程及相关专业的教材，也可作为广大自学者用书和建筑工程技术人员用书。

本书由河南建筑职业技术学院梅杨、赵瑞霞任主编，河南建筑职业技术学院张烨、徐姗姗任副主编，中铁大桥局集团第一工程有限公司高级工程师王稼振任主审。编写分工如下：河南建筑职业技术学院梅杨（第 4 章 4.6～4.7，第 5 章 5.1～5.4，第 15 章 15.2），河南建筑职业技术学院赵瑞霞（第 5 章 5.5～5.9），中铁大桥局集团第一工程有限公司王稼振（第 1 章，第 15 章 15.3），河南建筑职业技术学院徐姗姗（第 6 章，第 14 章，第 15 章 15.4），河南建筑职业技术学院张烨（第 4 章 4.1～4.5，第 15 章 15.1），河南建筑职业技术学院王丽（第 7 章，第 10 章，第 13 章），河南建筑职业技术学院高珂（第 8 章，第 12 章，第 15 章 15.6、15.7），新乡市高新建设工程质量检测有限公司马石磊（第 9 章，第 11 章，第 15 章 15.8），河南建筑职业技术学院汪艳梅（第 2 章，第 15 章 15.5），河南建筑职业技术学院张黎黎（第 3 章）。

在编写过程中参考和借鉴了大量文献资料，谨向这些文献作者致以诚挚的谢意。同时，河南建筑职业技术学院朱海群老师在编写过程中提出了很多的宝贵意见，在此表示诚挚的感谢！

由于我们的水平所限，书中错漏和不妥之处在所难免，恳请读者在使用过程中给予指正并提出宝贵意见，以便修订时完善。

编者

2018 年 3 月

目录

第一篇 概述

第二篇 主体结构材料

第三篇　建筑功能材料

第四篇　建筑材料性能检测

第一篇

概　述

第1章 建筑材料在工程中的应用及发展

学习目标　了解建筑材料在工程中的应用及发展,以及建筑行业的概况;掌握建筑材料的分类及特点;熟悉建筑材料课程的任务,总结课程的学习方法,以便于更好地学习。

1.1 建筑材料的定义和分类

1.1.1 建筑材料的定义

建筑材料是指在建筑工程中使用的各种材料及其制品的总称。包括三部分:一是直接构成建筑物、构筑物的材料,如石灰、水泥、混凝土、钢材、防水材料、墙体和屋面材料、装饰材料等;二是施工过程中所需要的辅助材料,如脚手架、模板等;三是各种建筑器材,如消防设备、给排水设备、空调等。狭义的建筑材料是指直接构成建筑物本身的材料。本书所介绍的建筑材料是指狭义的建筑材料。

1.1.2 建筑材料的分类

建筑材料种类繁多,可从不同角度对其进行分类。最常见的是按材料的化学成分和使用功能进行分类。

1.1.2.1 按化学成分分类

建筑材料按化学成分可分为无机材料、有机材料和复合材料三大类。详见表1.1。

表 1.1　建筑材料按化学成分分类表

<table>
<tr><th colspan="3">分类</th><th>实例</th></tr>
<tr><td rowspan="7">无机材料</td><td rowspan="2">金属材料</td><td>黑色金属</td><td>碳素钢、合金钢</td></tr>
<tr><td>有色金属</td><td>铜、铝及其合金</td></tr>
<tr><td rowspan="5">非金属材料</td><td>天然石材</td><td>砂、石及石材制品</td></tr>
<tr><td>无机人造石材</td><td>混凝土、砂浆及硅酸盐制品</td></tr>
<tr><td>气硬性胶凝材料</td><td>石灰、石膏、水玻璃</td></tr>
<tr><td>水硬性胶凝材料</td><td>水泥</td></tr>
<tr><td>烧土及熔融制品</td><td>烧结砖、陶瓷、玻璃</td></tr>
<tr><td rowspan="3">有机材料</td><td colspan="2">植物材料</td><td>木材、竹材、植物纤维及其制品</td></tr>
<tr><td colspan="2">沥青材料</td><td>石油沥青、煤沥青、改性沥青及其制品</td></tr>
<tr><td colspan="2">高分子材料</td><td>塑料、有机涂料、胶黏剂、橡胶</td></tr>
<tr><td rowspan="3">复合材料</td><td colspan="2">金属-无机非金属复合</td><td>钢筋混凝土、钢纤维混凝土、钢管混凝土</td></tr>
<tr><td colspan="2">无机非金属-有机复合</td><td>沥青混凝土、玻璃纤维增强塑料</td></tr>
<tr><td colspan="2">有机-金属复合</td><td>PVC 钢板、轻质金属夹芯板、塑钢门窗</td></tr>
</table>

(1)无机材料——含金属材料和非金属材料

金属材料具有材质均一、力学性能好,可塑性、强度、韧性和热传导性好,化学活性强,易腐蚀等特点。在建筑材料上用量最大的金属材料主要是钢材,其他还有铜材、铝材等。

非金属材料主要是不同组成的硅酸盐材料,它具有抗压强度高、脆性大、熔点高、电绝缘好、耐腐蚀等特点。

(2)有机材料

由有机生命体产生的材料,具有分子量大、密度小、耐热差、易腐蚀和易加工等特点。有机材料类型较多,液态到固态、弹性体到刚体、透明到不透明、功能材料到结构材料等,包括天然有机材料和人工合成有机材料(如沥青、合成高分子材料等)。

(3)复合材料

由两种或两种以上物理和化学性质不同的物质组合而成的一种多相固体材料。复合材料能够克服单一材料弱点,发挥复合各组成材料的优点,满足建筑结构对材料性能的复杂要求,因此,复合材料已成为当前应用最多的土木建筑材料,材料复合化已是当今建筑材料发展的一种必然趋势。

1.1.2.2　按使用功能分类

建筑材料按使用功能可分为建筑结构材料、墙体材料及功能材料三大类。

(1)建筑结构材料

构成建筑物受力构件和结构所用的材料,如梁、板、柱、基础、框架等所使用的材料。其主要技术性能要求是强度和耐久性,是决定建筑工程结构安全性、耐久性和使用可靠性的关键。常用的有砖、石、水泥、混凝土、钢材以及两者复合的钢筋混凝土和预应力钢筋混凝土等。

(2)墙体材料

构成建筑物内外和分隔室内空间所用的材料,有承重和非承重两种。常用的墙体材料有砖、砌块、板材等。围护材料除强度和耐久性要求外,更重要的是应具有良好的绝热性,以符合建筑节能要求。

(3)功能材料

以材料力学性能以外的功能为特征的非承重用材料,赋予建筑物防水、绝热、吸声隔声、装饰等功能。这类材料种类繁多,功能各异,为了满足建筑物所要求的可靠性、适用性及美观效果等,功能材料将越来越多地使用在建筑上。

1.2 建筑材料在工程中的应用及发展

1.2.1 建筑材料对工程质量的影响

在建筑工程中,工程质量优良是对工程的基本要求,而质量通常与所选用原材料有直接的关系。从材料的选择、检验、保管到生产使用等任何环节的问题都会产生工程质量隐患或缺陷,许多重大质量事故无不与材料的质量有关。由于目前社会上建筑材料质量来源多,质量参差不齐,因此,要保证工程的质量,就应具有建筑材料相关的知识,了解各种材料的性能,合理选择和使用施工原材料,做好材料控制,落实质量安全红线管理。

1.2.2 建筑材料对工程成本的影响

建筑材料在工程中用量大,直接影响工程的总造价,在一般土木建筑工程中(如房建、桥梁结构),与材料有关的材料成本费用(不含装修)一般占建筑施工总成本的50%~70%,因此,在满足相同技术指标和质量要求的前提下,不同的材料选择对工程的成本影响很大,相同的材料不同的使用方案会产生不同的经济效果。只有通过合理地选择、使用与管理材料,才能有效利用并最大限度地获得经济效益。对混凝土原材料的不同选择、不同的配合比参数设计,同等级、同设计要求的混凝土其成本可能会相差较大。

1.2.3 建筑材料对施工技术的影响

在工程建设过程中,设计标准和施工工艺都与材料密切相关,采用不同的材料就会有不同的施工工艺与施工方法。从工程技术发展的历程来看,材料性能的变化往往是工程变革的基础,是影响工程结构设计形式和施工工艺的重要因素。从木结构、石材砌筑结构到混凝土结构、钢结构、钢混结构都体现着材料的进步与发展。在工程设计上,想更完美地实现设计意图就必须选择恰当的材料去体现;在工程施工过程中,许多技术问题的解决常常离不开使用材料性能的改进或使用方法的改进;一些新材料的出现也会促使建筑施工新技术的出现或技术的改进,产生更好的技术经济效果。今天,一个建筑结构,其节能、环保和新材料的使用也是评价其施工技术水平的重要指标。

1.2.4 当代建筑工程材料的发展与应用现状

土木工程材料的用量巨大，单一品种的原材料来源已不能满足其持续不断的要求，以天然材料为主的建筑材料将逐步被各种人工材料取代，土木工程材料逐步向着再生化、利废化、节能化和绿色化等人们期望的多功能性和高性能方向发展。

材料是建筑工程的基础，建筑材料的更新是新型结构出现与发展的基础，建筑材料的品种和质量水平制约着建筑与结构形式和施工方法，新的复合材料、新的轻质高强材料的不断涌现为结构向大跨度、轻型化和新型结构形式发展提供了前提，直接影响建筑工程的结构组合型式，影响其经济性、安全可靠性、耐久性及适用性等，因此，新型建筑材料的开发、生产和使用，对于促进社会进步、发展国民经济具有重要意义。

随着社会科学技术的不断进步，工程材料也在不断更新换代。当前传统的土、石、木等材料虽然还在工程中广泛应用，但这些传统的材料在土木工程中的主导地位也为新型材料所取代，材料向着轻质高强、多功能、良好的工艺性和优良耐久性方向发展，钢材、钢筋混凝土已成为主要结构材料，秦砖汉瓦已从建筑材料主体中退出，新型合金、陶瓷、玻璃、有机材料及其他人工合成材料、复合材料等在土木工程中的应用也越来越多，其应用范围与使用功能也大大拓宽，现代施工技术与设备的应用也使得材料在工程中的性能更好体现，促使了现代工程的发展。

为满足现代土木工程结构性能和施工技术的要求，满足质量安全和环保要求，材料应用也向着工业化方向发展。水泥混凝土等结构材料向着商品化和构件预制化的方向发展，材料向着成品或半成品的方向延伸，材料的加工、贮运、使用及其他施工操作的机械化、自动化、信息化水平不断提高，劳动强度逐渐下降。这不仅改变着材料在使用过程中的性能表现，也在改变着人们对于土木工程材料使用的手段和观念。

【知识链接】

建筑行业概况

建筑业是一个国家的支柱产业(支柱产业是指在国民经济中生产发展速度较快，对整个经济起引导和推动作用的先导性产业)，中国的建筑业很大程度上解决了就业问题，同时，建筑业的增长对一个国家的GDP增长也起着重要的作用。

1949年中华人民共和国成立，全国建筑职工约有20万人，只占全国职工总数的很小比重。截至2017年底，建筑业从业人数四千多万人。

随着我国城镇化进程加快，建筑业的发展也迎来良好的市场机遇：城市化发展促进基础设施建设，城市化带来房地产开发和城市基础设施建设需求持续增大。

未来建筑业的发展方向：一是绿色建筑的理念已提上日程，二是提高行业整体水平，推进建筑工业化。

建设程序：一个项目的建设是从设想、选址、评估、决策、设计、施工到竣工验收、投入使用整个建设过程中，各项工作必须遵守的先后次序的法则。按照建设项目发展的内在联系和发展过程，建设程序分成若干阶段，它们各有不同的工作内容，有机地联系在一起，有着客观的先后顺序，不可违反，必须共同遵守，这是因为它科学地总结了建设工作的实践经验，反映了建设工作所固有的客观自然规律和经济规律，是建设项目科学决策和顺利进行的重要保证。

我国把建设项目的行政许可按照投资主体的不同分为审批类、核准类和备案类三种，国家投资的建设项目都属审批类，企业或个人投资的建设项目按其规模和投资方向属于核准和备案类。我国目前对基本建设项目的管理，规定大中型项目由国家发展和改革委员会审批，小型及一般地方项目由地方发改委审批。随着投资体制的改革和市场经济的发展，国家对基本建设程序的审批权限几经调整，但建设程序始终未变，我国现行的基本建设程序分为：项目建议书、可行性研究、设计、开工建设和竣工验收。

建筑行业岗位：

建筑行业责任主体包括勘查、设计、建设、施工、监理、检测单位，国家建设行政管理部门为国家住房和城乡建设部，下设省级和市级机构。建筑行业的执业资格证书有：注册建造师（一级、二级）、注册造价师、注册监理师、注册建筑师、注册公用设备师、注册土木工程师、注册结构工程师、房地产估价师等。从事建筑施工的岗位按照《建筑与市政工程施工现场专业人员职业标准》（JGJ /T 250—2011），主要包括施工员、质量员、安全员、标准员、材料员、机械员、劳务员、资料员。

1.3　建筑材料与检测课程的任务和学习方法

1.3.1　建筑材料与检测课程的任务

建筑材料与检测是土建类各专业一门重要的专业基础课，理论性和实践性都较强，涉及的知识面较广。本课程主要讲述建筑工程中常用建筑材料，如混凝土、建筑砂浆、建筑钢材和墙体屋面材料、保温隔热材料等的品种与规格、基本组成、性能特点、技术标准和应用，以及材料的验收、保管、质量控制和检测等基本知识。通过本课程的学习，让学生了解和掌握建筑材料的一些基本知识，并且通过对工程实例分析的学习，能够经济合理地选择建筑材料和正确使用建筑材料，同时培养学生具备对常用建筑材料的主要技术指标进行检测的能力，为以后学习其他相关专业课程提供建筑材料方面的基本知识，为今后从事工程实践奠定基础。

1.3.2　建筑材料与检测课程的学习方法

本课程是学习建筑施工技术、建筑与装饰工程计量与计价等课程的基础，学习方法不同于数学、物理基础课，理论推导和复杂计算很少，概念较多，以叙述为主。建筑材料课程内容繁杂，因此掌握正确的学习方法是至关重要的。在学习过程中要注意以下几点：

（1）点线面结合，突出重点

作为高职教育，主要以材料的技术性能和应用、检验为主线进行学习，对材料的生产及相关的化学反应只作一般性的了解。在本课程的学习过程中，应结合现行的技术标准，以建筑材料的性能及合理选用为中心，注意事物的本质和内在联系。虽然建筑材料种类、品种、规格繁多，但常用的建筑材料品种并不多，通过对常用的、有代表性的建筑材料的学习,可以为今后工作中了解和运用其他建筑材料打下基础。

(2)对比法

不同种类材料具有不同的性质,同类材料不同品种既存在共性又存在各自的特性。要抓住代表性材料的一般性质,运用对比的方法去掌握其他品种建筑材料的特性。善于运用对比法找出材料间的共性和各自的特性,对各材料应注意比较其异同点,包括两种材料的对比及一种材料与多种材料的对比。

(3)理论联系实际

本课程是一门实践性很强的课程,除学习基本知识和基本技能外,应注意结合工程实际来学习。学习过程中要多观察身边建筑工程的材料应用情况,了解常用材料的品种、规格、使用和储运情况,验证和补充书本知识。

(4)建筑材料试验是本课程的重要教学环节

材料试验是检验建筑材料性能、鉴别其质量水平的主要手段,也是工程建设中质量控制的重要环节。在材料使用前,必须对材料按规定抽样试验,只有依标准试验确认合格后,才能在工程实际中应用,未经标准确认或评价的材料都不应轻易在工程主体结构中使用。在工程验收中,工程实体的验收试验也是判定或鉴定工程质量的重要手段之一。因此,材料试验检验工作是一项经常化的、规范性要求很强的工作。

在学习本课程过程中,应重视试验课,通过试验可验证所学的基本理论,增加感性认识,熟悉试验鉴定、检验和评定材料质量方法,掌握一定的试验技能,培养分析和判断问题的能力,为后续专业课程的学习以及今后从事建筑材料检测工作打下良好基础。在学习理论课的同时,学习常用建筑材料的检验方法——合格性判断和验收,能对实验数据进行处理,对实验结果进行正确的分析和判别,提高动手能力,培养实验技能。另一方面,培养严谨的科学、严谨、公正和实事求是的工作作风,为从事土木工程实践工作打下坚实的基础。

章后小结

1. 建筑材料按照化学成分分类:无机材料、有机材料、复合材料。
2. 建筑材料按照使用功能分类:建筑结构材料、墙体材料及功能材料。

习　题

一、选择题

1. 建筑材料按使用功能可分为建筑结构材料、墙体材料及功能材料三大类,以下(　　)不属于建筑结构材料。

A. 混凝土　　B. 烧结多孔砖

C. 钢材　　D. 防水卷材

2. 建筑材料按照化学成分分为无机材料、有机材料、复合材料，以下（　　）属于复合材料。

A. 石材　　B. 沥青
C. 水泥　　D. 钢筋混凝土

二、填空题

1. 无机材料分为________和________。
2. 有机材料分为________、________、________。
3. 墙体材料有________、________、________等。
4. 按使用功能分类中，水泥混凝土属于________。
5. 建筑材料与检测是一门________课，______是本课程的重要实践教学环节。

第2章 建筑材料的基本性质

学习要求 通过本章学习，了解建筑材料的组成和结构。熟悉建筑材料与水、热有关的性质及材料的力学性质和耐久性等性质。掌握建筑材料的密度、表观密度、堆积密度、孔隙率和密实等性质。

由于建筑材料在建筑物中所处的部位不同，要承受各种不同的作用，如梁、板、柱主要承受外力作用，墙体不但具有承重，还要具有保温、隔声的功能，屋面具有保温、防水的功能，对于长期暴露在大气中的材料，还会受到各种外界因素的影响，如经受风吹、日晒、雨淋、冰冻等的破坏作用，因而为了保证结构物的质量，要求建筑材料具有不同的性质，作为建筑工程技术人员必须能正确选择和使用土木工程材料，因此就要了解和掌握土木工程材料的基本性质及其与材料组成、结构和构造的关系，并能够正确选择、合理运用、准确地分析和评价建筑材料。

2.1 材料的物理性质

材料的物理性质是表征材料的质量与其体积之间相互关系的主要参数，如密度、表观密度、堆积密度以及密实度、孔隙率、空隙率及填充率等，是土木工程材料最基本的物理性质。

2.1.1 材料与质量有关的性质

(1)密度

材料在绝对密实状态下，单位体积的质量称为密度。按下式计算：

$$\rho = \frac{m}{V}$$

式中 ρ——密度，g/cm^3；

m——材料干燥时的质量,g;

V——材料在绝对密实状态下的体积,cm^3。

所谓绝对密实状态下的体积是指不包含材料内部孔隙的固体物质所占的体积。在常用建筑材料中,除了钢材、玻璃等少数接近于绝对密实的材料外,绝大多数都含有一定的孔隙。在测定有孔隙的材料体积时,先把材料磨成细粉以排除其内部孔隙,用李氏比重瓶测得其真实体积。材料磨得越细,测得的体积越接近于绝对体积。对砖、石等材料常采用此种方法测定其密度。此外,工程上还经常用到相对密度,是指材料的密度与4 ℃纯水密度之比。

(2)表观密度

材料在自然状态下单位体积的质量,称为表观密度。按下式计算:

$$\rho_0 = \frac{m}{V_0}$$

式中 ρ_0——表观密度,kg/m^3;

m——材料的质量,kg;

V_0——材料自然状态下的体积,m^3。

材料在自然状态下的体积,是指构成材料的固体物质的体积与孔隙体积之和。材料的内部孔隙有两种,一种是相互连通且与外界相通的孔为开口孔,另外一种是不与外界相通的孔为闭口孔。

对于形状规则的材料,其几何体即为表观体积;对于形状不规则的材料,可用蜡封法封闭孔隙,然后用排液法测量体积。材料表观密度的大小与其含水状态有关。故测定材料表观密度时,应注明其含水情况,未特别标明者,常指气干状态下的表观密度(材料含水率与大气湿度相平衡,但未达到饱和状态)。

通常,对于一些较密实的不规则散状材料(如砂、石子等),可直接采用排液置换法或水中称重法测其体积,该体积含材料实体和内部的闭口孔隙的体积,而由于一部分水进入了开口孔隙,故所测得体积比自然状态下的体积稍小,但较接近,故计算出的密度为近视密度,称为视密度。

(3)堆积密度

散粒状材料在自然堆积状态下单位体积的质量,称为堆积密度。按下式计算:

$$\rho_0{'} = \frac{m}{V_0{'}}$$

式中 ρ_0——堆积密度,kg/m^3;

m ——材料的质量,kg;

$V_0{'}$——粒状材料的堆积体积,m^3。

材料在自然堆积状态下,其体积包括颗粒的体积以及颗粒之间的空隙体积。

对于配制混凝土用的碎石、卵石及砂等松散颗粒状材料的堆积密度测定是在特定条件下,既定容积的容器测得的体积,称为堆积体积,所求得密度称为堆积密度。

若以松散堆积体积计算的堆积密度称松堆密度,以振实体积计算则称紧堆密度。常用材料的密度、表观密度、堆积密度值,见表2.1。

表 2.1 常用建筑材料的密度、体积密度、堆积密度和孔隙率

材料名称	密度/(g/cm³)	表观密度/(kg/m³)	堆积密度/(kg/m³)	孔隙率/%
钢材	7.85	7850	—	—
花岗岩	2.6~2.9	2600~2850	—	0~0.3
石灰石	2.6~2.8	2000~2600	—	0.5~3.0
碎石或卵石	2.6~2.9	—	1400~1700	—
普通砂	2.6~2.8	—	1450~1700	—
烧结黏土砖	2.5~2.7	1500~1800	—	20~40
水泥	3.0~3.2	—	1300~1700	—
普通混凝土	—	2100~2600	—	5~20
沥青混凝土	—	2300~2400	—	2~4
木材	1.55	400~800	—	55~75

(4) 密实度与孔隙率

1)密实度。材料体积内被固体物质所充实的程度,即绝对密实体积与自然状态下体积的比率。用 D 表示,按下式计算:

$$D=\frac{V}{V_0}\times 100\% =\frac{\rho_0}{\rho}\times 100\%$$

密实度反映了材料的致密程度,含有孔隙的固体材料的密实度均小于 1。

2)孔隙率。材料中孔隙的体积占材料总体积的百分率。用 P 表示。按下式计算:

$$P=\frac{V_0-V}{V_0}\times 100\% =(1-\frac{V}{V_0})\times 100\% =(1-\frac{\rho_0}{\rho})\times 100\%$$

密实度 D 与孔隙率 P 的关系为:

$$P+D=1$$

材料孔隙率的大小、孔的粗细和形态等,是材料构造的重要特征,关系到材料的一系列性质,如强度、吸水性、抗冻性、抗渗性、保温性等。孔隙特征主要指孔的种类(开孔与闭孔)、孔径的大小及分布等。一般而言,孔隙率较小,且闭口孔多的材料,其吸水性较小,强度较高,抗渗性、抗冻性较好。

同一种材料其孔隙率越高,密实度越低,则材料的表观密度、体积密度、堆积密度越小,强度越低。开口孔率越高,其耐水性、渗透性、耐腐蚀性等性能越差。而闭口孔隙率越高,其保温性越好。

(5)填充率与空隙率

1)填充率。是指散粒状材料在堆积体积中,被颗粒填充的程度。用 D' 表示。

$$D'=\frac{V_0}{V_0'}\times 100\% =\frac{\rho_0'}{\rho_0}\times 100\%$$

2)空隙率。空隙率是指散粒状材料在堆积体积中,颗粒之间的空隙体积占堆积总体

积的比例。以 P' 表示。

$$P' = 1 - \frac{V_0}{V_0'} = (1 - \frac{\rho_0'}{\rho_0}) \times 100\%$$

填充率与空隙率的关系为：

$$D' + P' = 1$$

空隙率的大小反映了散粒材料的颗粒相互填充的致密程度。空隙率可作为控制混凝土骨料级配与计算含砂率的依据。混凝土施工中采用空隙率较小的砂、石骨料可以节约水泥，提高混凝土的密实度，使混凝土的强度和耐久性得到提高。

2.1.2　材料与水有关的性质

在土木工程中，绝大多数建筑物与构筑物在不同程度上需与水接触，工程材料在与水接触后，将会出现不同的物理化学变化，故应研究土木工程材料在水的作用下表现出的各种特性及其变化。

(1)材料的亲水性与憎水性

材料在空气中与水接触时能被水润湿的性质称为亲水性。具有这种性质的材料称为亲水性材料，如砖、混凝土、木材等。材料在空气中与水接触时不能被水润湿的性质，称为憎水性。具有这种性质的材料称为憎水性材料，如沥青、石蜡等。因此，憎水性材料经常作为防水材料或用于亲水性材料的表面处理，以降低吸水性。

材料被水润湿的程度可用润湿角 θ 表示。如图2.1所示，在材料、水和空气三相的交点处，沿水的表面切线材与材料和水接触面所形成的夹角 θ 称为“润湿角”。当 $\theta \leq 90°$ 时，材料分子与水分子之间相互的吸引力大于水分子之间的内聚力，称为亲水性材料。当 $\theta > 90°$，材料分子与水分子之间相互的吸引力小于水分子之间的内聚力，称为憎水性材料。

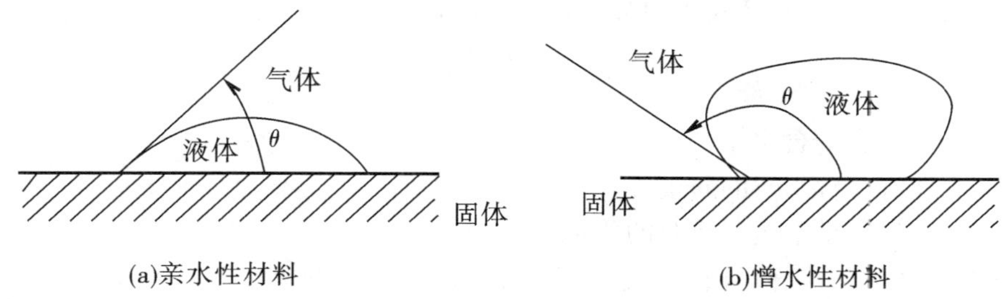

图2.1　材料的润湿示意图

(2)材料的含水状态

亲水性材料的含水状态可分为四种基本状态：

干燥状态——材料的孔隙中不含水或含水极微；

气干状态——材料的孔隙中含水时其相对湿度与大气湿度相平衡；

饱和面干燥状态——材料表面干燥，而孔隙中充满水达到饱和；

表面润湿状态——材料不仅孔隙中含水饱和，而且表面上被水润湿附有一层水膜。

除上述四种基本含水状态以外，材料还可以处于两种基本状态之间的过渡状态。

(3)吸水性

材料浸入水中吸收水分的能力称为吸水性。吸水性的大小用吸水率表示,分为质量吸水率和体积吸水率。

质量吸水率是指材料吸水饱和时,所吸收水分的质量占材料干燥质量的百分比,用$W_{质}$表示。按下式计算:

$$W_{质}=\frac{m_{湿}-m_{干}}{m_{干}}\times 100\%$$

式中 $W_{质}$——材料的质量吸水率,%;

$m_{湿}$——材料吸水饱和后的质量,g;

$m_{干}$——材料烘干至恒重时的质量,g。

工程中多用质量吸水率 $W_{质}$ 表示材料的吸水性。但对于某些轻质材料如木材及其他多空轻质材料等,由于其质量吸水率超过了 100%,故采用体积吸水率 $W_{体}$ 表示其吸水性较为适宜。

$$W_{体}=\frac{m_{湿}-m_{干}}{V_0}\times\frac{1}{\rho_{水}}\times 100\%$$

材料吸水性的大小不仅取决于材料是亲水性或是憎水性,还与其孔隙率的大小及孔隙特征有关。一般来说材料的孔隙率越大,吸水性越强。开口且连通的细小孔隙越多,吸水性越强;封闭的孔隙水分难以进入;粗大开口的孔隙,水分不易存留,故吸水性较小。

材料在吸水后,原有的许多性能会发生改变,如强度降低、表观密度加大,保温性变差,抗冻性变差,耐久性下降,甚至有的材料会因吸水发生化学反应而变质。

(4)吸湿性

材料在潮湿空气中吸收水分的性质称为吸湿性。用含水率 $W_{含}$ 表示,含水率指材料所含水的质量占材料干燥质量的百分比。按下式计算:

$$W_{含}=\frac{m_{含}-m_{干}}{m_{干}}\times 100\%$$

式中 $W_{含}$——材料的含水率,%;

$m_{含}$——材料含水时的质量,g;

$m_{干}$——材料烘干至恒重时的质量,g。

材料含水率的大小,除与组成成分、组织构造等因素有关外,还与周围环境的湿度、温度有关。气温愈低、相对湿度越大,材料的含水率也越大。当材料含水率与周围空气湿度达到平衡时的含水率称为"平衡含水率"。平衡含水率,随温度、湿度变化而变化。

(5)耐水性

材料长期在饱和水作用下不破坏、强度也不显著降低的性质称为耐水性。用软化系数 $K_{软}$表示。按下式计算:

$$K_{软}=\frac{f_{饱}}{f_{干}}$$

式中 $f_{饱}$——材料在饱和水状态下的抗压强度,MPa;

$f_{干}$——材料在干燥状态下的抗压强度,MPa。

材料含水后，会以不同的方式减弱材料的内部结合力，使强度有不同程度的降低。材料的软化系数，反映材料吸水后强度降低的程度。其值在 0 ~ 1 之间。$K_{软}$愈大，表明材料吸水饱和后强度下降得越少，耐水性越好。故 $K_{软}$值可作为处于严重受水侵蚀或潮湿环境下的重要结构物选择材料时的主要依据。对处于水中的重要结构物，其材料的 $K_{软}$值应不小于 0.85 ~ 0.90；次要的或受潮较轻的结构物，其 $K_{软}$值应不小于 0.75 ~ 0.85；对于经常处于干燥环境的结构物，可不考虑 $K_{软}$。通常认为 $K_{软}$大于 0.85 的材料为耐水材料。

（6）抗渗性

材料在水、油等液体压力作用下，抵抗渗透的性质，称为抗渗性。用渗透系数 K 或抗渗等级表示。

渗透系数反映了水在材料中流动的速度。K 越大，表明水在材料中流动的速度越快，材料的透水性好，其抗渗性越差。

建筑中大量使用的砂浆、混凝土等材料，其抗渗性用抗渗等级表示。抗渗等级用材料抵抗的最大水压力来表示。如 P6、P8、P10、P12 等，分别表示材料抵抗 0.6、0.8、1.0、1.2 MPa的水压力不渗水。抗渗等级愈大，材料的抗渗性愈好。

材料的抗渗性与其孔隙特征和孔隙率有关，封闭孔隙且孔隙率小的材料抗渗性好，连通孔隙且孔隙率大的材料抗渗性差。

由于建筑材料一般都有不同程度的渗透性，当材料两侧存在不同水压时，材料中易溶的化学成分会溶解流失，或周围的腐蚀性介质进入材料内部，把分解的产物带出，使材料逐渐破坏，如地下建筑、水工建筑物及防水的材料，要求其具有良好的抗渗性。

（7）抗冻性

材料在吸水饱和状态下，能经受多次冻融循环作用而不破坏，其强度也不严重降低的性质，称为抗冻性。用抗冻等级表示。

抗冻等级是以试件在吸水饱和状态下，经冻融循环试验，质量损失和强度下降均不超过规定数值的最大冻融循环次数来表示，如 F25、F50、F100 等。F50 表示所能承受的最大冻融循环次数不少于 50 次，试件的相对动弹性模量下降不低于 60% 或质量损失不超过 5%。材料抗冻等级越高，抗冻性越好。材料的抗冻性取决于其孔隙率、孔隙特征及充水程度。抗冻性常作为考查材料耐久性的一个指标。

材料经多次冻融循环后，表面出现裂纹、剥落等现象，造成质量损失，强度降低。这是由于材料内部孔隙中的水分结冰体积增大，对孔壁产生很大压力，冰融化时压力又骤然消失所致。无论是冻结还是融化过程都会使材料冻融交界层间产生明显的压力差，并作用于孔壁使之遭损。

影响材料抗冻性的因素有内因和外因。内因是指材料的组成、构造、孔隙率的大小和孔隙特征、强度、吸水性、耐水性等；外因是指材料孔隙中充水的程度、冻结温度、冻结速度、冻融频率等。一般来说，孔隙率小的具有闭口孔的材料有较好的抗冻性；材料的含水率越大，冻融循环的破坏作用就越大。

2.1.3　材料与热有关的性质

建筑物的功能除了实用、安全、经济外，还要为人们创造舒适的生产、工作、学习和生活环境。因此，在选用材料时，还要考虑材料的热工性质。

(1)导热性

材料传导热量的能力，称为导热性，用导热系数 λ 表示。

材料的导热系数越小，导热性越差，保温隔热性能越好。建筑材料的导热系数一般在 0.035 ~3.5W/(m·K)之间。将 λ≤0.175W/(m·K)的材料称为绝热材料。

导热系数与材料成分、孔隙率、构造情况和含水率以及温度有着密切关系。金属材料的导热系数大于非金属材料的导热系数。因为导热系数是由材料固体物质和孔隙中空气的导热系数决定的，由于密闭空气的导热系数 λ[为0.023 W/(m·K)]很小，所以材料的孔隙率越大，其导热系数越小，具有多孔且是闭口孔材料的 λ 较小，保温性较好。如果是粗大或贯通的孔隙，由于增加了热量的对流作用，材料的导热系数反而增大。材料受潮或受冻后，其导热系数会大大提高。这是由于水和冰的导热系数比空气的导热系数高很多[水为0.58 W/(m·K)，冰为2.20 W/(m·K)]。因此，在设计和施工中，对于多孔结构的保温隔热材料，应采取有效防潮防冻措施，以利于发挥材料的绝热性。

由前述可知，围护结构传热与材料的种类、材料的厚度、内外表面的温差及传热面积有关。同为240 mm 厚的黏土砖外墙要比加气混凝土砌块外墙保温效果差。

(2)热容量

材料在受热时吸收热量，冷却时放出热量的性质称为热容量。材料的热容量用比热表示。

材料的比热是指单位质量的材料，在温度升高或下降 1 K 时所吸收或放出的热量。C 与 m 的乘积，即 $C \cdot m$ 为材料的热容量值。采用热容量大的材料作围护结构材料，能在热流变动或采暖、空调不均衡时，缓和室内温度的波动，对稳定室内温度有良好的作用。

材料的导热系数和比热是设计建筑物围护结构(墙体、屋盖)、进行热工计算时的重要参数。建筑设计时，应选用导热系数较小而热容量较大的材料，对维持建筑物内部温度的相对稳定十分重要。同时，导热系数也是工业窑炉热工计算和确定冷藏库绝热厚度时的重要数据。几种常用材料的导热系数和比热，见表2.2。

表2.2 几种常用材料的导热系数和比热容

材料名称	建筑钢材	普通混凝土	木材	黏土空心砖	花岗岩	泡沫塑料	水	冰	密闭空气
导热系数[W/m·K]	58	1.51	2.51	0.80	3.49	0.035	0.58	2.20	0.023
比热/[J/(g·K)]	0.48	0.84	2.72	0.92	0.92	1.30	4.30	2.05	1.05

(3)热变形性

材料随温度的升降而产生热胀冷缩变形的性质，称为材料的热变形性，即温度变形，用线膨胀系数 α 表示。

线膨胀系数越大，表明材料的热变形性越大。普通混凝土的线膨胀系数为 10×10^{-6}，钢材为 $(10\sim12)\times10^{-6}$，所以它们能组成钢筋混凝土共同工作。

材料的热变形性对于土木工程是不利的。如在大面积或大体积的混凝土中，当温度变形产生的膨胀拉应力超过混凝土的抗拉强度时，引起温度裂缝，故大体积的建筑工程，为防止温度变形引起裂缝，应设置伸缩缝。

（4）耐燃性

材料对火焰和高温度的抵抗能力，称为材料的耐燃性。材料的耐燃性按照耐火要求规定，分为非燃烧材料、耐燃烧材料和燃烧材料三大类。

1）非燃烧材料　在空气中受到明火或高温时，不起火、不碳化、不微燃的材料，称为非燃烧材料，如砖、天然石材、混凝土、砂浆、金属材料等。

2）难燃烧材料　在空气中受到明火或高温时，难起火、难碳化、离开火源后燃烧或微燃立即停止的材料，称为难燃烧材料，如石膏板、水泥石棉版、板条抹灰等。

3）燃烧材料　在空气中受到明火或高温时，立即起火或燃烧，离开火源后继续燃烧或微燃的材料，如胶合板、纤维板、木材等。

在建筑工程中，应根据建筑物的耐火等级和材料的使用部位，选用非燃烧材料或难燃烧材料。当采用燃烧材料时，应进行防火处理。

2.2　材料的力学性质

材料的力学性质，主要是指材料在外力（荷载）作用下，抵抗破坏和变形能力的性质。主要包括材料的强度、弹性和塑性、脆性和韧性、硬度和耐磨性。

2.2.1　强度

材料在外力（荷载）作用下抵抗破坏的能力称为强度。根据外力作用方式不同，材料的强度主要有抗拉、抗压、抗弯（折）、抗剪强度。受力示意图见 2.2。

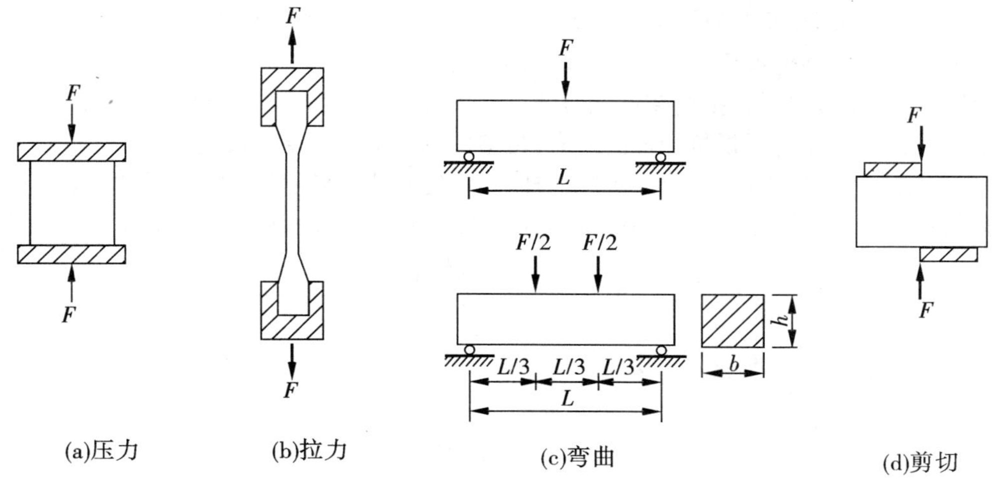

图 2.2　材料受力示意图

(1)抗拉、抗压、抗剪强度

材料的抗拉、抗压、抗剪强度,按下式计算:

$$f=\frac{F}{A}$$

式中 f——抗拉、抗压、抗剪强度,MPa;

F——材料受拉、压、剪破坏时的荷载,N;

A——材料的受力面积,mm^2。

(2)抗弯(折)强度

材料的抗弯(折)强度计算,按受力情况,截面形状等不同,方法各异。当试件为矩形截面时,在跨中或离支点各1/3处加一集中荷载,其抗弯强度分别按下式计算:

$$f_m=\frac{3FL}{2bh^2} \quad 或 \quad f_m=\frac{FL}{bh^2}$$

式中 f_m——抗弯(折)强度,MPa;

F——受弯时破坏荷载,N;

L——跨度,mm;

b、h——断面宽度、高度,mm。

在建筑工程中,大部分建筑材料依据其极限强度的大小划分为若干个不同的等级,这个等级叫强度等级。对脆性材料如砖、石、混凝土等,主要根据其抗压强度划分强度等级,对建筑钢材则按其抗拉强度划分强度等级。将土木工程材料划分为若干强度等级,对掌握材料的性质、合理选用材料、正确进行设计和施工以及控制工程质量都有重要的意义。

2.2.2 弹性与塑性

材料在外力作用下产生变形,当取消外力后,能完全恢复原来形状的性质,称为弹性。这种能完全恢复的变形,称为弹性变形。见图2.3。

弹性变形的形变量与对应的应力大小成正比,其比例系数用弹性模量 E 来表示。在材料弹性范围内,弹性模量是一个不变的常数。

弹性模量是衡量材料抵抗变形能力的一个指标,弹性模量愈大,材料愈不易变形,亦即刚度愈好,反映了材料抵抗变形的能力,是结构设计中的主要参数之一。

材料在外力作用下产生变形,当取消外力后,仍保持变形后的形状和尺寸并且不产生裂缝的性质,称为塑性。这种不能恢复的永久变形,称为塑性变形。见图2.4。

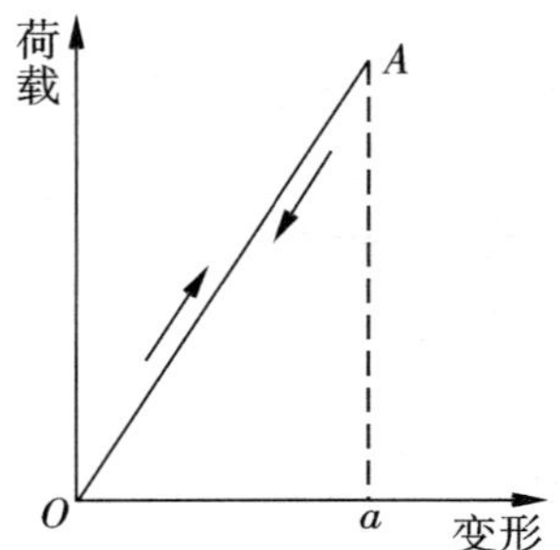

图2.3 材料的弹性变形

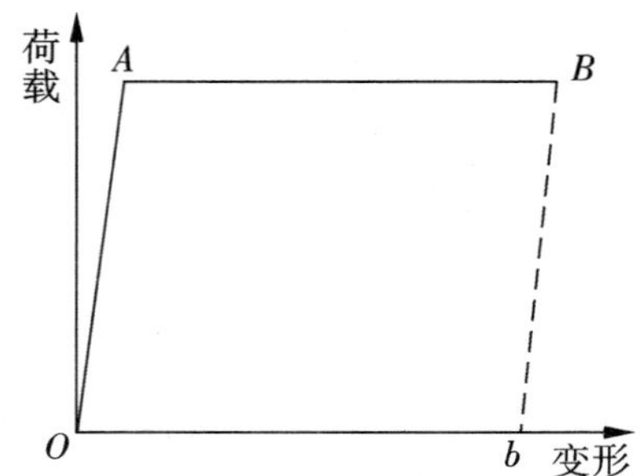

图2.4 材料的塑性变形

在建筑材料中，没有单纯的弹性材料。有的材料在受力不大的情况下，表现为弹性变形，当外力超过一定限度后，则表现为塑性变形，如低碳钢。有的材料在受力后，弹性变形和塑性变形同时产生，取消外力后，弹性变形恢复，而塑性变形不能恢复。这种材料称为弹塑性材料，如混凝土。材料的弹塑性变形曲线见图2.5。

2.2.3　脆性和韧性

材料受力破坏时，无明显的塑性变形而突然破坏的性质，称为材料的脆性。如砖、石、混凝土、砂浆、陶瓷、玻璃等。脆性材料的特点是塑性变形很小，抵抗冲击、振动荷载的能力差，故常用于承受静压力作用的工程部位，如基础、墙体、柱子、墩座等。脆性材料的变形曲线见图2.6。

材料在冲击或震动荷载作用下，能吸收较大能量，并产生一定变形而不发生破坏的性质，称为材料的韧性。如建筑钢材、木材、橡胶、沥青等属于韧性材料。韧性材料的特点是塑性变形大，抗拉、抗压强度都较高。对于承受冲击振动荷载和有抗震要求的结构，如路面、吊车梁等应选用具有较高韧性的材料。

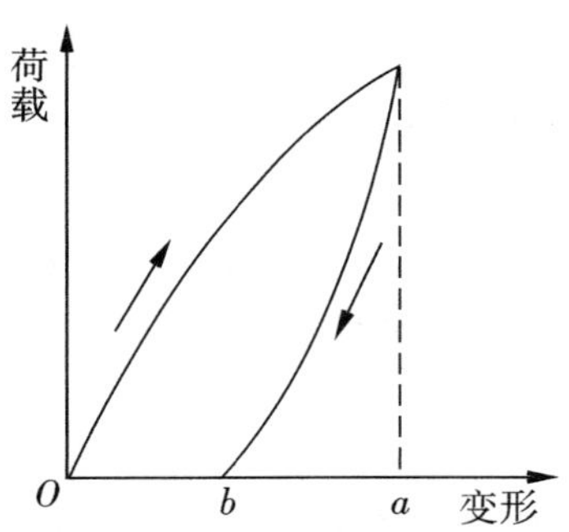

图2.5　材料的弹塑性变形曲线

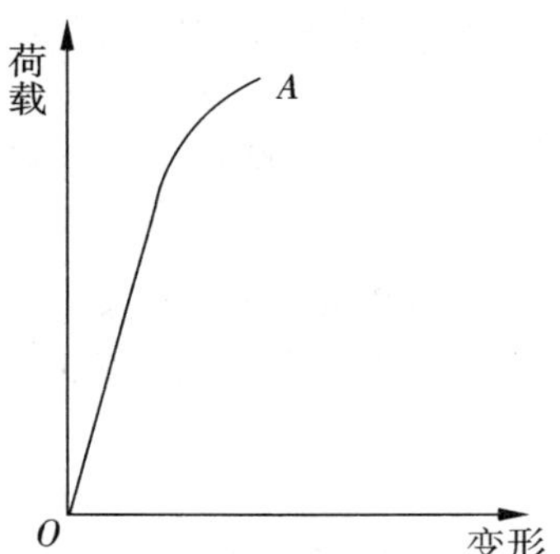

图2.6　脆性材料的变形曲线

2.2.4　硬度和耐磨性

(1)硬度

材料表面抵抗较硬物体压入或刻划的能力，称为材料的硬度。不同材料的硬度测定方法不同。天然矿物的硬度按刻划法分为10级，其硬度递增的顺序为：滑石、石膏、方解石、萤石、磷灰石、正长石、石英、黄玉、刚玉、金刚石。材料的硬度越大，则耐磨性越好，加工越困难。常用的有布氏法和洛氏法。布氏法采用钢球压入法测定，用布氏硬度HB表示。

(2)耐磨性

材料表面抵抗磨损的能力，常用磨损率 B 表示。磨损率按下式计算：

$$B=\frac{m_1 - m_2}{A}$$

式中　B——材料的磨损率，g/cm^3；

m_1——材料磨损前的质量，g；

m_2——材料磨损后的质量，g；

A——试件受磨面积，cm^2。

建筑工程中，用于道路、地面、踏步等部位的材料，均应考虑其硬度和耐磨性。一般来说，强度较高且密实的材料，其硬度较大，耐磨性也较好。

2.3 材料的耐久性

材料在使用过程中，能抵抗周围各种介质的侵蚀而不破坏，也不失去其原有性能的性质，称为耐久性。材料的耐久性是一项综合性质，一般包括抗渗性、耐腐蚀性、抗老化性、抗碳化性、耐热性、耐溶蚀性、耐磨性等诸多方面。

材料在使用过程中，除受到各种外力的作用外，还长期受到周围环境和各种自然因素的破坏作用。这些破坏作用一般可分为物理作用、化学作用及生物作用等。

物理作用包括材料的干湿变化、温度变化及冻融变化等。这些变化可引起材料的收缩和膨胀，长时期或反复作用会使材料逐渐破坏。

化学作用包括酸、碱、盐等物质的水溶液及气体对材料产生的侵蚀作用，使材料产生质的变化而破坏。例如：钢筋的腐蚀等。

生物作用是昆虫、菌类等对材料所产生的蛀蚀、腐朽等破坏作用。如木材及植物纤维材料的腐烂等。

对不同种类的建筑材料，其耐久性方面的考虑，应有所侧重。金属材料主要是易受电化学腐蚀；硅酸盐类材料易受溶蚀、化学腐蚀、冻融等破坏。沥青、塑料等易在阳光、空气、热的作用下逐渐老化等。

为了提高材料的耐久性，以利于延长建筑物的使用寿命和减少维修作用，可根据材料的特点和所处环境的条件，采取相应的措施，确保工程所要求的耐久性。如设法减轻大气或周围介质对材料的破坏作用（降低湿度，排除侵蚀性物质等），提高材料本身对外界作用的抵抗能力（提高材料的密实度，采用防腐措施等），也可用其他材料保护主体材料免受破坏（覆面、抹灰、刷涂料等）。

章后小结

- 物理性质
  - 与质量有关的性质：密度、表观密度、堆积密度、密实度与孔隙率、填充率与空隙率
  - 与水有关的性质：亲水性与憎水性、吸水性、吸湿性、耐水性、抗渗性、抗冻性
  - 与热有关的性质：导热性、热容量、热变形性、耐燃性
- 力学性质（基本概念、公式）
  - 强度
  - 弹性与塑性
  - 脆性与韧性
  - 硬度与耐磨性
- 耐久性：抗渗性、抗冻性、耐腐蚀性、抗老化性、抗碳化性、耐热性、耐磨性等

习 题

一、选择题

1. 某一材料的下列指标中为常数的是( )。

A. 密度　　B. 表观密度(容重)

C. 导热系数　　D. 强度

2. 材料孔隙率增大时,以下性质①密度;②表观密度;③吸水率;④强度;⑤抗冻性,其中哪些一定下降?( )

A. ①②　　B. ①③

C. ②④　　D. ②③

3. 评价材料抵抗水的破坏能力的指标是( )。

A. 抗渗等级　　B. 渗透系数

C. 软化系数　　D. 抗冻等级

4. 材料在水中吸收水分的性质称为( )。

A. 吸水性　　B. 吸湿性

C. 耐水性　　D. 渗透性

5. 材料的耐水性一般可用( )来表示。

A. 渗透系数　　B. 抗冻性

C. 软化系数　　D. 含水率

6. 弹性材料具有( )的特点。

A. 塑性变形大　　B. 不变形

C. 塑性变形小　　D. 恒定的弹性模量

二、填空题

1. 材料的质量与其自然状态下的体积比称为材料的________。

2. 材料的吸湿性是指材料在________的性质。

3. 材料的抗冻性以材料在吸水饱和状态下所能抵抗的________来表示。

4. 水可以在材料表面展开,即材料表面可以被水浸润,这种性质称为________。

5. 孔隙率越大,材料的导热系数越________,其材料的绝热性能越________。

三、计算题

1. 堆积密度为1500 kg/m^3的砂子,共有50 m^3,合多少t?若有该砂500 t,合多少m^3?

2. 一卵石试样,洗净烘干后质量1000 g,将其浸水饱和后,用布擦干表面称重1005 g,在装入盛满水后重为1840 g的广口瓶内,然后称得质量为2475 g,求表观密度、视密度。

3. 一块标准尺寸的黏土砖(240 mm×115 mm×53 mm)干燥状态质量为2420 g,吸水饱和后为2640 g,将其烘干磨细后称取50 g,用李氏比重瓶测其体积为19.2 cm^3,试求该砖的密度、表观密度和质量吸水率。

第3章 建筑材料检测的基本知识

学习要求 了解技术标准的分类及表示方法、建设工程见证取样制度、抽检制度及计量认证的内容，掌握数值修约规则。

3.1 技术标准的分类及表示方法

技术标准是对产品与工程建设的质量、规格及其检验方法等所做的技术规定，是生产、建设、科学研究工作与商品流通的一种共同的技术依据。技术标准的内容包括产品规格、分类、技术要求、检验方法、验收规则、标识、运输和贮存注意事项等方面。

3.1.1 技术标准的分类

技术标准包括国际标准和国内标准。国内标准又可分为国家标准、行业标准、地方标准和企业标准，见表3.1。

表3.1 各级标准的相应代号

标准级别	标准代号及名称
国际标准	ISO——国际标准
国家标准	GB——国家标准，GB/T——国家推荐标准
行业标准	JGJ ——建设部建筑工程标准；JC——建设部建筑材料标准；JC/T——建设部建筑材料推荐标准；
地方标准	DB——地方标准
企业标准	QB——企业标准

3.1.2　技术标准的表示方法

其表示方法由标准名称、标准代号、发布顺序号和发布年号四部分组成。

例如:《通用硅酸盐水泥》GB175—2007

标准名称:通用硅酸盐水泥　　　　标准代号:GB

发布顺序号:175　　　　　　　　发布年号:2007 年

3.2　建设工程见证取样制度

3.2.1　见证取样

3.2.1.1　见证取样检测

见证取样检测是指在建设单位或工程监理单位见证人员的见证下,由施工单位的现场取样人员,对工程中涉及结构安全的试块、试件和材料在施工现场按规定取样,并送至具有相应资质的检测单位进行检测。

检测单位的资质包括见证取样检测资质和计量认证资质,见证取样检测资质由建设行政主管部门审核,计量认证由质量技术监督部门审核,审核通过后向检测单位颁发资质证书和计量认证证书,见图 3.1。

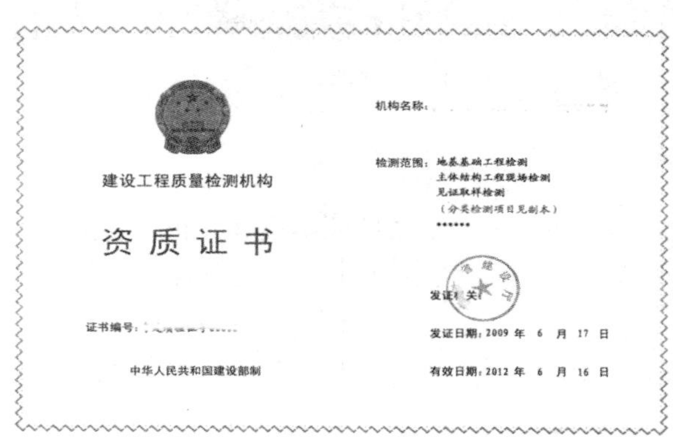

图 3.1　资质证书及计量认证证书

3.2.1.2　见证取样的材料

下列试块、试件和材料,必须实施见证取样检测。

(1)用于承重结构的混凝土试块;

(2)用于承重墙体的砌筑砂浆试块;

(3)用于承重结构的钢筋及连接接头试件;

(4)用于承重墙的砖和混凝土小型砌块;

(5)用于拌制混凝土和砌筑砂浆的水泥；

(6)用于承重结构的混凝土中使用的掺加剂；

(7)地下、屋面、厕浴间使用的防水材料；

(8)国家规定必须实行见证取样和送检的其他试块、试件和材料。

凡是涉及结构安全的试块、试件和见证取样材料，施工企业送检的比例不得低于有关技术标准中规定的取样数量的30%。

3.2.2 取样人员和见证人员资格

取样人员由施工单位中具备建筑施工试验知识的专业技术人员担任。见证人员由建设单位或该工程的监理单位中具备建筑施工试验知识的专业技术人员担任。见证人员和取样人员都应经过相关机构培训，考试合格，取得相应岗位证书，如图3.2。

图3.2 见证员、取样员上岗证书

3.2.3 见证取样程序

(1)建设单位应向工程监督单位和检测单位递交《见证单位和见证人授权书》。授权书上应写明本工程现场委托的见证单位、取样单位、见证人姓名、取样人姓名及“见证员证”“取样员证”编号。

(2)施工单位取样人员在现场对涉及结构安全的试块、试件和材料进行现场取样时，见证人员必须在旁见证。

(3)所取试样应做好标识、封志，标识和封志应标明工程名称、取样部位、取样日期、样品名称和样品数量，由见证人员和取样人员共同签字，共同送至检测单位。

(4)检测单位在接受检测任务时，应由送检单位填写《送检委托单》(表3.2)，委托单上应有该工程见证人员和取样人员的签字，否则，检测单位有权拒收。

表3.2　水泥检测委托单

文件编号:WT-01—2018

<table>
<tr><td>委托编号</td><td colspan="2"></td><td>试验编号</td><td colspan="2"></td></tr>
<tr><td>委托单位</td><td colspan="5"></td></tr>
<tr><td>工程名称</td><td colspan="5"></td></tr>
<tr><td>检测类别</td><td colspan="5">□见证送检　□委托送检　□监督抽检</td></tr>
<tr><td>样品处置</td><td colspan="2">□退样　□不退样</td><td>样品状态</td><td colspan="2">□符合标准要求　□不符合标准要求</td></tr>
<tr><td>检验依据</td><td colspan="5">□GB 175-2007　□GB/T 2015-2005　□GB/T 17671-1999　□</td></tr>
<tr><td>检验项目</td><td colspan="5">□凝结时间　□安定性　□强度　□</td></tr>
<tr><td>见证单位</td><td colspan="2"></td><td>送样单位</td><td colspan="2"></td></tr>
<tr><td>地　址</td><td colspan="2"></td><td>地　址</td><td colspan="2"></td></tr>
<tr><td>联系电话</td><td colspan="2"></td><td>联系电话</td><td colspan="2"></td></tr>
<tr><td colspan="3">见证员法律责任:
本人(见证员)对该委托检验试样的真实性、代表性负责,如有假,本人愿意接受建设行政主管部门及其他有关部门依据有关法律法规给予的处罚。</td><td colspan="3">取样员法律责任:
本人(取送样员)对该委托检验试样的真实性、代表性负责,如有假,本人愿意接受建设行政主管部门及其他有关部门依据有关法律法规给予的处罚。</td></tr>
<tr><td>样品编号</td><td>品种代号
强度等级</td><td>工程部位</td><td>代表批量(t)</td><td>出厂编号</td><td>生产厂家</td></tr>
<tr><td></td><td></td><td></td><td></td><td></td><td></td></tr>
<tr><td></td><td></td><td></td><td></td><td></td><td></td></tr>
<tr><td></td><td></td><td></td><td></td><td></td><td></td></tr>
<tr><td></td><td></td><td></td><td></td><td></td><td></td></tr>
<tr><td></td><td></td><td></td><td></td><td></td><td></td></tr>
<tr><td colspan="6">收样人:　　　　　　　　收样日期:　　年　　月　　日
地址:××××××××　　　　业务查询服务电话:×××××××</td></tr>
</table>

(5)检测单位应检查委托单及试样的标识和封志,确认无误后方可进行检测。

(6)检测单位应严格按照有关管理规定和技术标准进行检测,出具公正、真实、准确的检测报告。检测报告由三级签字,检测人、审核人、检测机构法定代表人或其授权的签字人签署。检测报告还应当注明取样人、见证人单位及姓名,必须加盖见证取样检测的专用章。检测报告如图3.3。

(7)检测单位发现试样检测结果不合格时,应立即通知该工程的见证单位、施工单位和质量监督单位。

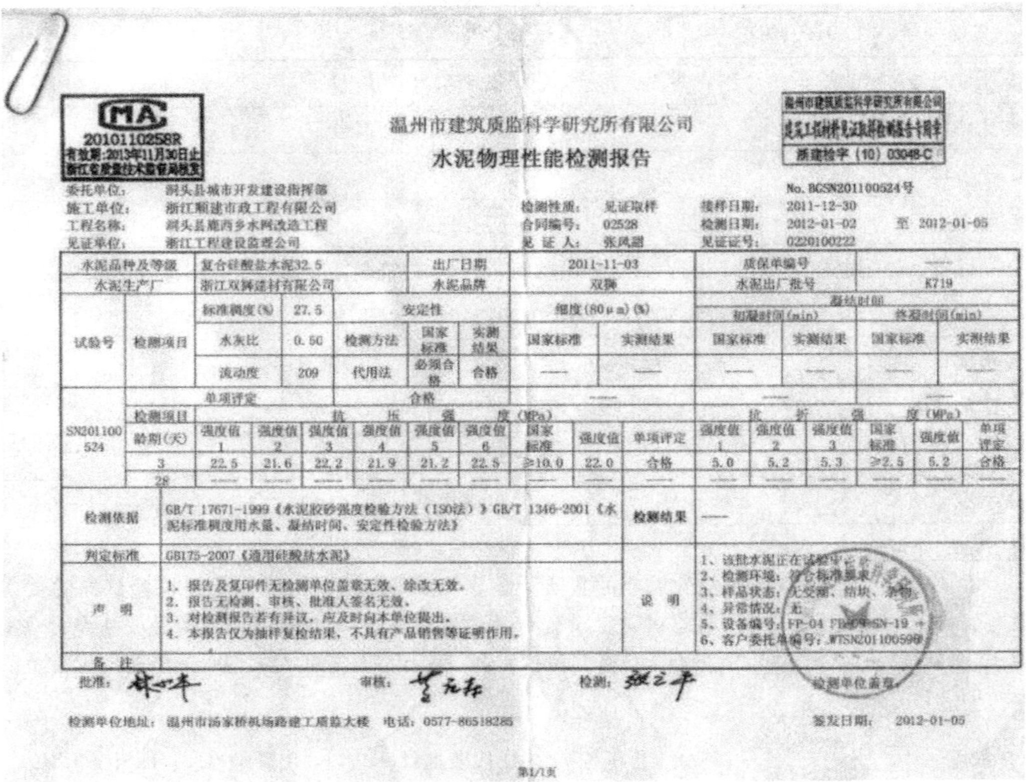

CMA 2010110258R 有效期：2013年11月30日止 浙江省质量技术监督局批准

温州市建筑质监科学研究所有限公司

建筑工程材料见证取样检测服务专用章 浙建检字（10）03048-C

水泥物理性能检测报告

No. BCSN201100524号

委托单位：洞头县城市开发建设指挥部
施工单位：浙江顺建市政工程有限公司　　检测性质：见证取样　　接样日期：2011-12-30
工程名称：洞头县鹿西乡水网改造工程　　合同编号：02528　　检测日期：2012-01-02 至 2012-01-05
见证单位：浙江工程建设监理公司　　见 证 人：张凤甜　　见证证号：0220100222

水泥品种及等级	复合硅酸盐水泥32.5	出厂日期	2011-11-03	质保单编号	——
水泥生产厂	浙江双狮建材有限公司	水泥品牌	双狮	水泥出厂批号	K719

试验号	检测项目	标准稠度(%)	27.5	安定性			细度(80μm)(%)		凝结时间 初凝时间(min)		终凝时间(min)	
		水灰比	0.50	检测方法	国家标准	实测结果	国家标准	实测结果	国家标准	实测结果	国家标准	实测结果
		流动度	209	代用法	必须合格	合格	——	——	——	——	——	——
SN201100524	单项评定			合格			——		——		——	

检测项目	抗压强度(MPa)									抗折强度(MPa)					
龄期(天)	强度值1	强度值2	强度值3	强度值4	强度值5	强度值6	国家标准	强度值	单项评定	强度值1	强度值2	强度值3	国家标准	强度值	单项评定
3	22.5	21.6	22.2	21.9	21.2	22.5	≥10.0	22.0	合格	5.0	5.2	5.3	≥2.5	5.2	合格
28	——	——	——	——	——	——	——	——	——	——	——	——	——	——	——

检测依据	GB/T 17671-1999《水泥胶砂强度检验方法（ISO法）》GB/T 1346-2001《水泥标准稠度用水量、凝结时间、安定性检验方法》	检测结果	——
判定标准	GB175-2007《通用硅酸盐水泥》	说明	1、该批水泥正在试验中 2、检测环境：符合标准要求 3、样品状态：无受潮、结块、杂物 4、异常情况：无 5、设备编号：FP-04 FP-09 SN-19 6、客户委托单编号：WTSN201100599
声明	1. 报告及复印件无检测单位盖章无效、涂改无效。 2. 报告无检测、审核、批准人签名无效。 3. 对检测报告若有异议，应及时向本单位提出。 4. 本报告仅为抽样复检结果，不具有产品销售等证明作用。		
备注			

批准：（签名）　　审核：（签名）　　检测：（签名）　　检测单位盖章

检测单位地址：温州市汤家桥机场路建工质监大楼　电话：0577-86518285　　签发日期：2012-01-05

第1/1页

图 3.3　检测报告

3.3　抽检制度

建筑工程材料的常规检查，一般都采用抽样检查。正确的抽样方法，应保证抽样的代表性和随机性，它直接影响到检测数据的准确和公正。代表性是指保证抽取的子样应代表母体的质量状况，随机性是指保证抽取的子样应由随机因素决定而并非人为因素决定。

3.4　数值修约规则

建筑施工中，要对大量的试件、试块和材料进行检测，取得大量数据。对这些数据进行科学的分析，能够更准确地评价材料或工程的质量。现简单介绍常用的数值修约规则。

3.4.1　修约间隔

修约间隔是修约值的最小数值单位，修约间隔的数值一经确定，修约值即为该数值的整数倍。修约间隔有 1、2、5 三种，三种修约间隔可以分别用 1×10^n、0.2×10^n、0.5×10^n 表示。如钢筋拉伸试验中，当钢筋的屈服强度和抗拉强度计算结果在 200 ~ 1000 N/mm^2 时，修约间隔为 5 N/mm^2，即经数值修约后，钢筋的屈服强度和抗拉强度末位数值不是 0 就是 5，如屈服强度为 355 N/mm^2、360 N/mm^2。

3.4.2　修约规则

（1）当修约间隔为 1×10^n 时，修约有如下口诀：四舍六入五考虑，五后非零则进一，五后皆零视奇偶，五前为奇则进一，五前为偶应舍去。

【例 3.1】将下表 3.3 中数值修约至保留一位小数。结果如下：

表 3.3 数值修约

需要修约的数值（保留一位小数）	修约后
10.5425	10.5
15.5763	15.6
3.45002	3.5
2.8500	2.8
100.5500	100.6

（2）当修约间隔为 0.2×10^n 时，修约规则为：先乘 5，修约后再除 5。

【例 3.2】将 15.65、15.90 按 0.2 修约间隔进行修约。结果如下表 3.4：

表 3.4　数值修约

修约间隔 0.2	乘 5	乘 5 后修约值（0.2×5＝1，修约间隔 1）	除 5 后修约值（修约间隔 0.2）
15.65	78.25	78	15.6
15.90	79.50	80	16.0

（3）当修约间隔为 0.5×10^n 时，规则为：先乘 2，修约后再除 2。

【例 3.3】将 15.65、15.90 按 0.5 修约间隔进行修约。结果如表 3.5：

表 3.5　数值修约

修约间隔 0.5	乘 2	乘 2 后修约值（0.5×2＝1，修约间隔 1）	除 2 后修约值（修约间隔 0.5）
15.65	31.30	31	15.5
15.90	31.80	32	16.0

（4）修约应一次完成，不得连续进行多次（包括二次）修约。

【例 3.4】将 35.4546 修约成整数。

不正确的修约是:修约前 35.4546,一次修约 35.455,二次修约 35.46,三次修约35.5,四次修约 36。

正确的修约是:修约前 35.4546,修约后 35。

3.5 检验检测机构资质认定概述

(1)资质认定

国家认证认可监督管理委员会和省级质量技术监督部门依据有关法律法规和标准、技术规范的规定,对检验检测机构的基本条件和技术能力是否符合法定要求实施的评价许可。

(2)检验检测机构

依法成立,依据相关标准或者技术规范,利用仪器设备、环境设施等技术条件和专业技能,对产品或者法律法规规定的特定对象进行检验检测的专业技术组织。

(3)资质认定评审

国家认证认可监督管理委员会和省级质量技术监督部门依据《中华人民共和国行政许可法》的有关规定,自行或者委托专业技术评价机构,组织评审人员,对检验检测机构的基本条件和技术能力是否符合《检验检测机构资质认定评审准则》和评审补充要求所进行的审查和考核。

资质认定不仅是行业评价检测机构检测能力的一种有效手段;同时也是第三方检测机构进入市场的准入证。只有取得资质认定合格证书的第三方检测机构,才允许在检验报告上使用 CMA(中国计量认证 China Metrology Accreditation)章(如图 3.4),盖有 CMA 章的检验报告可用于产品质量评价、成果及司法鉴定,具有法律效力。

检验检测机构资质认定的通知

图 3.4 CMA 章

资质认定评审管理具体分为如下几个阶段:

①质检机构提出申请并提交有关材料(包括:质量手册、程序文件等);

②省或国家计量认证办公室对申请资料进行书面审查;

③通过书面审查,依据计量认证的评审准则,由省或国家计量认证办安排委托技术评审组进行现场核查性评审;

检验检测机构资质认定评审准则

④通过现场评审,符合准则要求的检测机构,由省或国家质量技术监督局核发资质认定证书、资质认定印章,并上互联网公布。

章后小结

1. 我国建筑材料的技术标准分为国家标准、行业标准、地方标准和企业标准。

2. 涉及结构安全的试块、试件和材料必须进行见证取样检测。

3. 建筑工程材料的常规检查，一般都采用抽样检查。应保证抽样的代表性和随机性。

4. 检测试件、试块和材料时获得的试验数据应按要求进行数值修约。

5. 检测机构需通过国家资质认定评审，检验报告上盖有CMA章，出具的检验报告才具有法律效力。

习　题

一、填空题

1. 将下列数值修约。

5.3528（保留两位小数）	25.555（保留整数）
15.2583（保留两位小数）	109.9998（保留两位小数）
6.050（保留一位小数）	16.6875（保留三位小数）
6.15（保留一位小数）	3.05（保留一位小数）

2. 我国建筑材料的技术标准分为__________、__________、__________和__________。

3. 工程建设中，需要见证取样的材料有__________、__________、__________、__________、__________、__________、__________、__________。

二、计算题

将下列数字分别按0.2、0.5修约间隔修约。

15.70　　15.75　　14.45　　10.50

第二篇

主体结构材料

第4章 混凝土材料

学习要求 通过本章的学习了解混凝土各种组成材料的生产和组成；掌握通用硅酸盐水泥的品种、技术性质、特点和应用，熟悉混凝土常用掺合料、外加剂的品种、作用以及选择，熟悉砂子和石子的分类和技术要求，掌握混凝土用水的要求。通过本项内容的学习，能够分析工程建设中混凝土的各种组成材料出现问题的原因。

【引入案例】

世界上第一座钢筋混凝土建筑

钢筋混凝土的发明出现在近代，通常认为法国园丁约瑟夫·莫尼尔(Joseph Monier)于1849年发明钢筋混凝土并于1867年取得包括钢筋混凝土花盆以及紧随其后应用于公路护栏的钢筋混凝土梁柱的专利。1872年，世界第一座钢筋混凝土结构的建筑在美国纽约落成，1875年，法国的一位园艺师蒙耶(1828—1906年)建成了世界上第一座钢筋混凝土桥。20世纪初，有人发表了水灰比等学说，初步奠定了混凝土强度的理论基础。以后相继出现了轻集料混凝土、加气混凝土及其他混凝土，各种混凝土外加剂也开始使用。60年代以来，广泛应用减水剂，并出现了高效减水剂和相应的流态混凝土；高分子材料进入混凝土材料领域，出现了聚合物混凝土；多种纤维被用于分散配筋的纤维混凝土。现代测试技术也越来越多地应用于混凝土材料科学的研究。

混凝土是现代工程结构的主要材料，我国每年混凝土用量约20亿m^3，钢筋用量约20000万t，规模之大，耗资之巨居世界前列，可以预见，钢筋混凝土仍将是我国在今后相当长时期内的一种重要的工程结构材料。物质是技术发展的基础，混凝土组成材料的发展对钢筋混凝土结构的设计方法、施工技术、实验技术以致维护管理起着决定性的作用，纵观混凝土的发展史，各种高性能混凝土的出现背后都有着新的混凝土组成材料的应用。

4.1 混凝土概述

4.1.1 混凝土的定义

混凝土源于拉丁文“concretus”，原意是共同生长的意思，从广义上讲，混凝土是指由胶凝材料、骨料和水按适当的比例配合、拌制成的混合物，经一定时间后硬化而成的人造石材。目前使用最多的是以水泥为胶凝材料的混凝土，称为普通（水泥）混凝土，它是当前土木工程最常用的材料，广泛用于各种工业与民用建筑、桥梁、公路、铁路、水利、海洋、地下、矿山等工程中。

4.1.2 混凝土的分类

4.1.2.1 按其表观密度的大小分类

（1）轻混凝土：干表观密度小于 1950 kg/m^3，可用作结构混凝土、保温用混凝土以及结构兼保温混凝土。

（2）普通混凝土：干表观密度为 2000 ~ 2800 kg/m^3，一般多在 2400 kg/m^{3}左右。主要用在建筑工程中的各种承重结构。

（3）重混凝土：干表观密度 2800 kg/m^{3}以上。主要用作核能工程的屏蔽结构材料。

4.1.2.2 按混凝土强度等级分类

（1）普通混凝土：强度等级一般在 C60 以下，其中抗压强度等级小于 C30 的混凝土为低强度等级混凝土，抗压强度等级 C30 ~ C60 为中强度等级混凝土。

（2）高强混凝土：混凝土强度等级为 C60 ~ C100。

（3）超高强混凝土：混凝土强度等级在 C100 以上。

4.1.2.3 按混凝土拌合物坍落度分类

可分为干硬性混凝土、塑性混凝土、流动性混凝土、大流动性混凝土。

4.1.2.4 按胶凝材料种类分类

可分为水泥混凝土、沥青混凝土、聚合物水泥混凝土、树脂混凝土、石膏混凝土、水玻璃混凝土、硅酸盐混凝土等。

4.1.2.5 按生产和施工方法分类

可分为商品混凝土、泵送混凝土、喷射混凝土、压力灌浆混凝土（又称预填骨料混凝土）、挤压混凝土、离心混凝土、真空吸水混凝土、碾压混凝土、热拌混凝土等。

4.1.2.6 按用途分类

可分为结构混凝土、水工混凝土、海洋混凝土、道路混凝土、防水混凝土、装饰混凝土、耐酸混凝土、耐碱混凝土、防辐射混凝土等。

4.1.3 混凝土的特点

混凝土在土建工程中能够得到广泛的应用，是由于它具有优越的技术性能及良好的经济效益。它具有以下优点：原材料来源丰富，可就地取材，造价低廉；性能可调，可以根据混凝土的用途来配制不同用途的混凝土；可塑性好，可以浇筑成各种形状的构件或整体结构；与钢筋的握裹力强，混凝土能与钢筋牢固地结合成坚固、耐久、抗震且经济的钢筋混凝土结构；耐久性好，维修费用低。

混凝土也存在一定的缺点：抗拉强度低、易产生裂缝，受拉时易产生脆性破坏；自重大，比强度只有钢材的一半，不利于建筑物向高层、大跨方向发展。此外混凝土配制生产的周期较长，易受自然环境的影响，需要严格质量控制。

4.2　水泥

水泥在混凝土中起胶结作用，是影响混凝土强度、耐久性及经济性的重要因素，在配制混凝土的过程中应正确、合理地选择水泥的品种和强度等级。水泥的品种应当根据工程性质与特点、工程所处环境及施工条件，结合各种水泥的特性合理选择。

水泥是一种气硬性胶凝材料，所谓胶凝材料是指在一定条件下，经过自身一系列物理、化学作用后，能将散粒或块状材料黏结成整体，并使其具有一定强度的材料。根据胶凝材料的化学组成，可将其分为无机胶凝材料和有机胶凝材料两大类。如下所示：

胶凝材料
- 无机胶凝材料
  - 气硬性胶凝材料：石灰、石膏、水玻璃等
  - 水硬性胶凝材料：各种水泥
- 有机胶凝材料：沥青、树脂、橡胶等

无机胶凝材料按硬化条件的不同分为气硬性和水硬性胶凝材料两大类。气硬性胶凝材料只能在空气中凝结、硬化，保持并发展其强度，如石灰、石膏、水玻璃等。水硬性胶凝材料既能在空气中硬化，又能很好地在水中硬化，保持并继续发展其强度，如各种水泥。水硬性胶凝材料既适用于干燥环境，又适用于潮湿环境或水下工程。

水泥作为胶凝材料，可用来制作混凝土、钢筋混凝土和预应力混凝土构件，也可配制各类砂浆用于建筑物的砌筑、抹面、装饰等。不仅大量应用于工业和民用建筑，还广泛应用于公路、桥梁、铁路、水利和国防等工程，被称之为建筑业的粮食，在国民经济中起着十分重要的作用。

【例4.1】工程实例分析

2011年4月20日傍晚，上海某商品混凝土公司将一车矿粉，未按进货管理规程操作，误将矿粉送入了公司的1号水泥筒仓，并于4月21日上午用混入矿粉的水泥筒仓生产拌制C30混凝土177 m^3。该一车混入水泥筒仓的矿粉所生产的混凝土涉及本市1个建设工程，导致所浇筑的混凝土部位质量严重达不到设计要求而进行拆除。在这个案例当中，为什么矿粉代替水泥会造成混凝土的强度不够？水泥在混凝土当中又起着什么样的作用？

分析原因：水泥是一种水硬性胶凝材料，在混凝土当中起到胶结的作用，把粗细骨料黏结为一个整体，水泥的硬化强度对混凝土的强度耐久性都有直接的影响。矿粉是一种

矿物掺合料，具有一定的活性，适量的加入混凝土中可以调节混凝土的性能，但是加入量过多对混凝土的早期强度有很大影响。

4.2.1 水泥的分类和通用水泥的组成

4.2.1.1 水泥的分类

水泥按其主要水硬性物质可分为硅酸盐水泥、铝酸盐水泥、硫铝酸盐水泥、铁铝酸盐水泥、氟铝酸盐水泥等系列。其中硅酸盐水泥产量最大、应用最广。

水泥按用途和性能分为通用水泥、专用水泥、特性水泥三大类。通用水泥是指用于一般土木建筑工程的水泥，包括硅酸盐水泥(P·Ⅰ,P·Ⅱ)、普通硅酸盐水泥(P·O)、矿渣硅酸盐水泥(P·S·A,P·S·B)、火山灰质硅酸盐水泥(P·P)、粉煤灰硅酸盐水泥(P·F)和复合硅酸盐水泥(P·C)。专用水泥指具有专门用途的水泥，如砌筑水泥、油井水泥、道路水泥等。特性水泥指某种性能比较突出的水泥，如膨胀水泥、白色水泥等。

4.2.1.2 通用水泥的组成

以硅酸盐水泥熟料、适量石膏及规定的混合材料制成的水硬性胶凝材料称为通用硅酸盐水泥。按混合材料的品种和掺量分为硅酸盐水泥、普通硅酸盐水泥、矿渣硅酸盐水泥、火山灰质硅酸盐水泥、粉煤灰硅酸盐水泥和复合硅酸盐水泥。

(1)硅酸盐水泥熟料

硅酸盐水泥熟料主要有四种矿物成分：硅酸三钙、硅酸二钙、铝酸三钙和铁铝酸四钙。其中前两种占总量的75%～82%，此外，还有少量的游离氧化钙和游离氧化镁。水泥中各熟料矿物的相对含量，决定着水泥某一方面的性能。可通过调整原材料的配料比例来改变熟料矿物成分之间的比例，制得不同性能的水泥。

(2)石膏

在生产硅酸盐系列水泥时，必须掺入适量石膏。在硅酸盐水泥和普通硅酸盐水泥中，石膏主要起缓凝作用；而在掺较多混合材料的水泥中，石膏还起激发混合材料活性的作用。水泥中石膏一般为二水石膏或无水石膏。

(3)混合材料

在硅酸盐水泥中掺加一定量的混合材料能增加水泥品种，利用工业废料、降低水泥成本，改善水泥的性能，扩大水泥的应用范围。混合材料根据其性能分为活性混合材料和非活性混合材料两类。

【知识链接】

水泥的生产

硅酸盐系列水泥的生产工艺可简单概括为“两磨一烧”，具体步骤是：先把几种原材料按适当比例配合后磨细，制得具有适当化学成分的生料，再将生料在水泥窑中经过1400～1450 ℃的高温煅烧至部分熔融，冷却后即得硅酸盐水泥熟料；再把煅烧好的熟料和适量石膏、0～5%的石灰石或粒化高炉矿渣混合磨细至一定的细度，即得水泥成品。见图4.1。

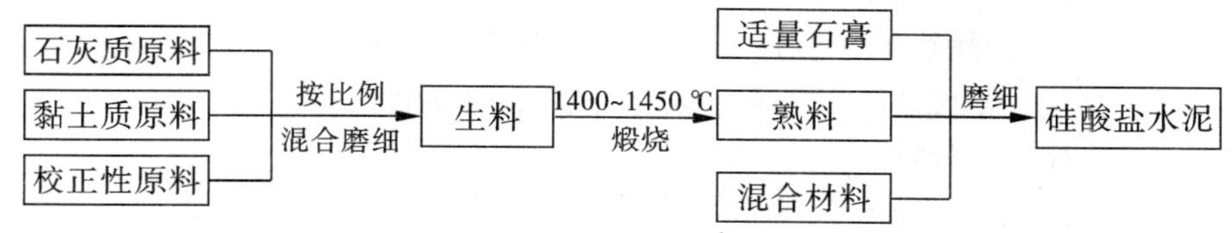

图4.1　通用硅酸盐水泥生产工艺流程图

4.2.2　通用硅酸盐水泥的技术性质

4.2.2.1　化学指标

通用硅酸盐水泥的化学指标要求了不溶物、烧失量、三氧化硫、氧化镁和氯离子的含量，应符合《通用硅酸盐水泥》(GB 175—2007)的规定。

4.2.2.2　物理指标

(1)标准稠度用水量

水泥净浆标准稠度用水量是指水泥净浆达到标准规定的稠度时所需的加水量，常以水和水泥质量之比的百分数表示。标准法是以试杆沉入净浆并距底板(6±1)mm时的水泥净浆为标准稠度净浆。各种水泥的矿物成分、细度不同，拌和成标准稠度时的用水量也各不相同，水泥的标准稠度用水量一般为24%~33%。拌和水泥浆时的用水量对水泥凝结时间和体积安定有影响，因此，测定水泥凝结时间和体积安定时必须采用标准稠度的水泥浆。

(2)凝结时间

水泥的凝结时间分为初凝时间和终凝时间。初凝时间是指从水泥加水到标准净浆开始失去可塑性的时间；终凝时间是指从水泥加水到水泥浆标准净浆完全失去可塑性的时间。

水泥的凝结时间在工程施工中有重要作用。为有足够的时间对混凝土进行搅拌、运输、浇筑和振捣，初凝时间不宜过短。为使混凝土尽快硬化并具有一定强度，以利于下道工序的进行，故终凝时间不宜过长。

国家标准规定，通用水泥初凝不小于45 min；硅酸盐水泥终凝时间不迟于390 min，其余五种通用水泥终凝不大于600 min。

(3)安定性

水泥安定性是指水泥在凝结硬化过程中体积变化的均匀性。当水泥浆体在硬化过程中体积发生不均匀变化时，会导致水泥混凝土膨胀、翘曲、产生裂缝等，即所谓安定性不良。安定性不良的水泥会降低建筑物质量，甚至引起严重事故。

水泥体积安定性不良的原因是由于水泥熟料中游离氧化钙、游离氧化镁过多或石膏掺量过多。游离氧化钙和游离氧化镁是在高温烧制水泥熟料时生成，处于过烧状态，水化极慢，它们在水泥硬化后开始或继续进行水化反应，其水化产物体积膨胀使水泥石开裂。此外，若水泥中所掺石膏过多，在水泥硬化后，过量石膏还会与水化铝酸钙作用，生成钙矾石,体积膨胀,使已硬化的水泥石开裂。

国家标准规定,由游离氧化钙过多引起的水泥体积安定性不良可采用沸煮法检验。沸煮法包括试饼法和雷氏法两种。有争议时,以雷氏法为准。

【例4.2】工程实例分析

某水泥厂生产的普通硅酸盐水泥游离氧化钙含量较高,加水拌合后,初凝时间仅为40 min,本属于不合格品,但放置一个月后,凝结时间达到标准要求,而强度下降,试分析原因。

分析原因:水泥放置一段时间后,部分受潮,水泥中的游离氧化钙,也就是CaO水化变为氢氧化钙,水泥的水化活性降低,凝结时间变长,强度下降,所以水泥的保质期为三个月,因为水泥放置时间较长就会造成凝结时间变长强度下降。

(4)强度

水泥的强度是评定其质量的重要指标。国家规定按水泥胶砂强度检验方法(ISO法)来测定其强度,按规定龄期的抗压强度和抗折强度来划分水泥的强度等级,并按照3 d强度的大小分为普通型和早强型(用R表示)。各强度等级通用硅酸盐水泥的各龄期强度不得低于表4.1中规定的数值。

表4.1 通用硅酸盐水泥各龄期的强度要求(GB 175—2007)

<table>
<tr><th rowspan="2">品 种</th><th rowspan="2">强度等级</th><th colspan="2">抗压强度/MPa</th><th colspan="2">抗折强度/MPa</th></tr>
<tr><th>3 d</th><th>28 d</th><th>3 d</th><th>28 d</th></tr>
<tr><td rowspan="6">硅酸盐水泥
P. Ⅰ,P. Ⅱ</td><td>42.5</td><td>≥17.0</td><td rowspan="2">≥42.5</td><td>≥3.5</td><td rowspan="2">≥6.5</td></tr>
<tr><td>42.5R</td><td>≥22.0</td><td>≥4.0</td></tr>
<tr><td>52.5</td><td>≥23.0</td><td rowspan="2">≥52.5</td><td>≥4.0</td><td rowspan="2">≥7.0</td></tr>
<tr><td>52.5R</td><td>≥27.0</td><td>≥5.0</td></tr>
<tr><td>62.5</td><td>≥28.0</td><td rowspan="2">≥62.5</td><td>≥5.0</td><td rowspan="2">≥8.0</td></tr>
<tr><td>62.5R</td><td>≥32.0</td><td>≥5.5</td></tr>
<tr><td rowspan="4">普通硅酸盐水泥
P. O</td><td>42.5</td><td>≥17.0</td><td rowspan="2">≥42.5</td><td>≥3.5</td><td rowspan="2">≥6.5</td></tr>
<tr><td>42.5R</td><td>≥22.0</td><td>≥4.0</td></tr>
<tr><td>52.5</td><td>≥23.0</td><td rowspan="2">≥52.5</td><td>≥4.0</td><td rowspan="2">≥7.0</td></tr>
<tr><td>52.5R</td><td>≥27.0</td><td>≥5.0</td></tr>
<tr><td rowspan="6">矿渣水泥
(P. S. A,P. S. B)、
火山灰水泥(P. P)、
粉煤灰水泥(P. F)
与复合硅酸盐
水泥(P. C)</td><td>32.5</td><td>10.0</td><td rowspan="2">32.5</td><td>2.5</td><td rowspan="2">5.5</td></tr>
<tr><td>32.5R</td><td>15.0</td><td>3.5</td></tr>
<tr><td>42.5</td><td>15.0</td><td rowspan="2">42.5</td><td>3.5</td><td rowspan="2">6.5</td></tr>
<tr><td>42.5R</td><td>19.0</td><td>4.0</td></tr>
<tr><td>52.5</td><td>21.0</td><td rowspan="2">52.5</td><td>4.0</td><td rowspan="2">7.0</td></tr>
<tr><td>52.5R</td><td>23.0</td><td>4.5</td></tr>
</table>

注:带R的为早强型。

(5)细度(选择性指标)

水泥的细度是指水泥颗粒的粗细程度。水泥的许多性质(凝结时间、收缩性、强度等)都与水泥的细度有关。一般认为,当水泥颗粒小于40 μm时才具有较高的活性。水泥的颗粒越细,水泥水化速度越快,强度也越高。但水泥太细,其硬化收缩较大,磨制水泥的成本也较高。因此细度应适宜。国家标准规定:硅酸盐水泥和普通水泥的细度用比表面积表示,不小于300 m^2/kg;其他四种通用硅酸盐水泥的细度以筛余表示,80 μm方孔筛筛余不大于10%或45 μm方孔筛筛余不大于30%。

国家标准规定:化学指标、凝结时间、安定性、强度均符合要求的为合格品。反之,不符合上述任何一项技术要求者为不合格品。

4.2.3 通用硅酸盐水泥的特性

4.2.3.1 硅酸盐水泥

(1)凝结硬化快,强度高。硅酸盐水泥凝结硬化速度快,早期强度和后期强度都较高,适用于早期强度有较高要求的混凝土、重要结构的高强度混凝土和预应力混凝土工程等。

(2)水化热大、抗冻性好。硅酸盐水泥水化时放出的热量大,有利于冬季施工,但不宜用于大体积混凝土工程。硬化后的水泥石结构密实,抗冻性好,适用于严寒地区遭受反复冻融的工程和抗冻性要求高的工程。

(3)干缩小、耐磨性好。硅酸盐水泥硬化时干缩小,不易产生干缩裂缝,可用于干燥环境工程。由于干缩小,表面不易起粉尘,因此耐磨性好,可用于道路工程。

(4)耐腐蚀性差。硅酸盐水泥石中有较多的氢氧化钙和水化铝酸钙,因此耐软水和耐化学腐蚀性差,不宜用于有腐蚀性介质的环境。

(5)耐热性差。硅酸盐水泥不宜用于耐热要求高的工程,也不宜用于配制耐热混凝土。

4.2.3.2 普通硅酸盐水泥

普通硅酸盐水泥与硅酸盐水泥的差别在于混合材料的掺量比硅酸盐水泥稍多,由于其矿物组成的比例与硅酸盐水泥相近,所以其性能、应用范围与同强度等级的硅酸盐水泥相近。与硅酸盐水泥相比,普通硅酸盐水泥早期凝结硬化速度略慢,3 d强度稍低,其他技术性质与硅酸盐水泥相同。

4.2.3.3 矿渣硅酸盐水泥、火山灰质硅酸盐水泥、粉煤灰硅酸盐水泥、复合硅酸盐水泥

这四种水泥都是在硅酸盐水泥熟料的基础上掺入较多的活性混合材料,水泥熟料含量少,因此具有以下共性:

(1)早期强度较低,但后期强度增长较快。

(2)水化热较低。由于熟料含量少,水化热小且放热缓慢,适合在大体积混凝土中使用。

(3)耐腐蚀性较好。抵抗海水、软水及硫酸盐腐蚀的能力较强,适用于抗硫酸盐和软水侵蚀的工程。

(4)碱度低,抗碳化能力差。

(5)对养护温、湿度敏感,适合蒸汽养护。

(6)抗冻性、耐磨性不及硅酸盐水泥及普通硅酸盐水泥。

除上述的共性外,由于不同混合材料结构上的不同,他们相互之间又具有各自的特性:矿渣硅酸盐水泥的保水性差,与水拌和时易产生泌水,造成水泥石内部形成较多的连通孔隙,因此矿渣水泥的抗渗性差,且干缩较大,不适合用于有抗渗要求的混凝土工程。由于矿渣水泥掺入的矿渣本身是耐火材料,因此其耐热性好,可用于高温车间和耐热要求高的混凝土工程。

火山灰质混合材料粗糙、多孔,故火山灰水泥的保水性好,拌制时需水量大,泌水性较小;抗渗性好,适合用于有抗渗要求的混凝土工程。火山灰水泥的干缩大,水泥石易产生微细裂纹,在干热环境中水泥石的表面易产生起粉现象,故火山灰水泥的耐磨性也较差。

粉煤灰是表面致密的球形颗粒,比表面积小,所以粉煤灰水泥拌和需水量小,因而干缩值小、抗裂性好。粉煤灰水泥适用于抗裂性要求较高的构件以及有抗硫酸盐侵蚀要求的工程。

复合硅酸盐水泥的性能取决于所掺混合材料的种类、掺量及相对比例。复合水泥由于采用了复合混合材料,所以综合性能好,是一种大力发展的新型水泥。

【知识链接】

水泥的腐蚀

在通常使用条件下,通用水泥硬化后形成的水泥石有较好的耐久性。但当水泥石长时间处于侵蚀性介质中(如流动的淡水、酸性水、强碱等),会发生腐蚀,导致强度降低,甚至破坏。引起水泥石腐蚀的外在因素是侵蚀性介质以液相形式与水泥石接触并具有一定的浓度和数量。内在因素主要有两个:一是水泥石中存在易引起腐蚀的成分(氢氧化钙、水化铝酸钙等),二是水泥石本身结构不密实,使侵蚀性介质易于进入内部。因此,减轻或防止水泥石的腐蚀,可采取以下措施:根据侵蚀介质特点,合理选用水泥品种;提高水泥石的密实度,改善孔隙结构;表面加做保护层。

【例 4.3】工程实例分析

某大体积的混凝土工程,浇注两周后拆模,发现挡墙有多道贯穿型的纵向裂缝。该工程使用某立窑水泥厂生产 42.5Ⅱ型硅酸盐水泥。

分析原因:由于该工程所使用的Ⅱ型硅酸盐水泥水化热高,且在浇注混凝土中,混凝土的整体温度高,以后混凝土温度随环境温度下降,混凝土产生冷缩,造成混凝土贯穿型的纵向裂缝。对大体积的混凝土工程宜选用低水化热的水泥。其次,水泥用量及水灰比也需适当控制。

4.2.4 通用硅酸盐水泥的应用

根据通用水泥的主要技术性质及特性,针对各类混凝土工程的性质和所处环境条件以及水泥供应商的情况综合考虑。对于一般建筑结构及预制构件的普通混凝土,宜选用通用硅酸盐水泥;高强度混凝土和有抗冻要求的混凝土宜选用硅酸盐水泥或普通硅酸盐水泥;有预防混凝土碱骨料反应要求的混凝土工程宜采用低碱水泥;大体积混凝土宜采用中、低热硅酸盐水泥或低热矿渣硅酸盐水泥。用于生产混凝土的水泥温度不宜高于60 ℃。常用水泥的参考见表4.2。

表4.2 常用水泥选用参考表

混凝土工程特点或所处的环境条件		优先选用	可以使用	不宜使用
环境条件	1. 在一般气候环境中的混凝土	普通水泥	矿渣水泥、火山灰水泥、粉煤灰水泥、复合水泥	—
	2. 在干燥环境中的混凝土	普通水泥	矿渣水泥	粉煤灰水泥、火山灰水泥
	3. 在高湿环境中或长期处在水中的混凝土	矿渣水泥	普通水泥、火山灰水泥、粉煤灰水泥	—
	4. 严寒地区的露天混凝土、寒冷地区处在水位升降范围内的混凝土	普通水泥	矿渣水泥	火山灰水泥、粉煤灰水泥
	5. 严寒地区处在水位升降范围内的混凝土	硅酸盐水泥	普通水泥	火山灰水泥、矿渣水泥、粉煤灰水泥、复合水泥
	6. 受侵蚀性环境水或侵蚀性气体作用的混凝土	根据侵蚀性介质的种类、浓度等具体条件,按专门(或设计)规定选用。		
工程特点	1. 要求快硬的混凝土	快硬硅酸盐水泥、硅酸盐水泥	普通水泥	矿渣水泥、火山灰水泥、粉煤灰水泥
	2. 厚大体积的混凝土	粉煤灰水泥、矿渣水泥、复合水泥	普通水泥、火山灰水泥	硅酸盐水泥、快硬硅酸盐水泥
	3. 高强混凝土	硅酸盐水泥	普通水泥、矿渣水泥	火山灰水泥、粉煤灰水泥
	4. 有抗渗性要求的混凝土	普通水泥、火山灰水泥		矿渣硅酸盐水泥
	5. 有耐磨性要求的混凝土	硅酸盐水泥、普通水泥	矿渣水泥	火山灰水泥、粉煤灰水泥

注:蒸汽养护时用的水泥品种,宜根据具体条件,通过试验确定。

水泥强度等级的选择应与混凝土的设计强度等级相适应。原则上配制高强度等级的混凝土,选用高强度等级的水泥;配制低强度等级的混凝土,选用低强度等级的水泥。一般以水泥强度等级为混凝土强度等级的1.5~2.0倍为宜,对于高强度混凝土可取0.9~1.5倍。

4.2.5 通用硅酸盐水泥的质量验收

交货时水泥的质量验收可抽取实物试样以其检验结果为依据,也可以生产者同编号水泥的检验报告为依据。采取何种方法验收由买卖双方商定,并在合同或协议中注明。检验报告内容应包括出厂检验项目(化学指标、凝结时间、安定性、强度)、细度、混合材料品种和掺加量、石膏和助磨剂的品种及掺加量及合同约定的其他技术要求。当用户需要时,生产者应在水泥发出之日起 7 天内寄发除 28 d 强度以外的各项检验结果,32 d 内补报 28 d 强度的检验结果。

以抽取实物试样的检验结果为验收依据时,买卖双方应在发货前或交货地共同取样或签封。抽取数量为 20 kg,缩分为二等份。一份由卖方保存 40 d,一份由买方按标准规定的项目和方法进行检验。在 40 d 以内,买家检验认为产品质量不符合标准要求,而卖方又有异议时,则双方应将卖方保存的另一份试样送省级或省级以上国家认可的水泥质量监督检验机构进行仲裁检验。水泥安定性仲裁检验时,应在取样之日 10 d 以内完成。

以生产者同编号水泥的检验报告为验收依据时,在发货前或交货时买方在同编号水泥中取样,双方共同签封后由卖方保存 90 d,或认可卖方自行取样,签封并保存 90 d 的同编号水泥的封存样。在 90 d 内,买方对水泥质量有疑问时,则买卖双方应将共同认可的试样送省级或省级以上国家认可的水泥质量监督机构进行仲裁检验。

检验结果符合标准《通用硅酸盐水泥》(GB 175—2007)的化学指标、凝结时间、安定性、强度规定为合格品;检验结果不符合国家标准的化学指标、凝结时间、安定性、强度中的任何一项技术要求为不合格品。

4.2.6 通用硅酸盐水泥的包装、标识、运输与贮存

4.2.6.1 包装

国家标准规定:水泥可以散装或袋装,袋装水泥每袋净含量为 50 kg,且不少于标准质量的 99%;随机抽取 20 袋总质量(包括包装袋)应不少于 1000 kg。其他包装形式由供需双方协商确定,但有关袋装质量要求,应符合上述规定。

4.2.6.2 标识

国家标准规定了水泥包装袋上应清楚标明执行标准、水泥品种、代号、强度等级、生产者名称、生产许可证标准(QS)及编号、出厂编号、包装日期、净含量。包装袋两侧应根据水泥的品种采用不同的颜色印刷水泥名称和强度等级,硅酸盐水泥和普通水泥采用红色,矿渣水泥采用绿色,火山灰水泥、粉煤灰水泥和复合水泥采用黑色或蓝色。散装水泥发运时应提交和袋装标志相同内容的卡片。

4.2.6.3 运输与贮存

水泥在储存和运输时不得受潮和混入杂质,不同品种、标号、批次的水泥由于矿物组成不同,凝结时间不同,严禁混杂使用。袋装水泥堆放高度一般不超过 10 袋,应注意先到先用,避免积压过期。通用水泥的有效贮存期为 90 天。贮存期超过 90 天的水泥在使用前必须重新鉴定其技术性能。

4.2.7 其他品种水泥

4.2.7.1 白色和彩色硅酸盐水泥

(1)白色硅酸盐水泥

由氧化铁含量少的硅酸盐水泥熟料加入适量石膏,磨细制成的水硬性胶材料称为白色硅酸盐水泥,简称白水泥。代号 P·W。白色硅酸盐水泥按照强度分为 32.5 级、42.5 级和 52.5 级,按照白度分为 1 级和 2 级,代号分别为 P·W-1 和 P·W-2。

硅酸盐水泥呈暗灰色,主要原因是其含 Fe_2O_3 较多。生产白水泥要严格控制石灰石及黏土原料中的 Fe_2O_3 的含量。在生产过程中还需采取以下措施:采用无灰分的气体燃料或液体燃料;在粉磨生料和熟料时,要严格避免带入铁质。

按照国家标准《白色硅酸盐水泥》(GB 2015—2017)的规定:水泥白度值不应低于 87;白色硅酸盐水泥各龄期的强度值不得低于表 4.3 中规定的数值;白水泥的初凝时间不得早于 45 min,终凝不得迟于 600 min;熟料中三氧化硫的含量不得超过 3.5%。白色硅酸盐水泥的其他技术要求与普通硅酸盐水泥相同。

表 4.3 白水泥各龄期强度要求(GB/T 2015—2017)

水泥标号	抗压强度/MPa		抗折强度/MPa	
	3 d	28 d	3 d	28 d
32.5	12.0	32.5	3.0	6.0
42.5	17.0	42.5	3.5	6.5
52.5	22.0	52.5	4.0	7.0

白色硅酸盐水泥主要用于配制白色或彩色灰浆、砂浆及混凝土,来满足装饰装修工程的需要。

(2)彩色硅酸盐水泥

彩色硅酸盐水泥简称彩色水泥,根据其着色方法不同,有三种生产方式:一是直接烧成法,在水泥生料中加入着色原料而直接煅烧成彩色水泥熟料,再加入适量石膏共同磨细;二是染色法,将白色硅酸盐水泥熟料或硅酸盐水泥熟料、适量石膏和碱性着色物质共同磨细制得彩色水泥;三是将干燥状态的着色物质直接掺入白水泥或硅酸盐水泥中。当工程使用量较少时,常用第三种办法。

白色和彩色硅酸盐水泥,主要用于建筑装饰工程中,常用于配制各种装饰混凝土和装饰砂浆,如水磨石、水刷石、人造大理石、干黏石等,也可配制彩色水泥浆用于建筑物的墙面、柱面、天棚等处的粉刷,或用于陶瓷铺贴的勾缝等。

4.2.7.2 铝酸盐水泥

铝酸盐水泥是以铝矾土和石灰石为主要原料,经高温煅烧所得以铝酸钙为主要矿物的水泥熟料,经磨细制成的水硬性胶凝材料,代号为 CA。

国家标准《铝酸盐水泥》(GB 201—2015)根据 Al_2O_3 含量将铝酸盐水泥分为:CA-50、CA-60、CA-70 和 CA-80 四类。

(1)铝酸盐水泥的技术指标

1)细度。比表面积不小于 300 m^2/kg,或 45 μm 的方孔筛筛余量不大于 20%;

2)凝结时间。CA-50、CA-70、CA-80 的初凝时间不得早于 30 min,终凝时间不得迟于 6 h;CA-60 的初凝时间不得早于 60 min,终凝时间不得迟于 18 h。

3)强度。各类型铝酸盐水泥各龄期的强度值不得低于表 4.4 中规定的数值。

表 4.4 铝酸盐水泥的 Al_2O_3 含量和各龄期强度要求(GB201—2015)

水泥类型	Al_2O_3 含量/%	抗压强度/MPa				抗折强度/MPa			
		6 h	1 d	3 d	28 d	6 h	1 d	3 d	28 d
CA-50	≥50,<60	20	40	50	—	3.0	5.5	6.5	—
CA-60	≥60,<68	—	20	45	80	—	2.5	5.0	10.0
CA-70	≥68,<77	—	30	40	—	—	5.0	6.0	—
CA-80	≥77	—	25	30	—	—	4.0	5.0	—

(2)铝酸盐水泥的特性与应用

铝酸盐水泥具有快凝、早强、高强、低收缩、耐热性好和耐硫酸盐腐蚀性强等特点,适用于工期紧急的工程、抢修工程、冬季施工的工程和耐高温工程,还可以用来配制耐热混凝土、耐硫酸盐混凝土等。但铝酸盐水泥的水化热大、耐碱性差,不宜用于大体积混凝土,不宜采用蒸汽等湿热养护。长期强度会降低 40% ~50%,不适用于长期承载的承重构件。

4.2.7.3 膨胀水泥

一般水泥在凝结硬化过程中会产生不同程度的收缩,使水泥混凝土构件内部产生微裂缝,影响混凝土的强度及其他许多性能。而膨胀水泥在硬化过程中能够产生一定的膨胀,消除由收缩带来的不利影响。

按膨胀值大小,可将膨胀水泥分为膨胀水泥和自应力水泥两大类。膨胀水泥的膨胀率较小,主要用于补偿水泥在凝结硬化过程中产生的收缩,因此又称为无收缩水泥或收缩补偿水泥。自应力水泥的膨胀值较大,在限制膨胀的条件下(如配有钢筋时),由于水泥石的膨胀作用,使混凝土受到压应力,从而达到了预应力的目的,同时还增加了对钢筋的握裹力。

常用的膨胀水泥品种有:

(1)硅酸盐膨胀水泥。主要用于防水混凝土,加固结构、浇筑机器底座或固结地角螺栓,还可用于接缝及修补工程,但禁止在有硫酸盐侵蚀的工程使用。

(2)低热微膨胀水泥。主要用于要求较低水化热和要求补偿收缩的混凝土以及大体积混凝土,还可用于要求抗渗和抗硫酸盐侵蚀的工程。

(3)膨胀硫铝酸盐水泥。主要用于配置接点、抗渗和补偿收缩的混凝土工程。

(4)自应力水泥。主要用于自应力钢筋混凝土压力管及其配件。

4.2.7.4 道路水泥

随着我国经济建设的发展,高等级公路越来越多,水泥混凝土路面已成为主要路面之一。对专供公路、城市道路和机场跑道所用的道路水泥,我国制定了国家标准《道路硅酸盐水泥》(GB/T 13693—2017)。

由道路硅酸盐水泥熟料、0~10%活性混合材料和适量石膏共同磨细制成的水硬性胶凝材料,称为道路硅酸盐水泥,简称道路水泥,代号P·R。道路硅酸盐水泥熟料中硅酸钙和铁铝酸四钙的含量较多,要求铁铝酸四钙的含量不得低于15.0%,铝酸三钙的含量不得大于5.0%。道路水泥各龄期的强度值不得低于表4.5中规定的数值。

表4.5 道路水泥各龄期的强度(GB/T 13693—2017)

强度等级	抗折强度/MPa,≥		抗压强度/MPa,≥	
	3 d	28 d	3 d	28 d
7.5	4.0	7.5	21.0	42.5
8.5	5.0	8.5	26.0	52.5

对道路水泥的性能要求是耐磨性好、收缩小,抗冻性、抗冲击性好,有较高的抗折强度和良好的耐久性。使用道路水泥铺筑路面,可减少混凝土路面的断板、温度裂缝和磨耗,减少路面维修费用,延长道路使用年限。道路水泥适用于公路路面、机场跑道、人流量较多的广场等工程的面层混凝土。

道路硅酸盐水泥标准

4.3 混凝土掺合料

4.3.1 混凝土掺合料的定义与分类

在混凝土搅拌前或搅拌过程中,与混凝土其他组分一起,直接加入的人造或天然的矿物掺合料以及工业废料,掺量一般大于水泥质量的5%,又称为矿物粉或矿物外加剂。是调配混凝土性能,配制大体积混凝土、高强混凝土、高性能混凝土等不可缺少的组成部分。

用于混凝土中的掺合料可分为活性矿物掺合料和非活性矿物掺合料两大类。非活性矿物掺合料一般与水泥组分不起化学作用,或化学作用很小,如磨细石英砂、石灰石、硬矿渣之类材料。活性矿物掺合料虽然本身不硬化或硬化速度很慢,但能与水泥水化生成的$Ca(OH)_2$生成具有水硬性的胶凝材料。如粒化高炉矿渣、火山灰质材料、粉煤灰、硅灰等。

常用的混凝土掺合料有粉煤灰、粒化高炉矿渣、火山灰类物质。尤其是粉煤灰、超细粒化电炉矿渣、硅灰等应用效果良好。

矿物掺合料的品种和掺量应根据矿物掺合料本身的品质,结合混凝土其他参数、工程性质、所处环境等因素结合表4.6来确定。混凝土的水胶比较小、浇注温度与气温较高、混凝土强度验收龄期较长时,矿物掺合料宜采用较大掺量;对混凝土构件最小截面尺寸较大的大体积混凝土、水下工程混凝土及有腐蚀性要求的混凝土等，可适当增加矿物掺合料的掺量；对最小尺寸小于 150 mm 的构件混凝土，宜采用较小坍落度，矿物掺合料宜采用较小掺量；对早期强度要求较高或环境温度较低条件下施工的混凝土，矿物掺合料宜采用较小掺量。

表 4.6 矿物掺合料占胶凝材料总量的百分率(β_b)限值(GB/T 51003—2014)

矿物掺合料种类	水胶比	水泥品种	
		硅酸盐水泥/%	普通硅酸盐水泥/%
粉煤灰(F 类)	≤0.40	≤45	≤35
	>0.40	≤40	≤30
粒化高炉矿渣粉	≤0.40	≤65	≤55
	>0.40	≤55	≤45
硅灰	—	≤10	≤10
石灰石粉	≤0.40	≤35	≤25
	>0.40	≤30	≤20
钢渣粉	—	≤30	≤20
磷渣粉	—	≤30	≤20
沸石粉	—	≤15	≤15
复合掺合料	≤0.40	≤65	≤55
	>0.40	≤55	≤45

注:1. C 类粉煤灰用于结构混凝土时，安定性应合格，其掺量应通过试验确定，但不应超过本表中 F 类粉煤灰的规定限量；对硫酸盐侵蚀环境下的混凝土不得用 C 类粉煤灰。

2. 混凝土强度等级不大于 C15 时，粉煤灰的级别和最大掺量可不受本表规定的限制。

3. 复合掺合料中各组分的掺量不宜超过任一组分单掺时的上限掺量。

【知识链接】

我国住房与城乡建设部和工业与信息部在 2014 年联合推出的《高性能混凝土应用技术指南》中明确指出了高性能混凝土中最常用的矿物掺合料是矿渣粉和粉煤灰粉，我国于 20 世纪 90 年代中期开始使用矿渣粉和粉煤灰粉作为矿物掺合料，经过 20 多年的推广和应用，其使用已经非常普及，早期的工程，如北京八达岭高速公路山羊洼 1 号桥大型钢管混凝土结构拱桥、北京海洋馆 C80 高强混凝土、首都时代广场 C50 免振捣混凝土等都使用了矿物掺合料。现在的高速铁路、大型跨江跨海桥梁，在配制高性能混凝土时几乎都掺加矿物掺合料。

4.3.2 粉煤灰

粉煤灰是由燃烧煤粉的锅炉烟气中收集到的细粉末，其颗粒多呈球形，表面光滑。粉煤灰有高钙粉煤灰和低钙粉煤灰之分，由褐煤燃烧形成的粉煤灰，其氧化钙含量较高（一般 CaO 含量大于 10%），呈褐黄色，称为高钙粉煤灰，它具有一定的水硬性；由烟煤和无烟煤燃烧形成的粉煤灰，其氧化钙含量很低（一般 CaO 含量小于 10%）呈灰色或深灰色，称为低钙粉煤灰，一般具有火山灰活性。低钙粉煤灰来源比较广泛，是当前国内外用量最大、使用范围最广的混凝土掺合料。粉煤灰的电镜照片见图 4.2。

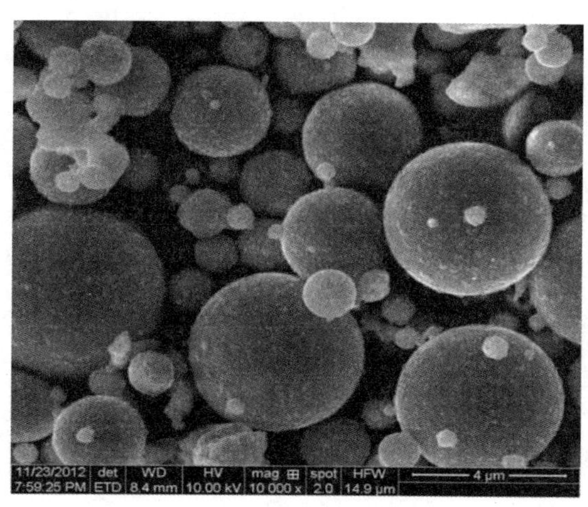

图 4.2　粉煤灰的电镜照片

粉煤灰用做掺合料有两方面的效果：

(1) 节约水泥，一般可节约水泥 10% ~15%，有显著的经济效益；

(2) 改善和提高混凝土的下述技术性能：

①改善混凝土拌合物的和易性、可泵性和抹面性；

②降低了混凝土水化热，是大体积混凝土的主要掺合料；

③提高混凝土抗硫酸盐性能；

④提高混凝土抗渗性；

⑤抑制碱骨料反应。

配制泵送混凝土、大体积混凝土、抗渗结构混凝土、抗硫酸盐和抗软水侵蚀混凝土、蒸养混凝土、轻骨料混凝土、地下工程和水下工程混凝土、压浆和碾压混凝土等，均可掺用粉煤灰。国家标准《矿物掺合料应用技术规范》（GB/T 51003—2014）将粉煤灰分为 F 类粉煤灰和磨细粉煤灰两种，各分为两个等级，其技术要应符合表 4.7 规定。

粉煤灰用于混凝土工程，常根据等级：

① Ⅰ级粉煤灰适用于钢筋混凝土和跨度小于 6 m 的预应力钢筋混凝土；

② Ⅱ级粉煤灰适用于钢筋混凝土和无钢筋混凝土；

③用于预应力钢筋混凝土、钢筋混凝土及强度等级要求等于或大于 C30 的无筋混凝土的粉煤灰等级，经试验论证，可采用比上述规定低一级的粉煤灰。

表 4.7 拌制混凝土和砂浆用粉煤灰技术要求(GB/T 51003—2014)

质量指标		F 类粉煤灰		磨细粉煤灰	
		Ⅰ类	Ⅱ类	Ⅰ类	Ⅱ类
细度	(0.045 mm)方孔筛的筛余量/%,≤	12.0	25.0	—	—
	比表面积(m^2/kg,≥)	—	—	600	400
需水量比/%,≤		95	105	95	105
烧失量/%,≤		5.0	8.0	5.0	8.0
含水量/%,≤		1.0			
三氧化硫/%,≤		3.0			
游离氧化钙/%,≤		1.0			
氯离子含量/%,≤		—		0.02	

4.3.3 粒化高炉矿渣粉(矿粉)

粒化高炉矿渣粉是指将粒化高炉矿渣经干燥、磨细达到相当细度且符合相应活性指数的粉状材料,细度一般大于 350 m/kg。将其掺入混凝土中,其活性比粉煤灰高。1862 年,德国的 E. Langen 发现通过碱性激发,能发挥水淬矿渣的潜在水硬性。此后在欧洲,矿渣作为一种水硬性材料进行了研究与开发,现在矿粉已经成为一种常用的工程材料。《用于水泥与混凝土中的粒化高炉矿渣》(GB/T 18046—2008)将粒化高炉矿渣按照比表面积、活性指数和流动度比分为了三个级别。粒化高炉矿渣的技术要求见表 4.8。

表 4.8 粒化高炉矿渣的技术要求(GB/T 18046—2008)

指标		级别		
		S105	S95	S75
比表面积/(m^2/kg)		≥500	≥400	≥300
活性指数/%	7 d	≥95	≥75	≥55
	28 d	≥105	≥95	≥75
流动度比/%		≥95		

矿粉具有潜在的水硬性,单独加水可以缓慢地水化硬化,在碱类激发下,可以提高矿粉的活性,矿粉加入混凝土中能提高混凝土的抗化学侵蚀性,混凝土强度的后期增长率高,且抗碳化性能较高,但是当矿粉的比表面积超过 400 m^2/kg 时不降低混凝土的温度上升,且混凝土的自收缩会随矿粉掺量(<75%)增加,混凝土的开裂情况加剧。

4.3.4 硅灰

硅灰又称硅粉或硅烟灰，是从生产硅铁合金或硅钢等所排放的烟气中收集到的颗粒极细的烟尘，色呈浅灰到深灰。硅灰的颗粒是微细的玻璃球体，其粒径为 0.1～1.0 μm，是水泥颗粒粒径的 1/50～1/100，比表面积为 18.5～20 m^2/g。硅灰有很高的火山灰活性，可配制高强、超高强混凝土，其掺量一般为水泥用量的 5%～10%，在配制超强混凝土时，掺量可达 20%～30%。

由于硅灰具有高比表面积，因而其需水量很大，将其作为混凝土掺合料须配以减水剂方可保证混凝土的和易性。

4.3.5 沸石粉

沸石粉是天然的沸石岩磨细而成的。沸石岩是一种经天然煅烧后的火山灰质铝硅酸盐矿物。会有一定量活性二氧化硅和三氧化铝，能与水泥水化析出的氢氧化钙作用，生成胶凝物质。沸石粉具有很大的内表面积和开放性结构，其细度为 0.08 mm 筛筛余<5%，平均粒径为 5.0～6.5 μm。颜色为白色。沸石岩系有 30 多个品种，用作混凝土掺合料的主要为斜发灰沸石和丝光沸石。

沸石粉的适宜掺量为：配制高强混凝土时的掺量为 10%～15%，以高标号水泥配制低强度等级混凝土时掺量可达 40%～50%，置换水泥 30%～40%；配制普通混凝土时掺量为 10%～27%，可置换水泥 10%～20%。

4.3.6 矿物掺合料的检验、验收与存储

根据《矿物掺合料应用技术规范》（GB/T 51003—2014）规定，矿物掺合料应按批进行检验，供应单位应出具出厂合格证或出厂检验报告。合格证或检验报告的内容应包括：厂名、合格证或检验报告编号、级别、生产日期，代表数量及本批检验结果和结论等，并应定期提供型式检验报告。矿物掺合料的验收应按批进行，符合检验项目规定技术要求的方可使用，当其中任一检验项目不符合规定要求，应降级使用或不宜使用，也可根据工程和原材料实际情况，通过混凝土试验论证，确能保证工程质量时方可使用。

矿物掺合料存储时，应符合相关环境保护的规定，不得与其他材料混杂，矿物掺合料存储期超过 3 个月时，应进行复验。

4.4 细骨料（砂）

细骨料又称细集料，是指粒径为 0.15～4.75 mm 的岩石颗粒，按产源分为天然砂、机制砂两类。天然砂是指自然生成的，经人工开采和筛分的粒径小于 4.75 mm 的岩石颗粒，包括河砂、湖砂、山砂、淡化海砂，但不包括软质、风化的岩石颗粒。机制砂是指经除土处理，由机械破碎、筛分制成的，粒径小于 4.75 mm 的岩石、矿山尾矿或工业废渣颗粒，但不包括软质、风化的颗粒，俗称人工砂。砂按细度模数分为粗、中、细三种规格。砂按技术要求分为Ⅰ类、Ⅱ类和Ⅲ类。

【例 4.4】工程实例分析

某混凝土搅拌站，在使用机制砂配制混凝土时，由于所购机制砂石粉含量过高，遂对该批机制砂进行了水冲洗，粉料被冲走，但大量细小颗粒砂也被冲走，0.15 mm 筛通过后筛余只有 5%，开始时该搅拌站并没有重视这种状态，结果造成该批混凝土在同条件下堵管现象增多。什么是机制砂？机制砂石粉含量对混凝土的性能有哪些影响？

分析原因：机制砂指的是经除土处理，由机械破碎、筛分制成的，粒径小于 4.75 mm 的岩石、矿山尾矿或工业废渣颗粒，机制砂如果除土做得不好就会造成机制砂中石粉含量过高，也就是细度小于 0.15 mm 的颗粒过多，石粉含量过高会造成混凝土的流动性变差，强度变低等现象。

4.4.1 细骨料的技术性能

《建设用砂》(GB/T 14684—2011)对细骨料的技术要求有粗细程度与颗粒级配、含泥量、石粉含量和泥块含量、有害物质含量、坚固性、碱骨料反应、表观密度、堆积密度和空隙率几个方面。

4.4.1.1 粗细程度和颗粒级配

砂的粗细程度是指不同粒径的砂粒混合在一起的平均粗细程度。在砂用量相同的条件下，若砂子过细，则砂的总表面积就较大，需要包裹砂粒表面的水泥浆的数量多，水泥用量就多；若砂子过粗，虽能少用水泥，但混凝土拌合物黏聚性较差，容易发生分层离析现象。所以，用于混凝土的砂粗细应适中。

砂的颗粒级配是指粒径不同的砂粒相互之间的搭配情况。在混凝土中砂粒之间的空隙是由水泥浆所填充，为了节约水泥和提高混凝土强度，就应尽量减小砂粒之间的空隙。从图 4.3 可以看出：如果是相同粒径的砂，空隙就大[图 4.3(a)]；用两种不同粒径的砂搭配起来，空隙就减小了[图 4.3(b)]；用三种不同粒径的砂搭配，空隙就更小了[图 4.3(c)]。因此，要减小砂粒间的空隙，就必须用粒径不同的颗粒搭配。

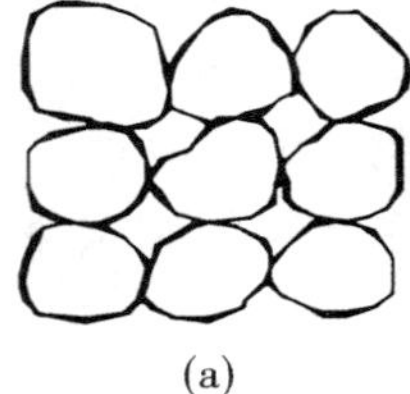
(a)

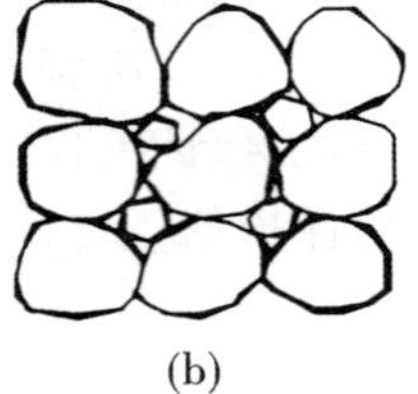
(b)

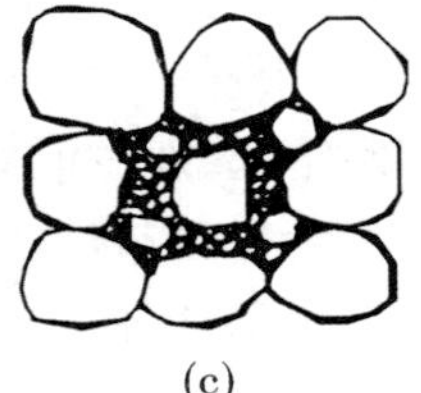
(c)

图 4.3 砂的颗粒级配

综上所述，混凝土用砂应同时考虑砂的粗细程度和颗粒级配。当砂的颗粒较粗且级配良好时，砂的空隙率和总表面积均较小，这样不仅节约水泥，还可以提高混凝土的强度和密实性。

砂的粗细程度和颗粒级配常用筛分析的方法进行评定。筛分析法是用一套公称直径分别为 4.75 mm、2.36 mm、1.18 mm、0.600 mm、0.300 mm、0.150 mm 的标准方孔筛各一只，并附有筛底和筛盖；将 500 g 干砂试样倒入按筛孔尺寸大小从上到下组合的套筛上进行筛分,分别称取各号筛上筛余量,并计算出各筛上的分计筛余百分率(各筛上的筛余量除以试样总量的百分率)及累计筛余百分率(该筛的分计筛余与筛孔大于该筛的各筛的分计筛余之和)。砂的筛余量、分计筛余、累计筛余的关系见表4.9。根据累计筛余百分率可计算出砂的细度模数和划分砂的级配区,以评定砂子的粗细程度和颗粒级配。

表4.9 筛余量、分计筛余百分率、累计筛余百分率的关系

筛孔尺寸	筛余量/g	分计筛余/%	累计筛余/%
4.75 mm	m_1	$a_1=(m_1/500)\times100$	$A_1=a_1$
2.36 mm	m_2	$a_2=(m_2/500)\times100$	$A_2=a_1+a_2$
1.18 mm	m_3	$a_3=(m_3/500)\times100$	$A_3=a_1+a_2+a_3$
0.600 mm	m_4	$a_4=(m_4/500)\times100$	$A_4=a_1+a_2+a_3+a_4$
0.300 mm	m_5	$a_5=(m_5/500)\times100$	$A_5=a_1+a_2+a_3+a_4+a_5$
0.150 mm	m_6	$a_6=(m_6/500)\times100$	$A_6=a_1+a_2+a_3+a_4+a_5+a_6$

砂的细度模数计算公式为:

$$M_x=\frac{(A_2+A_3+A_4+A_5+A_6)-5A_1}{100-A_1}$$

细度模数越大,表示砂越粗。混凝土用砂的细度模数范围:3.7~3.1为粗砂,3.0~2.3为中砂,2.2~1.6为细砂。

砂的颗粒级配可按公称0.600 mm筛孔的累积筛余量(以质量百分率计)分成三个级配区,且砂的颗粒级配应处于表4.10的某一区内。对于砂浆用砂,4.75 mm筛孔的累计筛余量应为0。配制混凝土时宜优先选用2区砂。当采用1区砂时,应提高砂率,并保证足够的水泥用量,满足混凝土的和易性;当采用3区砂时,宜适当降低砂率;配制泵送混凝土,宜选用中砂。天然砂的级配范围曲线见图4.4。

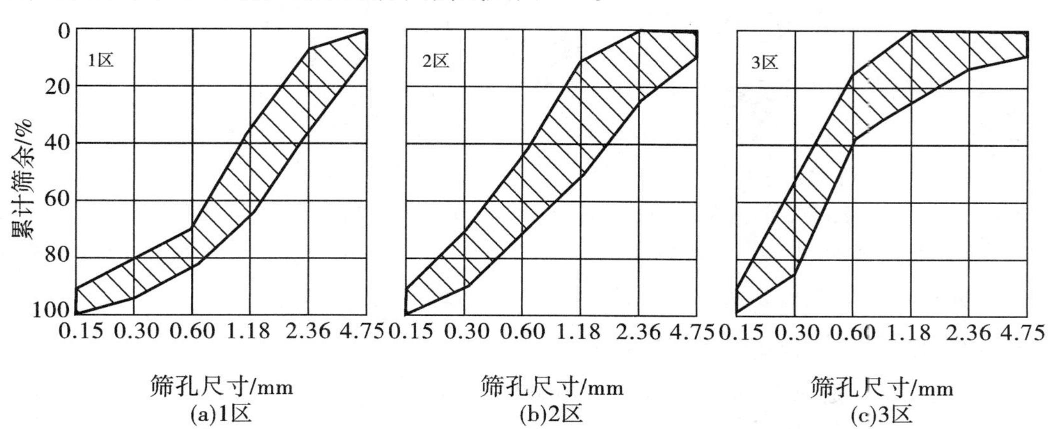

图4.4 天然砂的级配范围曲线

表 4.10　砂的颗粒级配(GB/T 14684—2011)

砂的分类	天然砂			机制砂		
级配区	1 区	2 区	3 区	1 区	2 区	3 区
方筛孔	累计筛除/%					
4.75 mm	10 ~ 0	10 ~ 0	10 ~ 0	10 ~ 0	10 ~ 0	10 ~ 0
2.36 mm	35 ~ 5	25 ~ 0	15 ~ 0	35 ~ 5	25 ~ 0	15 ~ 0
1.18 mm	65 ~ 35	50 ~ 10	25 ~ 0	65 ~ 35	50 ~ 10	25 ~ 0
0.600 mm	85 ~ 71	70 ~ 41	40 ~ 16	85 ~ 71	70 ~ 41	40 ~ 16
0.300 mm	95 ~ 80	92 ~ 70	85 ~ 55	95 ~ 80	92 ~ 70	85 ~ 55
0.150 mm	100 ~ 90	100 ~ 90	100 ~ 90	97 ~ 85	94 ~ 80	94 ~ 75

注:砂的实际颗粒级配与表中累计筛余相比,除 4.75 mm 和 0.600 mm 筛档外,可以略有超出,但各级累计筛余超出值总和不应大于 5%。

【例 4.5】检验某砂的级配

某烘干砂试样 500 g 进行筛分,其结果如表 4.11 所示,试评定该试样的粗细程度和颗粒级配。

解:计算结果见表 4.11。

表 4.11　砂筛分结果及计算结果

筛孔尺寸/mm	4.75	2.36	1.18	0.600	0.300	0.150	<0.150
筛余量/g	16	67	72	145	96	92	12
分级筛余百分率/%	$a_1=3.2$	$a_2=13.4$	$a_3=14.4$	$a_4=29.0$	$a_5=19.2$	$a_6=18.4$	—
累计筛余百分率/%	$A_1=3.2$	$A_2=16.6$	$A_3=31.0$	$A_4=60.0$	$A_5=79.2$	$A_6=97.6$	—

$$M_x=\frac{(A_2+A_3+A_4+A_5+A_6)-5A_1}{100-A_1}=2.77$$

第一次细度模数计算精确至 0.01,假若两次筛分结果一样,细度模数取其算数平均值 2.8(精确至 0.1)。累计筛余百分数为 $A_1=4\%$、$A_2=17\%$、$A_3=31\%$、$A_4=60\%$、$A_5=79\%$、$A_6=98\%$(精确至 1%)。

细度模数为 2.77,在 2.3 ~ 3.0 之间,故该砂为中砂。将计算结果(累计筛余百分率)与表 4.10 对照比较,0.600 mm 筛上的累计筛余百分率 60%,属于 2 区,其余各筛上累计筛余百分率均没有超出 2 区的要求,因此,该砂级配良好。

4.4.1.2　含泥量、石粉含量和泥块含量

砂中含泥量是指粒径小于 0.075 mm 的颗粒含量;泥块含量是指原粒径大于 1.18 mm,经水浸洗、手捏后小于 0.600 mm 的颗粒含量。含泥量多会降低骨料与水泥石的黏结力,影响混凝土的强度和耐久性。泥块比泥土对混凝土的影响更大,因此必须严格

控制其含量。

天然砂的含泥量和泥块含量应符合表4.12的规定。

表4.12　含泥量和泥块含量(GB/T 14684—2011)

类别	Ⅰ类	Ⅱ类	Ⅲ类
含泥量(按质量计,%)	≤1.0	≤3.0	≤5.0
泥块含量	0	≤1.0	≤2.0

机制砂的石粉含量和泥块含量应符合表4.13的规定。

表4.13　石粉含量和泥块含量(MB≤1.4或快速法合格)(GB/T 14684—2011)

类别	Ⅰ类	Ⅱ类	Ⅲ类
MB值	≤0.5	≤1.0	≤1.4或合格
石粉含量(按质量计,%)	≤10.0		
泥块含量(按质量计,%)	0	≤1.0	≤2.0
此指标根据使用地区和用途,经试验验证,可由供需双方协商确定。			

4.4.1.3　有害物质含量

用来配制混凝土的砂要求清洁不含杂质,以保证混凝土的质量。但实际上砂中常含有云母、硫酸盐、黏土、淤泥等有害杂质,这些杂质黏附在砂的表面,妨碍水泥与砂的黏结,降低混凝土的强度,同时还增加混凝土的用水量,从而加大混凝土的收缩,降低混凝土的耐久性。一些硫酸盐、硫化物,还对水泥石有腐蚀作用。氯化物容易加剧钢筋混凝土中钢筋的锈蚀,也应进行限制。《建设用砂》(GB/T 14684—2011)对砂中有害物质含量作了具体规定,见表4.14。

表4.14　砂中有害物质限量(GB/T 14684—2011)

类　别	Ⅰ类	Ⅱ类	Ⅲ类
云母含量(按质量计,%)	≤1.0	≤2.0	
轻物质含量(按质量计,%)	≤1.0		
硫化物及硫酸盐含量(按SO_3,按质量计,%)	≤0.5		
有机物	合格		
氯化物(以氯离子质量计,%)	≤0.01	≤0.02	≤0.06
贝壳*	≤3.0	≤5.0	≤8.0
*该指标仅适用于海砂,其他砂种不作要求。			

注:对于有抗冻、抗渗或其他特殊要求的≤C25混凝土用砂,其含泥量不应大于3.0%,泥块含量不应大于1.0%。

4.4.1.4 坚固性

砂子的坚固性，是指砂在自然风化和其他外界物理化学因素作用下抵抗破裂的能力。天然砂通常用硫酸钠溶液干湿循环5次后的质量损失来表示砂子坚固性的好坏，对天然砂的坚固性要求见表4.15。机制砂采用压碎指标法进行试验，压碎指标值应符合表4.16的规定。

表4.15 砂的坚固性指标(GB/T 14684—2011)

类别	Ⅰ类	Ⅱ类	Ⅲ类
质量损失/%	≤8		≤10

表4.16 砂的压碎指标(GB/T 14684—2011)

类别	Ⅰ类	Ⅱ类	Ⅲ类
单级最大压碎指标/%	≤20	≤25	≤30

4.4.1.5 碱骨料反应

碱骨料反应指水泥、外加剂等混凝土组成物及环境中的碱与骨料中碱活性物质在潮湿环境下缓慢发生并导致混凝土开裂破坏的膨胀反应。规范中指出由砂制备的试件经碱骨料反应试验后，应无裂缝、酥裂、胶体外溢等现象，在规定的试验龄期膨胀率应小于0.10%。

【知识链接】

碱-骨料反应有三种类型：第一种为碱-硅酸反应，积累时间一般为10～20年，最快的也是在混凝土浇筑5年后开始出现裂缝；第二种为碱-碳酸盐反应，多在混凝土施工2～3年后即出现膨胀裂缝，最快的可能在混凝土施工1年后出现裂缝；第三种为慢膨胀型碱-硅酸盐反应，其反应的酝酿时间最长，一般为40～50年。

混凝土发生碱-骨料反应损坏有两个特点：一是发生膨胀损坏；二是反应需要积累时间。因此，由碱-骨料反应造成的工程损坏，一般先从裂缝开始，随着时间的延长，会造成构件整个膨胀、中间上拱等损坏。

4.4.1.6 表观密度、堆积密度和空隙率

砂的表观密度、松散堆积密度应符合如下规定：表观密度不小于2500 kg/m^3；松散堆积密度不小于1400 kg/m^3；孔隙率不大于44%。

4.4.2 细骨料的验收、标志、储存和运输

砂的检验分为出厂检验和型式检验。天然砂的出厂检验项目为：颗粒级配、含泥量、泥块含量、云母含量、松散堆积密度。机制砂的出厂检验项目：颗粒级配、石粉含量(含亚甲基蓝试验)、泥块含量、压碎指标、松散堆积密度。砂出厂时，供需双方在场内验收产品，生产厂应提供产品质量合格证书，其内容包括：砂的分类、规格、类别和生产厂信息；批

量编号及供货数量;出厂检验结果、日期及执行标准编号;合格证编号及发放日期;检验部门及检验人员签章。砂应按分类、规格、类别分别堆放和运输,防止人为碾压、混合及污染产品。运输时,应有必要的防遗撒设施,严禁污染环境。

4.5 粗骨料(石子)

由自然风化、水流搬运和分选、堆积而形成的,粒径大于4.75 mm的岩石颗粒,称为卵石;由天然岩石、卵石或矿山废石经机械破碎、筛分制成的,粒径大于4.75 mm的岩石颗粒,称为碎石。卵石、碎石按技术要求分为Ⅰ类、Ⅱ类和Ⅲ类。

卵石多为圆形,表面光滑,与水泥的黏结较差;碎石则多棱角,表面粗糙,与水泥黏结较好。当采用相同混凝土配合比时,用卵石拌制的混凝土拌合物流动性较好,但硬化后强度较低;而用碎石拌制的混凝土拌合物流动性较差,但硬化后强度较高。配制混凝土选用碎石还是卵石,要根据工程性质、当地材料的供应情况、成本等因素综合考虑。

4.5.1 粗骨料的技术性能

《建设用石》(GB/T 14685—2011)对粗骨料的技术要求主要有以下几个方面:最大粒径和颗粒级配、含泥量、泥块含量和有害物质含量、针片状颗粒含量、坚固性和强度、碱骨料反应、表观密度、连续级配松散堆积空隙率和吸水率。

4.5.1.1 最大粒径和颗粒级配

(1)最大粒径

公称粒级的上限称为该粒级的最大粒径。最大粒径是用来表示粗骨料粗细程度的。例如:5~25 mm粒级的粗骨料,其最大粒径为25 mm。粗骨料最大粒径增大时,粗骨料总表面积减小,包裹粗骨料所需的水泥浆量就少,有利于节约水泥。对中低强度的混凝土,尽量选择最大粒径较大的粗骨料,但一般不宜超过40 mm;配制高强混凝土时最大粒径不宜大于20 mm,因为减少用水量获得的强度提高,被大粒径骨料造成的黏结面减少和内部结构不均匀所抵消。同时,选用粒径过大的石子,会给混凝土搅拌、运输、振捣等带来困难,所以需要综合考虑各种因素来确定石子的最大粒径。

《混凝土质量标准》(GB 50164—2011)从结构和施工的角度,对粗骨料最大粒径作了以下规定:混凝土用粗骨料的最大粒径不得超过结构截面最小尺寸的1/4,且不得超过钢筋最小净距的3/4;对混凝土实心板,粗骨料最大粒径不宜超过板厚的1/3,且不得超过40 mm。对于泵送混凝土,粗骨料最大粒径与输送管内径之比应满足《混凝土泵送施工技术规程》(JGJ /T 10—2011)的相关要求。

(2)颗粒级配

粗骨料的级配原理与细骨料基本相同,也要求有良好的颗粒级配,以减小空隙率,节约水泥,提高混凝土的密实度和强度。粗骨料的颗粒级配也是通过筛分析的方法来评定,碎石、卵石的颗粒级配应符合表4.17的规定。

粗骨料的颗粒级配按供应情况分连续粒级和单粒级。连续粒级是指颗粒由小到大连续分级,每一级粗骨料都占有一定的比例,且相邻两级粒径相差较小(比值<2)。连续粒

级的级配、大小颗粒搭配合理，配制的混凝土拌合物和易性好，不易发生分层、离析现象，且水泥用量小，混凝土用石应采用连续粒级。单粒级是从1/2最大粒径至最大粒径，粒径大小差别小，单粒级宜用于组合成满足要求的连续粒级，也可与连续粒级混合使用，以改善其级配或配成较大粒度的连续粒级。

表4.17 碎石或卵石的颗粒级配(GB/T 14685—2011)

公称粒级/mm		累计筛余/%											
		方孔筛/mm											
		2.36	4.75	9.50	16.0	19.0	26.5	31.5	37.5	53.0	63.0	75.0	90
连续粒级	5~16	95~100	85~100	30~60	0~10	0							
	5~20	95~100	90~100	40~80	—	0~10	0						
	5~25	95~100	90~100	—	30~70	—	0~5	0					
	5~31.5	95~100	90~100	70~90	—	15~45	—	0~5	0				
	5~40	—	95~100	70~90	—	30~65	—	—	0~5	0			
单粒级	5~10	95~100	80~100	0~15	0								
	10~16		95~100	80~100	0~15								
	10~20		95~100	85~100		0~15	0						
	16~25			95~100	55~70	25~40	0~10						
	16~31.5		95~100		85~100			0~10	0				
	20~40			95~100		80~100			0~10	0			
	40~80					95~100			70~100		30~60	0~10	0

4.5.1.2 含泥量和泥块含量、有害物质及针、片状颗粒含量

石子中的有害杂质大致与砂相同，另外石子中还可能含有针状颗粒(颗粒长度大于该颗粒相应粒级的平均粒径2.4倍)和片状颗粒(厚度小于平均粒径的0.4倍)，针、片状颗粒易折断，其含量多时，会降低混凝土拌合物的流动性和硬化后混凝土的强度。石子中含泥量和泥块含量、有害物质及针、片状颗粒含量应符合表4.18的规定。

表4.18 碎石、卵石中含泥量和泥块含量、有害物质及针片状颗粒含量(GB/T 14685—2011)

类别	Ⅰ	Ⅱ	Ⅲ
含泥量(按质量计,%)	≤0.5	≤1.0	≤1.5
泥块含量(按质量计,%)	≤0	≤0.2	≤0.5
硫化物及硫酸盐含量(按SO_3质量计,%)	≤0.5	≤1.0	≤1.0
有机物	合格	合格	合格
针、片状颗粒含量(按质量计,%)	≤5	≤10	≤15

【例4.6】工程实例分析

某混凝土搅拌站原混凝土配合比均可产出性能良好的泵送混凝土，后因供应问题进场一批针片状多的碎石，当班技术人员未引起重视仍按照原配方配制混凝土，后发觉混凝土坍落度明显下降，难以泵送。试分析原因。

分析原因：粗骨料当中的针片状颗粒过多时，由于针片状颗粒的形状，混凝土在泵送的过程中容易出现堵塞泵送管的问题，在浇筑的时候针片状颗粒容易卡在钢筋网中，所以必须严格控制混凝土粗骨料当中的针片状颗粒含量。

4.5.1.3　强度和坚固性

(1)强度

石子的强度可以用岩石的抗压强度和压碎指标两种方法表示。

岩石抗压强度是指用母岩制成50 mm×50 mm×50 mm的立方体（或直径与高度均为50 mm的圆柱体），在浸水饱和状态下(48 h)，测其极限抗压强度。6个试件为一组，取6个试件检测结果的算术平均值，精确至1 MPa。其抗压强度：火成岩应不小于80 MPa，变质岩应不小于60 MPa，水成岩应不小于30 MPa。

压碎指标是将一定质量气干状态下粒径为9.50～19.0 mm的石子装入一定规格的圆桶内，在压力机上按1 kN/s均匀加荷至200 kN，并稳荷5 s，然后卸荷后称取试样质量(G_1)，再用孔径为2.36 mm的方孔筛筛除被压碎的细粒，称出留在筛上的试样质量(G_2)。压碎值指标按下式计算：

$$Q_e = \frac{G_1 - G_2}{G_1} \times 100$$

压碎指标值越小，说明石子的强度越高。

卵石的强度可用压碎值指标表示。碎石的强度，可用压碎值指标和岩石立方体强度两种方法表示。岩石的抗压强度应比所配制的混凝土强度至少高20%。当混凝土强度等级大于或等于C60时，应进行岩石抗压强度检验。岩石强度首先应由生产单位提供，工程中可用压碎值指标进行质量控制。

对不同强度等级的混凝土，所用石子的压碎指标应满足表4.19的要求。

表4.19　碎石或卵石压碎指标(GB/T 14685—2011)

类别	Ⅰ	Ⅱ	Ⅲ
碎石压碎指标/%	≤10	≤20	≤30
卵石压碎指标/%	≤12	≤14	≤16

(2)坚固性

卵石、碎石在自然风化和其他物理化学因素作用下抵抗破碎的能力称为坚固性。坚固性试验是用硫酸钠溶液浸泡法检验，试样经5次干湿循环后，其质量损失：Ⅰ类应≤5%，Ⅱ类应≤8%，Ⅲ类应≤12%。

4.5.1.4 表观密度、吸水率及连续级配松散堆积空隙率

卵石、碎石表观密度不小于2600 kg/m^3,吸水率及连续级配松散堆积空隙率应符合表4.20 的规定。

表4.20 吸水率及连续级配松散堆积空隙率(GB/T 14685—2011)

类别	Ⅰ	Ⅱ	Ⅲ
吸水率/%	≤1.0	≤2.0	≤2.0
空隙率/%	≤43	≤45	≤47

4.5.1.5 碱集料反应

经碱集料反应试验后,试件应无裂缝、酥裂、胶体外溢等现象,在规定的试验龄期膨胀率应小于0.10%。

4.5.2 粗骨料的验收、标志、储存和运输

粗骨料的检验分为出厂检验和型式检验。出厂检验项目为:松散堆积密度、颗粒级配、含泥量、泥块含量、针片状颗粒含量;连续粒级的石子应进行孔隙率检验;吸水率应根据用户需要进行检验。碎石、卵石出厂时,供需双方在场内验收产品,生产厂应提供产品质量合格证书,其内容包括:分类、类别、公称粒级和生产厂家信息、批量编号及供货数量;出厂检验结果、日期及执行标准编号;合格证标号及发放日期;检验部门及检验人员签章。碎石、卵石应按分类、类别、公称粒级分别堆放和运输,防止人为碾压及污染产品。运输时,应有必要的防遗撒设施,严禁污染环境。

4.6 混凝土外加剂

4.6.1 混凝土外加剂的定义与分类

混凝土外加剂是在拌制混凝土的过程中掺入的用以改善混凝土性能的化学物质。除特殊情况外,外加剂掺量一般不超过水泥量的5%。

混凝土外加剂的使用是近代混凝土技术的重大突破,虽掺量很小,但其对混凝土和易性、强度、耐久性及节约水泥都有明显的改善,成为混凝土的第五组分,特别是高性能外加剂的使用成为现代高性能混凝土的关键技术,发展和推广使用外加剂有重要的技术和经济意义。

混凝土外加剂种类繁多,根据国标准《混凝土外加剂的分类、命名与定义》(GB/T 8075—2005),混凝土外加剂按其主要功能可分为四类:

(1)改善混凝土拌合物流变性能的外加剂,包括减水剂、泵送剂、引气剂等;

(2)调节混凝土凝结硬化性能的外加剂,包括早强剂、缓凝剂、速凝剂等;

（3）改善混凝土耐久性的外加剂，包括引气剂、防水剂、阻锈剂等；

（4）为混凝土特殊性能的外加剂，包括防冻剂、膨胀剂、着色剂等。

【知识链接】

目前的建筑项目中，混凝土外加剂的使用已经非常普遍。郑州市经济技术开发区滨河国际新城综合管廊工程，全长5.6 km，为地下的单箱双室薄壁箱涵结构，内部纳入10 kV电力电缆、通信光缆、自控缆线、热力管线、给水管道等。综合管廊防水要求较高，该项目通过在管廊主体混凝土中掺加外加剂，提高其自身密实性和抗渗能力，使混凝土强度达到C30以上，抗渗等级达到P8以上，部分位置达到P10以上。同时，为满足施工工艺的需要，该项目混凝土中还掺入适量的泵送剂，在冬季施工中，该项目混凝土还使用了防冻剂等。

4.6.2　减水剂

减水剂是指在混凝土坍落度基本相同的条件下，能减少拌和用水量的外加剂。

按减水能力及其兼有的功能分为普通减水剂、高效减水剂、早强减水剂及引气减水剂等，减水剂多为亲水性表面活性剂。

（1）减水剂的作用机理

水泥加水拌和后，会形成絮凝结构，流动性很低。当掺入减水剂后，由于减水剂的表面活性作用，水泥颗粒互相分开，导致絮凝结构解体，将其中的游离水释放出来，从而大大增加了拌合物的流性，其作用机理如图4.5所示。

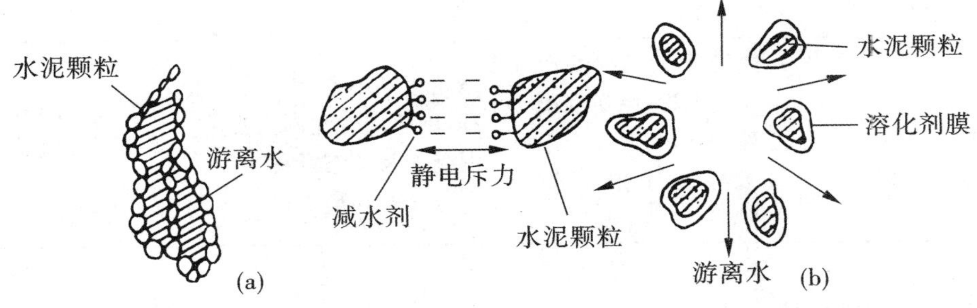

图4.5　减水剂作用机理

（2）减水剂的技术经济效果

1）增大流动性。在保持水灰比和水泥用量不变的情况下，可提高混凝土拌合物的流动性；

2）节约水泥。在保持混凝土强度（W/C）和坍落度不变的情况下，可节约水泥用量；

3）提高强度。在保证混凝土拌合物和易性和水泥用量不变的条件下，可减少用水量，使水灰比降低，从而提高混凝土的强度；

4）改善其他性能。掺入减水剂，还可减少拌合物的泌水离析现象，延缓拌合物的凝结时间，降低水泥水化放热速度，提高混凝土的抗渗性、抗冻性、耐久性等。

(3)常用减水剂种类

减水剂是使用最广泛和效果最显著的一种外加剂。其种类繁多,常用减水剂有木质素磺酸系、萘磺酸盐系(简称萘系)、树脂系、糖蜜系、氨基磺酸系、脂肪族系及聚羧酸系等。根据减水剂的减水效果及增强能力分为普通减水剂(以木质素磺酸系为代表)、高效减水剂(包括萘系、氨基磺酸系和脂肪族系等)和高性能减水剂(以聚羧酸系减水剂为代表)。部分减水剂的性能见表4.21。

表4.21 常用减水剂的性能

种类	木质素系	萘系	树脂系
类别	普通减水剂	高效减水剂	高效减水剂
主要品种	木质素磺酸钙(木钙粉、M剂、木钙、木镁)	NNO、NF、UNF、FDN、JN、MF等	SM、CRS等
主要成分	木质素磺酸钙、木质素磺酸镁、木质素磺酸钠	芳香族磺酸盐、甲醛聚合物	三聚氰胺树脂磺酸钠(SM)等
适宜掺量,(占水泥质量,%)	0.2~0.3	0.2~1.0	0.5~2.0
减水率/%	10~11	15~25	20~30
早强效果	—	显著	显著
缓凝效果	1~3 h	—	—
引气效果	1%~2%	—	—
适用范围	一般混凝土工程及滑模混凝土工程、泵送混凝土工程、大体积混凝土工程及夏季施工的混凝土工程	适用于所有混凝土工程,更适用于配制高强混凝土及流态混凝土、泵送混凝土等	宜用于高强混凝土、早强混凝土、流态混凝土等

【例4.7】工程实例分析

四川某工程采用木质素磺酸钙粉作减水剂,规定掺量为水泥用量的0.25%,施工时木钙粉减水剂配成溶液,加入混凝土中进行搅拌,按照配合比要求每罐混凝土中加一桶减水剂液,实际加了两桶,当时施工气温又较低,混凝土浇捣二天后还未硬化,不得不把混凝土全部挖掉,重新浇筑。试分析原因?

分析原因:减水剂的加入会改善混凝土的流动性,同时混凝土的凝结时间也会随之延长,在使用外加剂是一定要严格按照比例添加,该施工过程中本身施工温度较低,混凝土的凝结时间就较长,又使用了两倍的外加剂,混凝土无法正常硬化就是不按照配方施工的结果。

4.6.3　早强剂

早强剂是指能提高混凝土的早期强度并对后期强度无明显影响的外加剂。

早强剂或对水泥中的 C_3S 和 C_2S 等矿物成分的水化有催化作用，或与水泥成分发生反应生成固相产物，可有效提高水泥的早期强度。

早强剂多用于冬季施工、紧急抢工程以及要求加快混凝土强度发展的情况。

4.6.4　防冻剂

防冻剂是能使混凝土在负温下正常水化硬化，并在规定时间内硬化到一定程度，且不会产生冻害的外加剂。常用防冻剂有：氯盐类，如氯化钙、氯化钠、氯化铵等；氯盐阻锈类，即以氯盐与阻锈剂（亚硝酸钠）为主复合的外加剂；无氯盐类，如硝酸盐、亚硝酸盐、乙酸钠、尿素等。

氯盐类防冻剂适用于无筋混凝土工程，氯盐阻锈类防冻剂可用于钢筋混凝土工程，无氯盐类防冻剂可用于钢筋混凝土工程和预应力钢筋混凝土工程。

4.6.5　缓凝剂

能延长混凝土凝结时间，并对混凝土的后期强度发展无不利影响的外加剂，称为缓凝剂。

缓凝剂在水泥及其水化物表面上的吸附作用或与水泥反应生成不溶层，从而达到缓凝的效果。我国使用最多的缓凝剂是糖钙、木钙，其具有缓凝及减水作用；其次是有机酸及其盐类，有柠檬酸、酒石酸钾钠等；无机盐类有锌盐、硼酸盐；此外，还有胺盐及其衍生物、纤维素醚等。

缓凝剂使混凝土拌合物能在较长时间内保持其塑性，以利于浇筑成型提高施工质量，或降低水化热。缓凝剂适用于大体积混凝土、炎热气候条件下施工的混凝土以及需长时间停放或长时间运输的混凝土。

4.6.6　引气剂

引气剂是在搅拌混凝土过程中能引入大量均匀分布、稳定而封闭的微小气泡的外加剂。按其化学成分分为松香树脂类、烷基苯磺酸类及脂肪醇磺酸类等三大类。其中，以松香树脂类应用最广，主要有松香热聚物和松香皂两种。

引气剂的主要作用是使混凝土中产生大量微小气泡，在未硬化的混凝土中，大量微小气泡的存在可以起到“滚珠”的作用，使混凝土拌合物流动性大大提高。由于气泡能隔断混凝土毛管通道，并能缓冲因水结冰而产生的膨胀压力，故能显著提高混凝土的抗渗性及抗冻性。因此，引气剂能改善混凝土拌合物的和易性，提高混凝土耐久性。

大量气泡的存在使混凝土孔隙率增大、有效受力面积减小，使强度及耐磨性有所降低，含气量越大，强度降低越多。因此，应严格控制引气剂的掺量，其适宜掺量为水泥质量的0.005%～0.01%。

引气剂适用于强度要求不太高、水灰比较大的混凝土，如水工大体积混凝土。

4.6.7 速凝剂

能使混凝土迅速凝结硬化的外加剂为速凝剂。速凝剂的主要成分为铝酸钠或碳酸钠等盐类。速凝剂加入混凝土后，在碱性溶液中迅速与水泥中的石膏反应生成硫酸钠，使石膏丧失其原有的缓凝作用，导致水泥中的 C_3A 迅速水化，从而使混凝土迅速凝结。

速凝剂主要于矿山井巷、铁路隧洞、引水涵洞、地下工程以及喷锚支护时的喷射混凝土喷射砂浆工程中。

4.6.8 外加剂的选择与使用

(1)外加剂品种的选择

外加剂品种繁多、性能各异，尤其是对不同的水泥其效果不同。选择外加剂应依据现场材料条件、工程特点和环境情况，根据产品说明及有关规定进行品种的选择。有条件的应在正式使用前进行试验检验。

(2)外加剂掺量的确定

混凝土外加剂均应有适宜掺量。掺量过小，往往达不到预期效果；掺量过大，则会影响混凝土质量，甚至造成质量事故。因此，须通过试验试配，确定最佳掺量。

混凝土外加剂应用技术规范

(3)外加剂的掺加方法

外加剂不论是粉状还是液态状，为保持作用的均匀性，一般不能直接加入混凝土搅拌机内。对于可溶解的粉状外加剂或液态外加剂，应先配成一定浓度的溶液，使用时连同拌合水一起加入搅拌机内。对于不溶于水的外加剂，应与适量水泥或砂混合均匀后，再加入搅拌机内。

4.7 混凝土用水

混凝土用水包括混凝土拌和用水和混凝土养护用水，包括饮用水、地表水、地下水、混凝土企业设备洗刷水、海水以及经适当处理或处置后的工业废水(再生水)。对混凝土拌合及养护用水的质量要求是:不得影响混凝土的和易性及凝结；不得有损于混凝土强度发展；不得降低混凝土的耐久性、加快钢筋腐蚀及导致预应力钢筋脆断；不得污染混凝土表面。混凝土用水应符合《混凝土用水标准》(JGJ 63—2006)的规定。

4.7.1 混凝土拌和用水

混凝土拌和水不应有漂浮的油脂和泡沫，不应有明显的颜色和异味。混凝土拌和用水水质应符合表 4.22 的要求。

(1)符合国家标准的生活饮用水，可拌制各种混凝土。

(2)地表水和地下水首次使用前，应按本标准规定进行检验。

(3)海水可用于拌制素混凝土，但不得用于拌制钢筋混凝土和预应力混凝土。有饰面要求的混凝土不应用海水拌制。

(4)混凝土生产厂及商品混凝土厂设备的洗刷水,可用作拌合混凝土的部分用水。但要注意洗刷水所含水泥和外加剂品种对所拌和混凝土的影响,且最终拌合水中氯化物、硫酸盐及硫化物的含量应满足标准的要求。

(5)工业废水经检验合格后可用于拌制混凝土,否则必须予以处理,合格后方能使用。

表 4.22　混凝土拌和用水水质要求

项目	预应力混凝土	钢筋混凝土	素混凝土
pH	≥5.0	≥4.5	≥4.5
不溶物/($mg \cdot L^{-1}$)	≤2000	≤2000	≤5000
可溶物/($mg \cdot L^{-1}$)	≤2000	≤5000	≤10000
氯离子/($mg \cdot L^{-1}$)	≤500	≤1000	≤3500
硫酸根离子/($mg \cdot L^{-1}$)	≤600	≤2000	≤2700
碱含量/($mg \cdot L^{-1}$)	≤1500	≤1500	≤1500

注:碱含量按 $Na_2O+0.658K_2O$ 计算值来表示。采用非活性碱骨料时,可不检验碱含量。

(6)用待检验水和蒸馏水(或符合国家标准的生活饮用水)试验所得的水泥初凝时间差及终凝时间差均不得大于 30 min,其初凝和终凝时间尚应符合水泥国家标准的规定。

(7)用待检验水配制的水泥砂浆或混凝土的 28 d 抗压强度(若有早期抗压强度要求时需增加 7 d 抗压强度)不得低于用蒸馏水(或符合国家标准的生活饮用水)拌制的对应砂浆或混凝土抗压强度的 90%。

【例 4.8】工程实例分析

某糖厂建宿舍,以自来水拌制混凝土,浇注后用曾装食糖的麻袋覆盖于混凝土表面,再淋水养护。后发现该水泥混凝土两天仍未凝结,而水泥经检验无质量问题,请分析此异常现象的原因。

分析原因:蜜糖本身就是一种缓凝剂,加入混凝土中可以起到延缓凝结时间的作用,而此施工中将装糖的麻袋覆盖在混凝土表面并淋水,麻袋上残存的糖溶解进入了混凝土中,造成混凝土无法正常凝结硬化的结果。

4.7.2　混凝土养护用水

(1)混凝土养护用水可不检验可溶物和不可溶物,其他检验项目应符合混凝土拌和用水的水质技术要求。

(2)混凝土养护用水可不检验水泥凝胶时间和水泥胶砂强度。

4.7.3　混凝土用水检验规则

地表水、地下水、再生水和混凝土企业设备洗刷水在使用前应进行检验;在使用期间,检验频率宜符合下列要求:①地表水每5个月检验1次;②地下水每年检验1次;③再生水每3个月检验1次,在质量稳定1年后,可每6个月检验1次;④混凝土企业设备洗刷水每3个月检验1次,在质量稳定1年后,可1年检验1次;⑤当发现水受到污染和对混凝土性能有影响时,应立即检验。

章后小结

1. 通用硅酸盐水泥分为硅酸盐水泥、普通硅酸盐水泥、矿渣硅酸盐水泥、粉煤灰硅酸盐水泥、火山灰硅酸盐水泥和复合硅酸盐水泥六种。通用硅酸盐水泥的生产概括为两磨一烧,组分为熟料、混合材料和适量石膏。六种通用硅酸盐水泥的特性影响了它们的应用。通用硅酸盐水泥的技术性能包括化学指标、安定性、凝结时间、强度等。

2. 常用混凝土掺合料包括粉煤灰、矿粉、硅灰等品种,各种掺合料的特性、应用和技术标准。

3. 细骨料按照细度模数分为了粗砂、中砂和细砂,按照颗粒级配分为了1区、2区和3区,按照各项技术性质分为了Ⅰ、Ⅱ、Ⅲ类。细度模数和颗粒级配的检测使用的是筛分析法。

4. 粗骨料的最大粒径根据结构和施工条件选择,粗骨料分为单粒和连续两种级配,按照各项技术性质分为Ⅰ、Ⅱ、Ⅲ类。

5. 常用混凝土外加剂有减水剂、早强剂、膨胀剂、防冻剂、缓凝剂、泵送剂等。根据施工条件选择合适的外加剂,并对外加剂的性能进行检测。

6. 混凝土拌合用水、养护用水均有相关的技术要求。

实训题

进场42.5号普通硅酸盐水泥,检验28 d强度结果如下:抗压破坏荷载:62.0 kN,63.5 kN,61.0 kN,65.0 kN,61.0 kN,64.0 kN。抗折破坏荷载:3.38 kN,3.81 kN,3.82 kN。问该水泥28 d试验结果是否达到原强度等级?若该水泥存放期已超过三个月可否凭以上试验结果判定该水泥仍按原强度等级使用?

习　题

一、选择题

1. 配制厚大体积的普通混凝土不宜选用(　　)水泥。

A. 矿渣　　　　B. 粉煤灰

C. 复合　　　　D. 硅酸盐

2. 配制混凝土大坝优先选择(　　)水泥。

A. 矿渣　　　　B. 粉煤灰

C. 复合　　　　D. 硅酸盐

3. 关于细骨料"颗粒级配"和"粗细程度"性能指标的说法，正确的是(　　)。

A. 级配好，砂粒之间的空隙小；骨料越细，骨料比表面积越小

B. 级配好，砂粒之间的空隙大；骨料越细，骨料比表面积越小

C. 级配好，砂粒之间的空隙小；骨料越细，骨料比表面积越大

D. 级配好，砂粒之间的空隙大；骨料越细，骨料比表面积越大

4. 细度模数相同的两种砂子，它们的级配(　　)。

A. 一定相同　　B. 一定不同

C. 可能相同，也可能不同　　D. 还需要考虑表观密度等因素才能确定

5. 冬季混凝土施工时，首先应考虑加入的外加剂是(　　)。

A. 早强剂　　B. 减水剂

C. 引气剂　　D. 速凝剂

6. 夏季混凝土施工时，应首先考虑加入(　　)。

A. 早强剂　　B. 缓凝剂

C. 引气剂　　D. 速凝剂

7. 在混凝土中加入减水剂，能够在用水量不变的情况下明显地提高混凝土的(　　)。

A. 流动性　　B. 保水性

C. 抗冻性　　D. 强度

二、填空题

1. 普通混凝土的干表观密度一般为__________左右，抗压强度等级为__________。

2. 水泥属于__________性胶凝材料。

3. 通用硅酸盐水泥包括__________、__________、__________、__________、__________、__________六个品种。

4. 硅酸盐水泥有__________、__________、__________、__________、__________、__________六个强度等级，粉煤灰硅酸盐水泥有__________、__________、__________、__________、__________、__________六个强度等级。

5. 通用水泥的初凝时间均不得早于__________，硅酸盐水泥的终凝时间不得迟于__________，其他五种水泥的终凝时间不得迟于__________。

4. 常用混凝土矿物掺合料包括__________、__________、__________等。

5. 普通混凝土用细骨料是指粒径的__________、__________岩石颗粒。细骨料有天然砂和__________两类。

6. 砂子的筛分曲线用来分析砂子的__________、细度模数表示砂子的__________。根据砂的细度模数可以把砂分为__________、__________和__________。

7. 普通混凝土用粗骨料主要有__________和__________两种。石子的压碎指标值越大，则石子的强度__________。

三、计算题

1. 现有某砂样500 g,经筛分试验各号筛的筛余量如下表:

筛孔尺寸/mm	4.75	2.36	1.18	0.60	0.30	0.15	<0.15
筛余量/g	15	100	70	65	90	115	45
分计筛余百分数/%							
累计筛余百分数/%							

问:(1)计算各筛的分计筛余百分数和累计筛余百分数。

(2)此砂的细度模数是多少?试判断砂的粗细程度。

(3)判断此砂的级配是否合格。

第5章 混凝土质量控制

学习要求 本章主要内容：新拌混凝土的和易性、混凝土的强度和耐久性、普通混凝土的质量控制和普通混凝土的配合比设计。通过本章学习，掌握混凝土拌合物的性质及其测定和调整方法；硬化混凝土的力学性质、变形性质和耐久性质及其影响因素；掌握普通混凝土的配合比设计方法；了解混凝土结构现场检测的分类，检测方法的选取。熟悉混凝土结构的现场检测项目，后锚固和钢筋保护层厚度的试验方法。掌握回弹法，钻芯法检测混凝土强度的试验方法及适用范围；熟悉混凝土的质量控制和预拌混凝土；了解其他混凝土。

【引入案例】

哈利法塔——沙漠之花

哈利法塔（图5.1）目前是世界上最高的建筑，总高828 m，楼层总数162层，造价15亿美元。哈利法塔采用了全新的结构体系，下部-30～601 m为钢筋混凝土剪力墙体系；上部601～828 m为钢结构。总共使用33万立方米混凝土、6.2万吨强化钢筋。

图5.1 哈利法塔

哈利法塔的最大困难是混凝土的配合比设计，迪拜冬天冷，夏天气温则在50 ℃以上，在同时满足强度要求和泵送要求的情况下，还要考虑混凝土的温度控制和凝结时间控制。最终采用了4种不同的配合比,混凝土有好的和易性,且达到了适合于600 m泵送高度的坍落度。哈利法塔在施工时把混凝土垂直泵上逾606 m的地方,打破了上海环球金融中心大厦建造时的492 m纪录,创造了混凝土单级泵送高度的世界纪录。

混凝土的质量控制主要包括混凝土拌合物的和易性和硬化混凝土的强度、变形性能和耐久性,以及混凝土配合比设计、混凝土质量控制和强度评定。

5.1 混凝土拌合物的和易性

5.1.1 和易性的概念

混凝土拌合物是指在凝结硬化之前的混凝土。

和易性是指混凝土拌合物易于施工操作(搅拌、运输、浇注、捣实),并能获得质量均匀、成型密实的混凝土性能。如混凝土拌合物是否易于搅拌均匀;是否易于从搅拌机中均匀卸出,运输过程是否离析泌水,施工中是否易于浇注、振实、流满模板等。和易性是一项综合的技术指标,包括流动性、黏聚性和保水性三方面的含义。

流动性是指混凝土拌合物在自重或机械振捣作用下能产生流动,并均匀密实地填满模板的性能。流动性反映混凝土拌合物的稀稠程度。若拌合物太干稠,流动性差,施工困难。若拌合物过稀,流动性大,但容易出现分层离析,混凝土强度低,耐久性差。

黏聚性是指混凝土各组成材料间具有一定的黏聚力,不致产生分层和离析的现象,使混凝土保持整体均匀的性能。若混凝土拌合物黏聚性差,骨料与水泥浆容易分离,造成混凝土不均匀,振捣密实后会出现蜂窝、麻面等现象。

保水性是指混凝土拌合物在施工中具有一定的保水的能力,不产生严重的泌水现象。保水性差的混凝土拌合物,在施工过程中,一部分水易从内部析出至表面,在混凝土内部形成泌水通道,使混凝土的密实性变差,降低混凝土的强度和耐久性。

混凝土拌合物的流动性、黏聚性、保水性,三者之间互相关联又互相矛盾。当流动性增大时,黏聚性和保水性变差;反之黏聚性、保水性变大,则会导致流动性变差。不同的工程对混凝土拌合物和易性的要求也不同,应根据实际情况既要有所侧重,又要全面考虑。

5.1.2 和易性的测定

根据国标《普通混凝土拌合物性能试验方法》(GB/T 50080—2016)规定,用坍落度和维勃稠度来测定混凝土拌合物的流动性,并辅以直观经验来评定黏聚性和保水性。

5.1.2.1 坍落度法

坍落度试验适用于骨料最大粒径不大于40 mm,坍落度值不小于10 mm的塑性和流动性混凝土拌合物。按要求将拌好的混凝土分层装入标准坍落度筒,每层插捣一定次数,最后刮平。垂直提起坍落度筒,待变形稳定后,测定拌合物的高度,其筒高与拌合物高度之差为坍落度值。用捣棒轻敲拌合物,若拌合物缓缓坍落,则黏聚性好;一边沿斜面下滑,黏聚性不好;若崩坍,则不好。观察拌合物周边是否有大量的清水流出,若有,则保水性不好;若没有,则保水性好。坍落度示意图见图5.2。

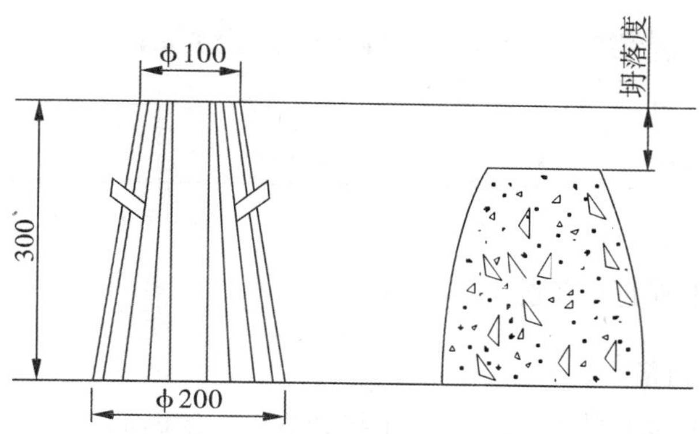

图 5.2　坍落度示意图

当坍落度大于 220 mm 时，坍落度不能准确反映混凝土的流动性，用混凝土扩展后的平均直径即坍落扩展度，作为流动性指标。混凝土根据扩展直径分为六级：F1≤340 mm，F2 为 350～410 mm，F3 为 420～480 mm，F4 为 490～550 mm，F5 为 560～620 mm，F6 为≥630 mm。

《混凝土质量控制》（GB 50164—2011）将混凝土拌合物根据坍落度大小分为五级，见表 5.1。混凝土拌合物的扩展度等级划分见表 5.2。

表 5.1　混凝土拌合物按坍落度的分级（GB 50164—2011）

坍落度等级	S1	S2	S3	S4	S5
坍落度/mm	10～40	50～90	100～150	160～210	≥220

注：在分级判定时，坍落度检验结果值，取舍到邻近的 10 mm。

表 5.2　混凝土拌合物扩展度等级划分（GB 50164—2011）

等级	F1	F2	F3	F4	F5	F6
扩展直径/mm	≤340	350 至 410	420 至 480	490 至 550	560 至 620	≥630

选择混凝土拌合物的坍落度，要根据结构类型、构件截面大小、配筋疏密、输送方式和施工捣实方法等因素来确定。在满足施工要求的前提下，一般尽可能采用较小的坍落度。混凝土浇筑地点的坍落度可参考水工混凝土施工规范的规定选择。

5.1.2.2　维勃稠度法

适用于骨料最大粒径不大于 40 mm，坍落度值小于 10 mm 的干硬性混凝土拌合物应采用维勃稠度法测定。具体见《普通混凝土拌合物性能试验方法》（GB/T 50080—2016）。所测维勃稠度越小，表明拌合物越稀，流动性越好，反之，维勃稠度越大，表明拌合物越稠，越不易振实。

混凝土质量控制

《混凝土质量控制》（GB 50164—2011）根据维勃稠度的大小分为五级，表 5.3 所示。

表 5.3 混凝土按维勃稠度值分级(GB 50164—2011)

等级	V0	V1	V2	V3	V4
时间/s	≥31	30 ~ 21	20 ~ 11	10 ~ 6	5 ~ 3

5.1.3 影响和易性的主要因素

5.1.3.1 水泥浆的用量

混凝土拌合物中的水泥浆,赋予混凝土拌合物以一定的流动性。在水灰比一定的情况下,增加水泥浆的用量,拌合物的流动性随之增大,但水泥浆量过多不仅浪费水泥,而且会出现流浆现象,使混凝土拌合物的黏聚性变差,影响混凝土的强度及耐久性。水泥浆量过少,不能填满骨料空隙或不能包裹骨料表面时,拌合物就会产生崩塌现象,黏聚性也变差。因此,混凝土拌合物中的水泥浆量应以满足流动性和强度要求为度,不宜过量或少量。

5.1.3.2 水泥浆的稠度

水泥浆的稠度是由水灰比决定的。在水泥用量一定的情况下,水灰比越小,水泥浆就越稠,混凝土拌合物的流动性便越小。当水灰比过小时,水泥浆干稠,混凝土拌合物流动性太低会使施工困难,不能保证混凝土的密实性。增大水灰比会使流动性增大,但水灰比太大,又会造成拌合物的黏聚性和保水性不良,产生流浆、离析现象,并严重影响混凝土的强度,降低混凝土的质量。一般情况下,应根据混凝土的强度和耐久性要求合理地选用水灰比。

无论是水泥浆的多少或是水泥浆的稀稠,实际上都反映了用水量是对混凝土拌合物流动性起决定性作用的因素。因为在一定条件下,要使混凝土拌合物获得一定的流动性,所需的单位用水量基本上是一个定值。单纯加大用水量会降低混凝土的强度和耐久性,因此,对混凝土拌合物流动性的调整,应在保持水灰比不变的条件下,以改变水泥浆量的方法来调整,使其满足施工要求。

5.1.3.3 砂率

砂率是指混凝土中砂的质量占砂石总质量的百分率。砂的作用是填充石子间的空隙,并以水泥砂浆包裹在石子的外表面,减少石子间的摩擦阻力,赋予混凝土拌合物一定的流动性。砂率的变动会使骨料的空隙率和总表面积有显著改变,因而对混凝土拌合物的和易性产生显著影响。砂率过大时,骨料的空隙率和总表面积都会增大,包裹粗骨料表面和填充粗骨料空隙所需的水泥浆量就会增大,在水泥浆量一定的情况下,相对地水泥浆显得少了,削弱了水泥浆的润滑作用,导致混凝土拌合物的流动性降低。砂率过小,则不能保证粗骨料间有足够的水泥砂浆,也会降低拌合物的流动性,并严重影响其黏聚性和保水性而造成离析和流浆等现象。因此,砂率有一个合理值(即最佳砂率)。当采用合理砂率时,在用水量和水泥用量一定的情况下,能使混凝土拌合物获得最大的流动性且能保持良好的黏聚性和保水性；或采用合理砂率时，能使混凝土拌合物获得所要求的流动性及良好的黏聚性与保水性，而水泥用量最小，如图5.3、图5.4。合理的砂率可通过试验求得。

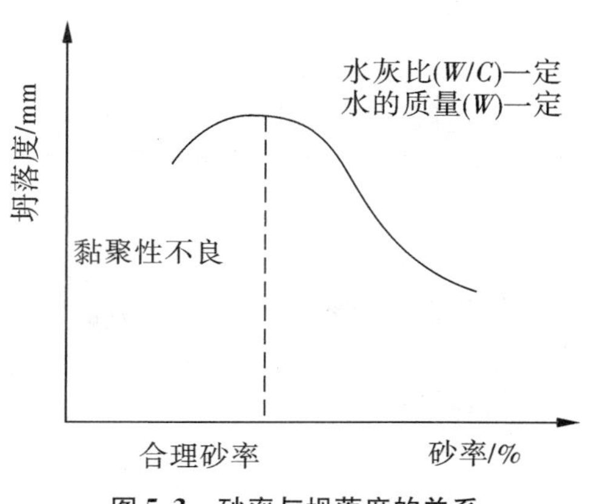

图5.3 砂率与坍落度的关系（水与水泥用量一定）

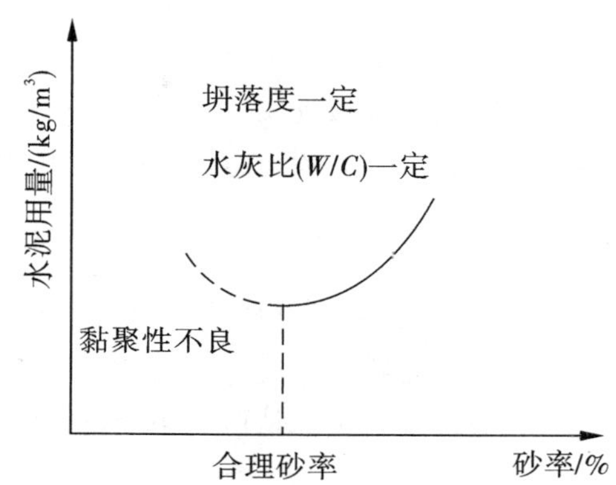

图5.4 砂率与水泥用量的关系（达到相同的坍落度）

5.1.3.4 组成材料的品种及性质

不同品种的水泥需水量不同，因此在相同配合比时，拌合物的坍落度也将有所不同。在常用水泥中，以普通硅酸盐水泥所配制的混凝土拌合物的流动性和保水性较好；当使用矿渣水泥和某些火山灰水泥时，矿渣、火山灰质混合材料对水泥的需水性都有影响，矿渣水泥所配制的混凝土拌合物的流动性比较大，但黏聚性差，易泌水。火山灰水泥需水量大，在相同加水量条件下，流动性显著降低，但黏聚性、保水性较好。

水泥颗粒的细度对混凝土拌合物的和易性也有影响，当水灰比相同时，水泥细度越大则水泥的总表面积越大，水泥浆的越稠，流动性越差。

采用级配良好、较粗大的骨料，因其骨料的空隙率和总表面积小，包裹骨料表面和填充空隙的水泥浆量少，在相同配合比时拌合物的流动性好些，但砂、石过粗大也会使拌合物的黏聚性和保水性下降。河砂及卵石多呈圆形，表面光滑无棱角，拌制的混凝土拌合物比山砂、碎石拌制的拌合物的流动性好。

5.1.3.5 时间、温度和湿度

拌和后的混凝土拌合物，随时间的延长而逐渐变得干稠，流动性减小。拌合物的和易性也受温度的影响。因为环境温度的升高，水分蒸发及水化反应加快，坍落度损失也变快。空气湿度小，拌合物水分蒸发较快，坍落度也会偏小。

5.1.3.6 加外剂

在拌制混凝土时，加入少量的外加剂能使混凝土拌合物在不增加水泥用量的条件下，获得良好的和易性，并且因改变了混凝土结构而提高了混凝土强度和耐久性。

另外施工工艺、搅拌方式等也对混凝土的和易性有一定影响。采用机械拌和的混凝土比同等条件下人工拌和的混凝土坍落度大；搅拌机类型不同，拌和时间不同，获得的坍落度也不同。

【例 5.1】工程实例分析

某小学建砖混结构校舍,11 月中旬气温已达零下十几度,因人工搅拌振捣,故把混凝土拌得很稀,木模板缝隙又较大,漏浆严重,至 12 月 9 日,施工者准备内粉刷,拆去支柱,在屋面上铺设保温层,大梁突然断裂,屋面塌落。

分析原因:经检查发现该事故是由于混凝土水灰比太大,混凝土离析现象严重,上部为水泥砂浆,下部卵石,造成强度严重降低。事后调查,强度仅为设计强度的一半。

5.1.4 改善混凝土拌合物和易性的主要措施

改善砂、石的级配;尽量采用较粗大的砂、石;尽可能降低砂率,通过试验,采用合理砂率;混凝土拌合物坍落度太小时,保持水灰比不变,适当增加水泥浆用量,当坍落度太大,但黏聚性良好时,可保持砂率不变,适当增加砂、石用量;掺用外加剂。

5.2 混凝土的强度

5.2.1 混凝土抗压强度与强度等级

强度是硬化混凝土最重要的性能之一,混凝土的其他性能均与强度有密切关系。混凝土的强度主要有抗压强度、抗折强度、抗拉强度和抗剪强度等。其中抗压强度值最大,抗拉强度值最小,因此在结构工程中混凝土主要用于承受压力。一般来说,混凝土的强度愈高,其刚性、抗渗性、抵抗风化和某些侵蚀介质的能力也愈高,混凝土的抗压强度也是配合比设计、施工控制和工程质量检验评定的主要技术指标。

5.2.1.1 混凝土立方体抗压强度

《普通混凝土力学性能试验方法标准》(GB/T 50081—2002)规定:制作 150 mm×150 mm×150 mm 的标准立方体试件,在标准条件[温度(20±2)℃,相对湿度≥95%]下,养护到 28 d 龄期,用标准试验方法测得的抗压强度值,以 f_{cu} 表示。

测定混凝土立方体抗压强度,也可以采用非标准尺寸的试件,再按照换算系数进行换算。见表 5.4。

表 5.4 混凝土试件不同尺寸的强度换算系数(GB/T 50204—2015)

骨料最大粒径/mm	试件尺寸/mm	换算系统
≤31.5	100×100×100	0.95
≤40	150×150×150	1
≤63	200×200×200	1.05

5.2.1.2 混凝土立方体抗压强度标准值和强度等级

混凝土立方体抗压强度标准值是指按标准方法制作和养护的边长为 150 mm 的立方

体试件，在28 d龄期，用标准试验方法测其抗压强度，在抗压强度总体分布中，具有95%强度保证率的立方体试件抗压强度。为了正确进行设计和控制工程质量，根据混凝土立方体抗压强度标准值（以$f_{cu,k}$表示），将混凝土划分为19个强度等级。混凝土强度等级采用符号C与立方体抗压强度标准值（以MPa计）表示。共分为：C_{10}、C_{15}、C_{20}、C_{25}、C_{30}、C_{35}、C_{40}、C_{45}、C_{50}，C_{55}，C_{60}，C_{65}，C_{70}，C_{75}，C_{80}，C_{85}，C_{90}，C_{95}，C_{100}。如C_{25}，表示混凝土立方体抗压强度标准值为：$f_{cu,k} \geqslant 25$ MPa，即大于等于25 MPa的概率为95%以上。

5.2.2 轴心抗压强度(f_c)

在实际工程中，混凝土结构构件大部分是棱柱体或圆柱体。为了使测得的混凝土强度接近构件的实际情况，在计算钢筋混凝土轴心受压时，常用轴心抗压强度f_{cp}作为设计依据。

根据国家标准GB/T 50081—2016的规定，采用150 mm×150 mm× 300 mm的棱柱体作为标准试件，在标准养护条件下养护28 d龄期，按照标准实验方法测得的抗压强度，即为轴心抗压强度。轴心抗压强度f_{cp}约为立方体抗压强度f_{cu}的0.70 ~0.80倍。

5.2.3 混凝土的抗拉强度

混凝土的抗拉强度只有抗压强度的1/10 ~1/20，且随着混凝土强度等级的提高，这个比值有所降低。因此，在钢筋混凝土结构设计中一般不考虑抗拉强度。但混凝土的抗拉强度对抵抗裂缝的产生有着重要意义，是结构计算中确定混凝土抗裂度的重要指标，有时也用来间接衡量混凝土与钢筋间的黏结强度，并预测由于干湿变化和温度变化而产生的裂缝。我国采用劈裂法间接测定抗拉强度。

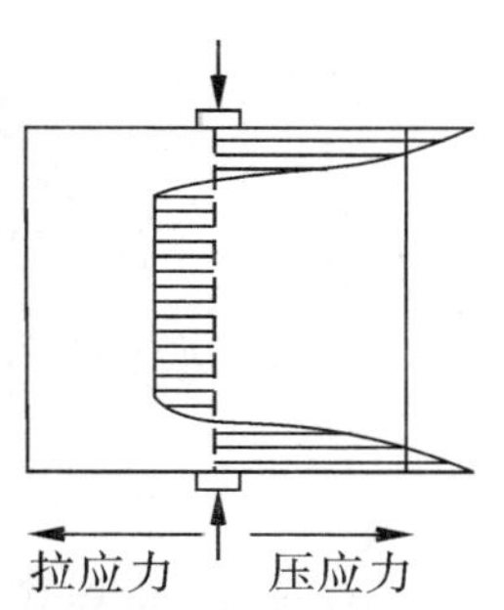

图5.5 劈裂试验时垂直于受力面的应力分布

劈裂试验方法是采用边长为150 mm的立方体标准试件，在试件的两个相对表面中线上加垫条，施加均匀分布的压力，则在外力作用的竖向平面内产生均匀分布的拉力，如图5.5所示，该应力可以根据弹性理论计算得出。

普通混凝土力学性能试验法标准

5.2.4 影响混凝土强度的因素

破坏可能有三种形式：水泥石与粗骨料的接合面发生破坏、水泥石本身的破坏以及骨料的破坏。因为骨料强度一般都大于水泥石强度和黏结面的黏结强度，所以混凝土强度主要取决于水泥石强度和水泥石与骨料表面的黏结强度。在混凝土结构形成过程中，多余水分残留在水泥石中形成毛细孔；水分的析出在水泥石中形成泌水通道，或聚集在粗骨料下缘处形成水囊；水泥水化产生的化学收缩以及各种物理收缩等还会在水泥石和骨料的界面上形成微细裂缝。常见的普通混凝土受力破坏一般出现在骨料和水泥石的界面上。

而水泥石强度、水泥石与骨料表面的黏结强度又与水泥强度、水胶比、骨料性质等有密切关系。此外，混凝土强度还受施工工艺、养护条件及龄期等多种因素的影响。

5.2.4.1 水泥强度和水胶比

当混凝土配合比相同时，水泥强度等级越高，所配制的混凝土强度也就越高，当水泥强度等级相同时，混凝土的强度主要取决于水胶比。若水胶比过大，混凝土硬化后，多余的水分蒸发后在混凝土内部形成过多的孔隙，混凝土的强度将会越低。所以，在水泥强度和其他条件相同的情况下，水胶比越小，混凝土的强度越高。但水胶比过小，拌合物过于干硬，造成施工困难（混凝土不易被振捣密实，出现较多蜂窝、空洞），反而导致混凝土强度下降，见图5.6。

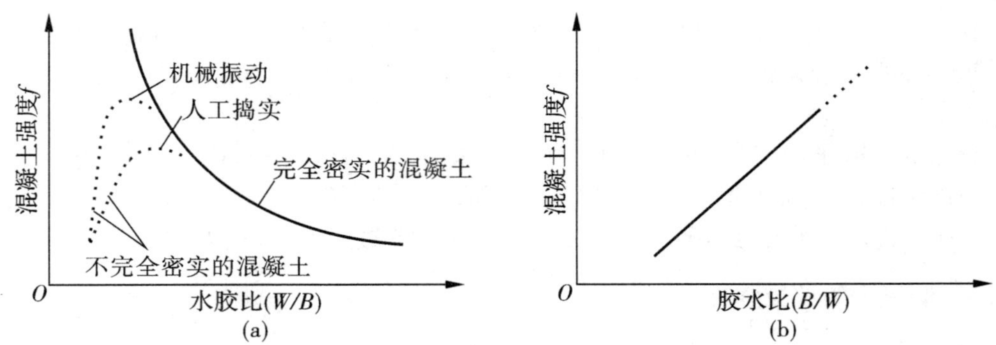

图5.6 混凝土强度与水胶比和胶水比的关系

大量试验表明，在原材料一定的情况下，混凝土28 d龄期抗压强度（f_{cu}）与水泥实际强度（f_{ce}）及水胶比（W/B）之间的关系符合下列经验公式：

$$f_{cu,28}=\alpha_a \cdot f_b \cdot \left(\frac{B}{W}-\alpha_b\right) \tag{5.1}$$

式中 $f_{cu,28}$——混凝土立方体抗压强度，MPa；

α_a、α_b——回归系数，根据工程所使用的水泥和粗、细骨料种类通过试验建立的灰水比与混凝土强度关系式来确定。若无上述试验统计资料，则可按《普通混凝土配合比设计规程》（JGJ 55—2011）的规定，碎石混凝土 $\alpha_a=0.53$，$\alpha_b=0.20$；卵石混凝土 $\alpha_a=0.49$，$\alpha_b=0.13$）；

B/W—胶水比；

f_b——胶凝材料28 d胶砂强度实测值，MPa；无实测值时可按下式估算：

$$f_b=\gamma_f \cdot \gamma_s \cdot f_{ce,g}$$

式中 $\gamma_f \cdot \gamma_s$——粉煤灰影响系数和粒化高炉矿渣影响系数，见表5.5；

$f_{ce,g}$——水泥强度等级值，MPa。

混凝土强度公式一般只适用于水胶比为0.4～0.8的塑性混凝土和低流动性混凝土，不适用于干硬性混凝土。利用混凝土强度经验公式，可进行下面两个问题的估算：

（1）根据所用水泥强度和水灰比来估算所配制的混凝土强度；

（2）根据水泥强度和要求的混凝土等级来计算应采用的水胶比。

表 5.5 粉煤灰影响系数 γ_f 和粒化高炉矿渣影响系数 γ_s（JGJ 55—2011）

掺量	粉煤灰影响系数	粒化高炉矿渣影响系数
0	1.00	1.00
10	0.85～0.95	1.00
20	0.75～0.85	0.95～1.00
30	0.65～0.75	0.90～1.00
40	0.55～0.65	0.80～0.90
50	—	0.70～0.85

注：1. 采用Ⅰ级、Ⅱ级粉煤灰取上限；

2. 采用S75级粒化高炉矿渣粉宜取下限值，采用S95级粒化高炉矿渣粉宜取上限值，采用S105级粒化高炉矿渣可取上限值加0.05；

3. 当超出表中掺量时，粉煤灰和粒化高炉矿渣粉影响系数应经试验确定。

【例5.2】已知某混凝土所用水泥强度等级为29.2 MPa，水胶比为0.52，碎石。试估算该混凝土28 d强度值。

解：已知 $W/B=0.52$，所以 $B/W=1/0.52=1.92$

碎石混凝土 $\alpha_a=0.53$，$\alpha_b=0.20$

代入公式(5.1)：$f_{cu,28}=0.53\times29.2\times(1.92-0.20)$ MPa $=26.62$ MPa

答：该混凝土28 d的强度估算值为26.62 MPa。

5.2.4.2 骨料的品种、质量及数量

当骨料级配良好、砂率适当时，由于组成了坚强密实的骨架，有利于混凝土强度的提高。如果混凝土骨料中有害杂质较多、品质低、级配不好时，会降低混凝土的强度。

由于碎石表面粗糙有棱角，在坍落度相同的条件下，用碎石拌制的混凝土比用卵石的强度要高。

骨料的强度影响混凝土的强度，一般骨料强度越高所配制的混凝土强度越高，这在低水灰比和配制高强度混凝土时，特别明显。骨料粒形以三维长度相等或相近的球形或立方体为好，若含有较多扁平颗粒或细长的颗粒，导致混凝土强度下降。

骨料的数量对于强度等级高于C35的混凝土影响较为明显。骨料数量增多，吸水量增大，有效地降低了水灰比，使混凝土强度提高。另外，水泥浆量相对减少，混凝土内部孔隙也随之减少，骨料对混凝土强度所起作用得以更好发挥。

5.2.4.3 掺合料和外加剂

混凝土中加入的掺合料对混凝土抗压强度、和易性和耐久性等都有很大的影响。在流动性相同的情况下，需水量较小的掺合料会增加混凝土的强度，如优质粉煤灰具有较强的减水功能，在相同胶凝材料用量下可使水胶比大幅度降低，从而使混凝土的强度得到提高。

不同的外加剂对混凝土性能影响不同，如减水剂能在保持相同坍落度的情况下减少水的用量，降低水胶比提高强度；而引气剂的掺量加大将会使混凝土的含气量增加，强度

显著下降。

5.2.4.4 养护温度、湿度

混凝土浇捣成型后,必须在一定时间内保持适当的温度和湿度以使水泥充分水化,这就是混凝土的养护。混凝土如果在干燥环境中养护,混凝土会失水干燥而影响水泥的正常水化,甚至停止水化,这不仅严重降低混凝土的强度,而且会引起干缩裂缝和结构疏松,进而影响混凝土的耐久性。

在保证足够湿度的情况下,养护温度不同,对混凝土强度影响也不同。温度升高,水泥水化速度加快,混凝土强度增长也加快;温度降低,水泥水化作用延缓,混凝土强度增长也减慢。当温度降至 0 ℃以下时,混凝土中的水分大部分结冰,不仅强度停止发展,而且混凝土内部还可能因结冰膨胀而破坏,使混凝土的强度大大降低。

为了保证混凝土的强度持续增长,必须在混凝土成型后一定时间内,维持周围环境有一定的温度和湿度。冬季施工,尤其要注意采取保温措施;夏季施工的混凝土,要通过洒水等措施保持混凝土试件潮湿。

《混凝土结构工程施工规范》(GB 50666—2011)规定,混凝土浇筑后应及时进行保湿养护,保湿养护可采用洒水、覆盖、喷涂养护剂等方式。选择养护方式应考虑现场条件、环境温湿度、构件特点、技术要求、施工操作等因素。

混凝土的养护时间应符合下列规定:采用硅酸盐水泥、普通硅酸盐水泥或矿渣硅酸盐水泥配制的混凝土,不应少于 7 d;采用其他品种水泥时,养护时间应根据水泥性能确定;采用缓凝型外加剂、大掺量矿物掺合料配制的混凝土,不应少于 14 d;抗渗混凝土、强度等级 C60 及以上的混凝土,不应少于 14 d。

洒水养护应符合下列规定:洒水养护宜在混凝土裸露表面覆盖麻袋或草帘后进行,也可采用直接洒水、蓄水等养护方式;洒水养护应保证混凝土处于湿润状态;当日最低温度低于 5 ℃时,不应采用洒水养护。

同条件养护试件的养护条件应与实体结构部位养护条件相同,并应采取措施妥善保管。

混凝土构件或制品厂生产可采用蒸汽养护、湿热养护或潮湿自然养护等方法进行养护。

【知识链接】

蒸汽养护和蒸压养护、自然养护

常压蒸汽养护:将混凝土置于低于 100 ℃的常压蒸汽中养护 16 ~ 20 h 后,可获得在正常条件下养护 28 d 强度的 70% ~ 80%。

高压蒸汽养护(蒸压养护):将混凝土置于 175 ℃、0.8 MPa 蒸压釜中进行养护,能促进水泥的水化,明显提高混凝土强度。蒸压养护特别适用于掺混合材料硅酸盐水泥拌制的混凝土。

自然养护是指在室外平均气温高于 5 ℃的条件下,选择适当的覆盖材料并适当浇水,使混凝土在规定的时间内保持湿润环境,自然养护又分为洒水养护、薄膜布养护和喷洒薄

膜养生液养护等。

5.2.4.5 养护时间(龄期)

混凝土在正常养护条件下,强度将随龄期的增长而提高。混凝土的强度在最初的3～7 d内增长较快,28 d后逐渐变慢,只要保持适当的温度和湿度,其强度会一直有所增长,可延续几年,甚至几十年之久,见图5.7。一般以混凝土28 d的强度作为设计强度值。

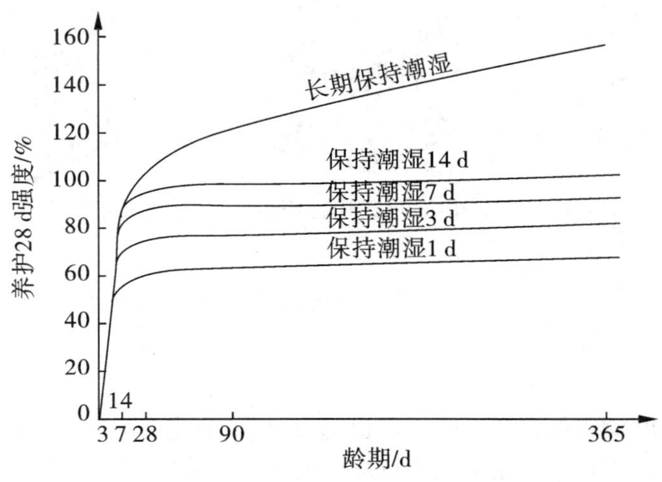

图5.7 混凝土强度与保湿养护时间的关系

在标准养护条件下,普通混凝土强度大致与龄期的对数成正比,计算式如下:

$$\frac{f_n}{f_{28}}=\frac{\lg n}{\lg 28}$$

式中 f_n——需推算 n(d)龄期时混凝土的强度,MPa;

f_{28}——28 d龄期时混凝土的强度,MPa;

n——养护龄期;$n \geqslant 3$

用上式可估算混凝土28 d的抗压强度,反之,当知道混凝土28 d的抗压强度,可推算28 d之前的任一龄期强度,以此作为确定混凝土拆模、构建起吊、放松预应力钢筋等工序的依据。

混凝土结构工程施工规范

5.2.4.6 试验条件对混凝土强度测定值的影响

试验条件是指试件的尺寸、形状、表面状态及加荷速度等。试验条件不同,混凝土强度的试验值也不同。

(1)试件尺寸

相同配合比的混凝土,试件的尺寸越小,测得的强度越高,试件尺寸影响强度的主要原因是试件尺寸大时,内部孔隙、缺陷等出现的概率也大,导致有效受力面积的减小及应力集中,从而引起强度的降低。

(2)试件的形状

当试件受压面积($a \times a$)相同,而高度(h)不同时,高宽比(h/a)越大,抗压强度越小。

(3)表面状态

混凝土试件承压面的状态也是影响混凝土强度的重要因素。当试件受压面上有油脂类润滑剂时,试件受压时的环箍效应大大减小,试件将出现直裂破坏(如图5.8),测出的强度值也较低。

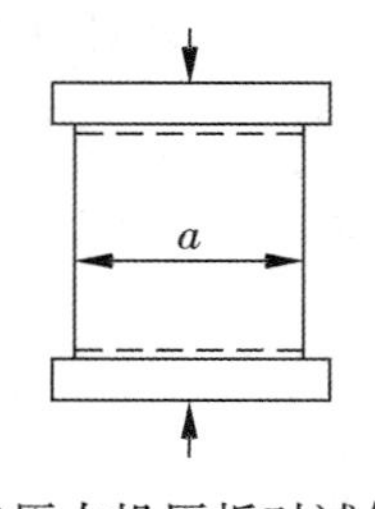

(a)压力机压板对试件的约束作用

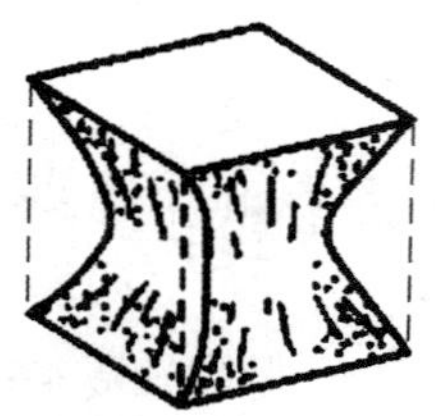

(b)试件破坏后残存的棱锥试体

(c)不受压板约束时试件的破坏情况

图5.8 混凝土受压试验

(4)加荷速度

加荷速度越快,测得的混凝土强度值也越大,当加荷速度超过1.0 MPa/s时,这种趋势更加显著。因此,我国标准规定混凝土抗压强度的加荷速度为0.3~1.0 MPa/s,且应连续匀地进行加荷。

5.2.4.7 施工因素的影响

混凝土施工工艺较为复杂,在一定的施工条件下,只有配料准确,搅拌均匀,振捣密实,养护适宜(洒水养护),每一个工序都严格遵守施工规范,才能确保混凝土的强度。

【例5.3】工程实例分析

某工程梁体施工时因混凝土性能不好,直接提高了减水剂(引气型)的掺量,由1.4%提高到1.8%,致使混凝土像面包一样,混凝土的强度很低。

分析原因:未经试验测试,引气型外加剂掺量过多,造成混凝土的含气量提高达到5%以上,严重降低了混凝土的强度。

5.2.5 提高混凝土强度的措施

采用高强度等级的水泥;采用较小的水灰比(掺入减水剂等);采用有害杂质少,级配良好、颗粒适当的骨料和合理的砂率;采用机械搅拌和机械振动成型(均匀、可降低用水量、密实)工艺;保持合理的养护温度和一定的湿度,条件许可时采用湿热养护提高早期强度;掺入合适的混凝土外加剂(减水剂、早强剂)、掺合料。

5.3 混凝土的耐久性

混凝土抵抗环境介质作用并长期保持其良好的使用性能和外观完整性,从而维持混凝土结构的安全、正常使用的能力称为混凝土的耐久性。简单地说,耐久性指混凝土在长期使用中能保持质量稳定的性质。混凝土耐久性是一项综合性能，主要包括抗渗性、抗冻性、抗侵蚀性、抗碳化性及碱骨料反应。

5.3.1 抗渗性

混凝土抵抗水、油等液体在压力作用下渗透的性能称为抗渗性。混凝土用抗渗等级来表示其抗渗性，抗渗等级是以28 d龄期的标准混凝土抗渗试件，按规定试验方法，以不渗水时所能承受的最大水压（MPa）来确定。抗渗等级有P4、P6、P8、P10、P12五个等级，它们分别表示能抵抗0.4、0.6、0.8、1.0、1.2 MPa的液体压力而不被渗透。

混凝土渗水与孔隙率的大小、孔隙的构造有关，当混凝土存在大量开口联通的孔时，水就会沿着这些孔隙形成的渗水通道进入混凝土。因此，抗渗性不但关系到混凝土本身的防渗性能，还直接影响到混凝土的抗冻性、抗侵蚀性等其他耐久性指标。由于水分渗入内部，当有冰冻作用或水中含侵蚀性介质时，混凝土就容易受到冰冻或侵蚀作用而破坏。对钢筋混凝土还可能引起钢筋的锈蚀、混凝土保护层的开裂和剥落。

提高混凝土抗渗性的主要措施是提高混凝土的密实度和改善混凝土中的孔隙结构；减少连通孔隙，这些可通过采用低的水灰比、选择好的骨料级配、充分振捣和养护、掺入引气剂等方法来实现。

5.3.2 抗冻性

混凝土抗冻性指混凝土在水饱和状态下，能经受多次冻融循环而不破坏，同时也不严重降低强度的性能。在寒冷地区，特别是在接触水又受冻的环境下的混凝土，应具有较高抗冻性。抗冻性以抗冻等级来评价，F10、F15、F25、F50、F100、F150、F200、F250、F300等九个等级，分别表示混凝土能承受冻融循环的最大次数不小于10、15、25、50、100、150、200、250和300次。

混凝土的密实度、孔隙率、孔隙构造和孔隙的充水程度是影响抗冻性的主要因素。低水灰比、密实的混凝土和具有封闭孔隙的混凝土（如引气混凝土）抗冻性较高。提高混凝土的抗冻性的措施有：掺入引气剂、减水剂和防冻剂；减小水灰比；选择好的骨料级配、充分振捣和养护。在寒冷地区，特别是潮湿环境下受冻的混凝土工程，其抗冻性是评定混凝土耐久性的重要指标。

5.3.3 抗侵蚀性

当混凝土所处环境中含有侵蚀性介质时，混凝土便会遭受侵蚀。通常有软水侵蚀、盐的侵蚀、酸的侵蚀等，其侵蚀机理同水泥的腐蚀。混凝土在地下工程、海岸与海洋工程等恶劣环境中的应用，对混凝土的抗侵蚀性提出了更高的要求。

混凝土的抗侵蚀性与所用水泥品种、混凝土的密实程度和孔隙特征等有关，密实和孔隙封闭的混凝土，环境水不易侵入，抗侵蚀性较强。

提高混凝土抗侵蚀性的主要措施：合理选择水泥品种、降低水灰比、提高混凝土密实度和改善孔隙结构。混凝土抗冻性能、抗水渗透性能和抗硫酸盐侵蚀性能的等级划分见表5.6。

表 5.6 混凝土抗冻性能、抗水渗透性能和抗硫酸盐侵蚀性能的等级划分
(GB/T 50164—2012)

抗冻等级(快冻法)		抗冻标号(慢冻法)	抗渗等级	抗硫酸盐等级
F50	F250	D50	P4	KS30
F100	F300	D100	P6	KS60
F150	F350	D150	P8	KS90
F200	F400	D200	P10	KS120
>F400		>D200	P12	KS150
			>P12	>KS150

5.3.4 抗碳化性

混凝土的碳化是指混凝土内水泥石中的 $Ca(OH)_2$ 与空气中的 CO_2,在湿度适宜时发生化学反应,生成 $CaCO_3$ 和水。

水泥的碱性可使混凝土中的钢筋表面生成一层钝化膜,从而保护钢筋免于锈蚀。碳化使混凝土的碱度降低,钢筋表面钝化膜破坏,导致钢筋锈蚀。钢筋锈蚀还会导致膨胀,使混凝土保护层开裂或剥落。混凝土的碳化是 CO_2 由表及里逐渐向混凝土内部扩散的过程。碳化消耗了混凝土中的 $Ca(OH)_2$,碱度降低,减弱了对钢筋的保护作用,同时增加了混凝土的收缩,引起混凝土表面出现微细裂缝,从而降低混凝土的抗拉、抗折强度及抗渗能力。但表面混凝土碳化时生成 $CaCO_3$,可填充水泥石孔隙,提高密实度,可防止有害介质的侵入。

影响碳化速度的主要因素有环境中 CO_2 的浓度、水泥品种、水灰比、环境湿度等。当环境中的相对湿度在 50% ~75% 时,碳化速度最快,当相对湿度小于 25% 或大于 100% 时,碳化将停止。

提高混凝土抗碳化的措施:合理选择水泥品种,降低水灰比,掺入减水剂或引气剂,保证混凝土保护层的质量与厚度;加强振捣与养护。混凝土抗碳化性能的等级划见表 5.7。

表 5.7 混凝土抗碳化性能的等级划分(GB/T 50164—2012)

等级	T-Ⅰ	T-Ⅱ	T-Ⅲ	T-Ⅳ	T-Ⅴ
碳化深度 d/mm	≥30	≥20,<30	≥10,<20	≥0.1,<10	<0.1

5.3.5 碱-骨料反应

混凝土中的碱与具有碱活性的骨料之间发生反应,反应产物吸水膨胀或反应导致骨料膨胀,造成混凝土开裂破坏的现象。

碱-骨料反应必须具备以下三个条件:一是水泥中碱的含量大于 0.6%;二是骨料中

含有一定的活性成分;三是有水存在。

为避免碱-骨料反应发生可采取以下措施:严格控制水泥中的碱含量不大于0.6%;降低单位水泥用量,选用含碱量低的外加剂等;在水泥中掺入火山灰质混合料,以减小膨胀值;在混凝土中掺入引气剂或引气减水剂,利用气泡降低膨胀破坏应力;提高混凝土密实度,使混凝土处于干燥状态。

普通混凝土长期性能和耐久性能试验方法标准

5.3.6 提高混凝土耐久性的措施

混凝土所处的环境和使用条件不同,对其耐久性的要求也不相同。混凝土结构环境类别见表5.8。

表5.8 混凝土结构环境类别(GB 50010—2010)

环境类别	条件
一	室内干燥环境、无侵蚀性静水浸没环境
二a	室内潮湿环境、非严寒和非寒冷地区的露天环境; 非严寒和非寒冷地区与无侵蚀性的水或土壤直接接触的环境; 严寒和寒冷地区的冰冻线以下与无侵蚀性的水或土壤直接接触的环境
二b	干湿交替环境、水位频繁变动环境、严寒和寒冷地区的露天环境; 严寒和寒冷地区冰冻线以上与无侵蚀性的水或土壤直接接触的环境
三a	严寒和寒冷地区冬季水位变动区环境、受除冰盐影响环境、海风环境
三b	盐渍土壤、受除冰盐作用环境、海岸环境
四	海水环境
五	受人为或自然的侵蚀性物质影响的环境

注:1. 室内潮湿环境是指构件表面经常处于结露或湿润状态的环境;

2. 严寒和寒冷地区的划分应符合国家现行标准《民用建筑热工设计规范》GB 50176的规定;

3. 海岸环境和海风环境已根据当地情况,考虑主导风向及结构所处迎风、背风部位等因素的影响,由调查研究和工程经验确定;

4. 受除冰盐影响环境为受到除冰盐盐雾影响的环境,受除冰盐作用环境指被除冰盐溶液溅射的环境以及使用除冰盐地区的洗车房、停车楼等建筑。

混凝土的密实程度是影响耐久性的主要因素,其次是原材料的质量、施工质量、孔隙率和孔隙特征等。提高混凝土耐久性的主要措施有:

(1)合理选择水泥品种,根据混凝土工程的特点和所处的环境条件,选用水泥。

(2)选用质量良好、技术条件合格的砂石骨料。

(3)严格控制水灰(胶)比和胶凝材料的用量,是保证混凝土密实度,提高混凝土耐久性的关键。混凝土的最小胶凝材料用量应符合表5.9的规定(大于C15),设计使用年限为50年的混凝土结构,其混凝土材料的耐久性应符合表5.10的相关规定。

4)掺入减水剂或引气剂,改善混凝土的孔隙率和孔结构,对提高混凝土的抗渗性和抗冻性具有良好作用。

5)改善施工操作,保证施工质量。

表 5.9 混凝土的最小胶凝材料用量(JGJ 55—2011)

最大水胶比	最小胶凝材料用量/(kg/m³)		
	素混凝土	钢筋混凝土	预应力混凝土
0.60	250	280	300
0.55	280	300	300
0.50	320		
≤0.45	330		

表 5.10 结构混凝土材料的耐久性基本要求(GB 50010—2010)

环境等级	最大水胶比	最低强度等级	最大氯离子含量/%	最大碱含量/(kg/m³)
一	0.6	C20	0.3	不限
二 a	0.55	C25	0.2	3.0
二 b	0.5(0.55)	C30(C25)	0.15	
三 a	0.45(0.5)	C35(C30)	0.15	
三 b	0.4	C40	0.10	

5.4 混凝土的变形性

混凝土在硬化和使用过程中,由于受到物理、化学、力学等因素的影响,通常会发生各种变形,这些变形会导致混凝土产生开裂等缺陷,从而影响混凝土的耐久性及强度。

混凝土的变形包括非荷载作用下的变形和荷载作用下的变形。非荷载作用下变形又包括:化学收缩、塑性收缩、干湿变形、温度变形;荷载作用下变形包括:短期变形和长期变形。

5.4.1 混凝土在非荷载作用下的变形

(1)化学收缩

由于水泥水化生成物的体积,比反应前物质的总体积小,而使混凝土收缩,这种收缩称为化学收缩。一般在混凝土成型后 40 多天内增长较快,以后就渐趋稳定。化学收缩是不可恢复的,可使混凝土内部产生微细裂缝。

(2)干湿变形

由于周围环境的湿度变化引起混凝土变形,称为干湿变形,表现为干缩湿涨。混凝土因失水产生收缩,重新吸水后大部分可恢复。干缩变形对混凝土危害较大,它可使混凝土表面出现较大拉应力而开裂,使混凝土的耐久性降低。

(3)温度变形

混凝土的热胀冷缩变形称为温度变形。温度变形对大体积混凝土工程极为不利。在混凝土硬化初期,水泥水化放出较多热量,大体积混凝土内部热量不能及时散出去,内外温差大,在外表混凝土中将产生很大拉应力,严重时会使混凝土产生裂缝。因此,对大体积混凝土工程应采用低热水泥,减少水泥用量,掺加缓凝剂及采取人工降温等措施。

一般纵长的钢筋混凝土结构物,每隔一段长度,应设置温度伸缩缝及温度钢筋,以减少温度变形造成的危害。

5.4.2　混凝土在荷载作用下的变形

5.4.2.1　短期荷载作用下的变形

混凝土结构中含有砂、石、水泥石(水泥石中又存在着凝胶、晶体和未水化的水泥颗粒)、游离水分和气泡,这导致混凝土本身的不均匀性。混凝土不是一种完全的弹性体,而是一种弹塑性体。混凝土在受力时,既产生可以恢复的弹性形变,又产生不可恢复的塑性变形,其应力与应变之间的关系不是直线,而是曲线,见图5.9。

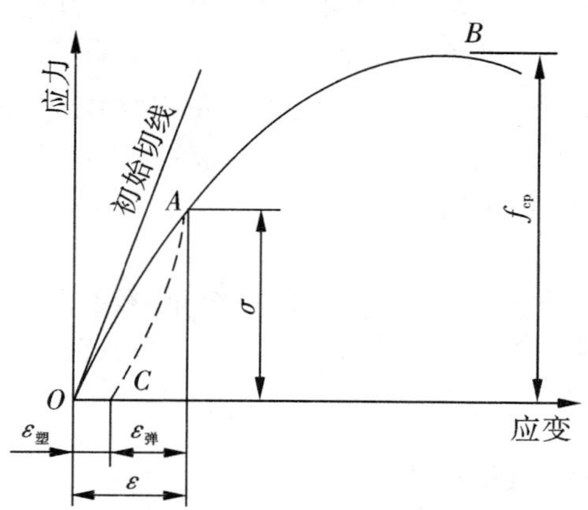

图5.9　混凝土在短期压力作用下的应力-应变曲线

混凝土受压破坏变形主要是在其凝结硬化过程中,水泥浆与骨料、水泥浆内部就已存在随机分布的微细界面裂缝。当在荷载的作用下,随着荷载的增大,这些界面裂缝逐渐增大相连,由内部表现到混凝土表面上来,说明混凝土受力达到了最大极限,这时候混凝土就破坏了。

当混凝土强度等级从C10升至C60,其弹性模量由1.75×10^4增至3.60×10^4 MPa。影响混凝土弹性模量的因素有:水泥用量少,水灰比小,粗细骨料用量较多,弹性模量大;骨料弹性模量大,混凝土弹性模量大;骨料质量好,级配良好,弹性模量大;在相同强度情况下,早期养护温度较低的混凝土具有较大的弹性模量,蒸汽养护混凝土弹性模量较具有相同强度的在标准养护下混凝土的小;引气混凝土弹性模量较非引气的低20%～30%。

5.4.2.2 在长期荷载作用下的变形——徐变

混凝土在长期荷载作用下,沿着作用力方向的变形会随时间不断增长,即荷载不变,而变形随时间延长不断增长,一般可持续2~3年才趋于稳定。这种现象称为徐变。

在加荷早期增长较快,然后逐渐减慢,当混凝土卸载后,一部分变形瞬时恢复,还有一部分要过一段时间才恢复,称为徐变恢复,剩余不可恢复部分称残余变形。

混凝土徐变原因,主要是水泥石的徐变引起的,是由于水泥石中的凝胶体在长期荷载作用下的黏性流动,并向毛细孔中流动,同时吸附在凝胶粒子上的吸附水因荷载应力而向毛细孔渗透的结果。早期变化大,后期变化小。

徐变有利于削弱由温度、干缩等引起的约束变形,从而防止裂缝的产生;徐变也能减弱钢筋混凝土内部的应力集中,使应力较均匀地重新分布。但在预应力结构中,徐变将使钢筋预加应力受到损失,造成不利影响。

混凝土的水灰比较小或在水中养护时,徐变较小;水灰比相同的混凝土,其水泥用量愈多,徐变愈大;混凝土所用骨料的弹性模量较大时,徐变较小;所受应力越大,徐变越大。

混凝土的质量受多种因素的影响,如原材料的质量波动、施工配料的误差、环境温湿度变化等。在正常施工条件下,这些影响因素都是随机的,因此,混凝土的质量也是随机的。为了使混凝土达到设计要求的和易性、强度、耐久性,除选择适宜的原材料及确定恰当的配合外,还应在施工过程中对各个环节进行质量检验和质量控制。

5.5 混凝土质量的控制与强度评定

混凝土的质量是影响混凝土结构可靠性的一个重要因素,决定混凝土建筑物的使用寿命。混凝土的质量控制非常重要和复杂,一般从两个方面控制:一个是生产过程的控制,另一个是产品合格性控制。

5.5.1 混凝土生产过程的质量控制

5.5.1.1 原材料的质量控制

混凝土所用的原材料必须通过质量检验,满足相应的技术标准,且各组成材料的质量必须满足工程设计与施工的要求后方可使用,如混凝土的强度、坍落度、含气量等。各种原材料应逐批检查出厂合格证和检验报告,同时,为了防止产生混料及错批,或由于时间效应引起的质量变化,材料在使用前最好进行复检。

5.5.1.2 混凝土配合比的控制

根据工程的需要进行试验室配合比的设计,再结合施工现场具体情况对施工配合比进行及时调整。经常测定骨料的含水率,了解运输过程中混凝土拌合物坍落度的损失,在保证水胶比不变的条件下,调整用水量和砂率,以保证混凝土的强度。

5.5.1.3 施工过程控制

(1)拌和时应准确控制材料的称量。各组成材料的计量偏差应满足《混凝土质量控制标准》(GB 50164—2011)的规定,即胶凝材料、掺合料的误差控制在 2% 以内,粗、细骨料的计量误差控制在 3% 以内,拌和用水、外加剂计量误差控制在 1% 以内。

(2)混凝土搅拌应采用强制式搅拌机,原材料投放方式应满足混凝土搅拌技术要求和混凝土拌合物质量要求。

(3)拌合物在运输时要尽量减少转运次数,缩短运输时间,采取正确装卸措施,防止在运输中出现离析、泌水、流浆等不良现象。

(4)浇筑时应采取适宜的入仓方法,并严格限制卸料高度,防止离析;对每层混凝土应按顺序振捣均匀,严禁漏振和过量振动。拌合物入模温度不低于 5 ℃,且不应高于 35 ℃;

(5)浇筑后必须在一定时间内进行养护,保持必要的温度及湿度,保证水泥正常凝结硬化,从而保证混凝土的强度发展,防止混凝土发生干缩裂缝。

【例 5.4】工程实例分析

某工程使用等量的 42.5 普通硅酸盐水泥粉煤灰配制强度 C25 混凝土,工地现场搅拌,为赶进度搅拌时间较短。拆模后检测,发觉所浇的混凝土强度波动大,部分低于所要求的混凝土强度指标。

分析原因:这是由于混凝土的质量控制不好导致的结果。该混凝土强度等级较低,而选用的水泥强度等级较高,故使用了较多的粉煤灰作掺合剂。由于搅拌时间较短,粉煤灰与水泥搅拌不够均匀,导致混凝土强度波动大,以致部分混凝土强度未达要求。

5.5.2　混凝土质量评定的数理统计方法

5.5.2.1　混凝土强度的波动规律——正态分布

由于混凝土质量的波动将直接反映到最终的强度上,而混凝土的抗压强度又与其他性能有较好的相关性,因此,在混凝土生产质量管理中,常以混凝土的抗压强度作为评定和控制其质量的主要指标。

工程实践证明,对同一强度等级的混凝土,在施工条件基本一致的情况下,其强度波动服从正态分布规律(见图 5.10)。

正态分布曲线是以平均强度为对称轴,距离对称轴越近,强度概率值越大;反之,距离对称轴越远,强度概率值越小。对称轴两侧曲线上各有一个拐点,拐点距对称轴的水平距离为强度标准差(σ);曲线与横轴之间的面积为概率的总和,等于 100%,对称轴两边出现的概率各为 50%。在数理统计方法中,常用强度平均值、强度标准差、变异系数和强度保证率等统计参数来综合评定混凝土质量。

5.5.2.2　统计参数

(1)混凝土平均强度值 $\overline{f_{cu}}$(反映混凝土强度总体的平均水平,但不能反映混凝土的波动情况)

$$\overline{f_{cu}} = \frac{1}{n}\sum_{i=1}^{n} f_{cu,i}$$

式中　$f_{\overline{cu}}$——强度平均值,MPa;

n——试件组数，$n \geqslant 30$；

$f_{cu,I}$——第 i 组混凝土试件的立方体抗压强度值，MPa。

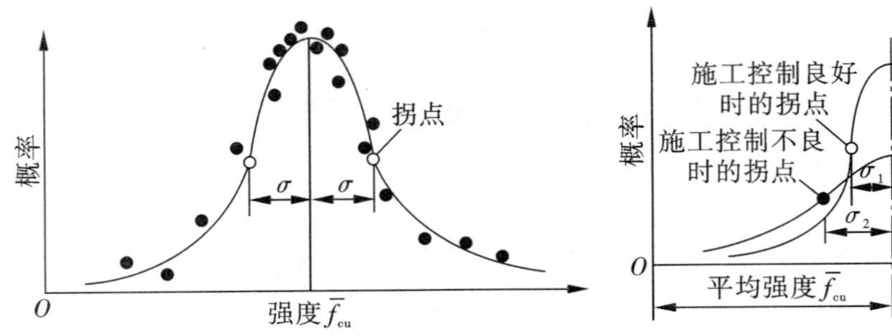

图 5.10 混凝土强度正态分布曲线　　**图 5.11 混凝土强度离散性不同的正态分布曲线**

(2)强度标准差 σ(正态分布曲线上拐点至对称轴的垂直距离)

标准差的几何意义是正态分布曲线上拐点至对称轴的垂直距离，如图 5.11 所示。可以看出，σ 越小，曲线高而窄，混凝土质量控制较稳定，生产管理水平较高；σ 过小，不经济。σ 越大，曲线低而宽，表明强度值离散性大，混凝土质量控制较差。因此 σ 值是评定混凝土质量均匀性的重要指标。

$$\sigma = \sqrt{\frac{\sum_{i=1}^{n} f_{cu,i}^{2} - n \cdot \overline{f_{cu}}^{2}}{n-1}} \tag{5.2}$$

式中 σ——n 组试件抗压强度标准差，MPa；

n——统计周期内试件组数，$n \geqslant 30$；

$\overline{f_{cu}}$——统计周期内 n 组混凝土立方体抗压强度的算术平均值，精确到 0.1 MPa；

$f_{cu,i}$——统计周期内第 i 组混凝土试件的立方体抗压强度值，精确到 0.1 MPa。

(3)变异系数 C_v(离散系数)

由于在相同生产管理水平下，混凝土的强度标准差会随平均强度的提高而增大，故平均强度水平不同时，可采用 C_v 作为评定混凝土质量均匀性的指标。C_v 值越小，混凝土质量越稳定；越大，混凝土质量稳定性越差。计算公式如下：

$$C_v = \frac{\sigma}{f_{cu}}$$

5.5.2.3 强度保证率

强度保证率是指混凝土强度总体中，大于等于设计强度等级的概率。用正态分布曲线上的阴影部分来表示(图 5.12)。

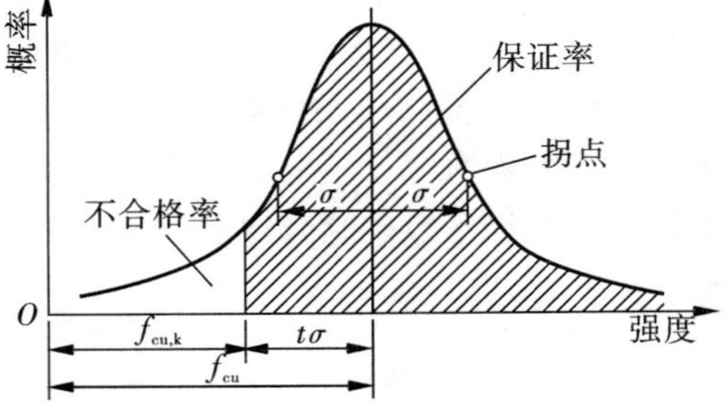

图 5.12 混凝土强度正态分布曲线及保证率

计算方法如下，首先计算出概率度 t：

$$t = \frac{\overline{f_{cu}} - f_{cu,k}}{\sigma} = \frac{\overline{f_{cu}} - f_{cu,k}}{C_v \cdot \overline{f_{cu}}}$$

强度保证率 P 与概率度 t 的对应关系见表 5.11。

表 5.11 不同 t 值的强度保证率 P

t	0.00	0.05	0.84	1.00	1.20	1.28	1.40	1.60
P(%)	50.0	69.2	80.0	84.1	88.5	90.0	91.9	94.5
t	1.645	1.70	1.81	1.88	2.00	2.33	2.50	3.00
P(%)	95.0	95.5	96.5	97.0	97.7	99.0	99.4	99.87

工程中强度保证率 P(%)值(实测强度合格率)不应小于95%,可根据统计周期内混凝土试件强度不低于要求强度等级标准值的组数 n_0 与试件总组数 n($n \geqslant 25$)之比求得,即

$$P = \frac{n_0}{n}$$

式中 P——统计周期内,实测混凝土强度合格率,精确到0.1%;

n_0——统计周期内,相同强度等级混凝土达到设计强度等级的试件组数;

n——统计周期内,混凝土总组数,$n \geqslant 30$。

商品混凝土搅拌站和预制混凝土构件厂的统计周期可取一个月;施工现场集中搅拌站的统计周期可根据实际情况确定但不宜超过三个月。根据生产场所不同,强度标准差应达到5.12 的规定。

表 5.12 混凝土强度标准差(GB 50164—2011)

生产场所	强度标准差 σ/MPa		
	≤C20	C25 ~ C45	C50 ~ C55
商品混凝土搅拌站、预制混凝土构件厂	≤3.0	≤3.5	≤4.0
施工现场集中搅拌站	≤3.5	≤4.0	≤4.5

5.5.2.4 混凝土的配制强度

在配制混凝土时,令混凝土的配制强度等于平均强度,即 $f_{cu,o} = \overline{f_{cu}}$。若直接按设计强度等级值配制混凝土,则强度保证率仅为50%,即将有一半的混凝土达不到设计强度等级。为使混凝土强度具有足够的保证率,必须使混凝土配制时的强度高于强度等级值。由图 5.10 可得:

$$f_{cu,o} \geqslant f_{cu,k} + t\sigma \tag{5.3}$$

设计要求的强度保证率越大,配制强度越高;施工质量水平越差,配制强度也越高。根据 JGJ 55—2011,混凝土配合比设计强度保证率为95%,查表 $t = 1.645$。

$$f_{cu,o} \geqslant f_{cu,k} + 1.645\sigma \tag{5.4}$$

5.5.3 混凝土的强度评定

混凝土强度应分批进行检验评定。一个验收批的混凝土应由强度等级、龄期、生产工艺条件和配合比基本相同的混凝土组成。混凝土试件应在浇筑地点随机抽取。

根据《混凝土强度检验评定标准》(GB 50107—2010),混凝土强度评定方法分为统计方法和非统计方法两种。

5.5.3.1 统计方法评定

(1)当连续生产的混凝土,生产条件在较长时间内保持一致,且同一品种、同一强度等级混凝土的强度变异性保持稳定时,一个验收批的样本容量应为连续的 3 组试件,其强度应同时满足下列要求:

$$m_{f_{cu}} \geqslant f_{cu,k} + 0.7\sigma_0$$

$$f_{cu,min} \geqslant f_{cu,k} - 0.7\sigma_0$$

检验批混凝土立方抗压强度的标准差应按下式计算:

$$\sigma_o = \sqrt{\frac{\sum f_{cu,i}^2 - nm_{f_{cu}}^2}{n-1}}$$

当混凝土强度等级≤C20 时,其强度最小值尚应满足下式要求:

$$f_{cu,min} \geqslant 0.85 f_{cu,k}$$

当混凝土强度等级>C20 时,其强度最小值尚应满足下式要求:

$$f_{cu,min} \geqslant 0.90 f_{cu,k}$$

式中 $m_{f_{cu}}$ ——同一检验批混凝土立方体抗压强度的平均值,精确到 0.1 MPa;

$f_{cu,min}$ ——同一检验批混凝土立方体抗压强度的最小值,精确到 0.1 MPa;

$f_{cu,k}$ ——混凝土立方体抗压强度标准值,精确到 0.1 MPa;

σ_0——检验批混凝土立方体抗压强度的标准差,精确到 0.01 MPa;当 σ_0<2.5 MPa 时,应取 2.5 MPa;

$f_{cu,i}$ ——前一个检验期内同一品种、同一强度等级的第 i 组混凝土试件的立方体抗压强度代表值,精确到 0.1 MPa;检验期不应少于 60 d,也不得大于 90 d;

n ——前一检验期内的样本容量,在该期间内样本容量不应少于 45。在该期间内样本容量不应小于 45。

(2)当样本容量不少于 10 组时,其强度应同时满足下列要求:

$$m_{f_{cu}} \geqslant f_{cu,k} + \lambda_1 \cdot S_{f_{cu}}$$

$$f_{cu,min} \geqslant \lambda_2 \cdot f_{cu,k}$$

同一检验批混凝土立方体抗压强度的标准差应按下式计算:

$$S_{f_{cu}} = \sqrt{\frac{\sum_{i=1}^{n} f_{cu,i}{}^2 - nm_{f_{cu}}{}^2}{n-1}}$$

式中 $S_{f_{cu}}$ ——同一检验批混凝土立方体抗压强度的标准差,精确到 0.01 MPa;当 $S_{f_{cu}}$ 计算值小于2.5 N/mm^2时，应取2.5 N/mm^2；

λ_1、λ_2——合格性判定系数，按表5.13取用；

n——本检验期内的样本容量。

表5.13　混凝土强度的合格性判定系数

试件组数	10～14	15～19	≥20
λ_1	1.15	1.05	0.95
λ_2	0.90	0.85	

5.5.3.2　非统计方法评定

当用于评定的样本容量小于10组时，应采用非统计方法评定混凝土强度。

按非统计方法评定混凝土强度时，其强度应同时符合下列规定：

$$m_{f_{cu}} \geq \lambda_3 \cdot f_{cu,k}$$

$$f_{cu,min} \geq \lambda_4 \cdot f_{cu,k}$$

式中　λ_3、λ_4——合格评定系数，按表5.14取用。

表5.14　混凝土强度的非统计法合格评定系数

混凝土强度等级	<C60	≥C60
λ_3	1.15	1.10
λ_4	0.95	

【例5.5】委托监理的某建设工程，砼工程施工时，承包商对其施工的C20混凝土共取了四组试块，其平均坑压强度值如下：（单位 N/mm^2）21.0、22.4、23.0、22.0，请监理工程师验收该混凝土质量是否合格。

混凝土强度检验评定标准

答：由于试块总组数小于10组，所以用非统计方法评定其强度，其应同时满足下列两式要求：

$$m_{f_{cu}} \geq \lambda_3 \cdot f_{cu,k}$$

$$f_{cu,min} \geq \lambda_4 \cdot f_{cu,k}$$

经查表5.14，$\lambda_3=1.15$；$\lambda_4=0.95$

$m_{f_{cu}}=(21.0+22.4+23.0+22.0)\times\frac{1}{4}=22.1(N/mm^2)$

$1.15f_{cu,k}=1.15\times20=23.0(N/mm^2)$

$f_{cu,min}=21.0$　　$0.95f_{cu,k}=0.95\times20=19.0(N/mm^2)$

将上述数据代入非统计方法评定两式

$22.1(N/mm^2)<23.0(N/mm^2)$　　即 $m_{f_{cu}}<1.15f_{cu,k}$　不满足要求

$21.0(N/mm^2)>19.0(N/mm^2)$　　即 $f_{cu,min}>0.95f_{cu,k}$　满足要求

结论：该混凝土质量不合格。

5.5.3.3 混凝土强度的合格性评定

当混凝土分批进行检验评定时，若检验结果能满足以上述规定要求，则该批混凝土强度应评定为合格；当不能满足上述规定时，该批混凝土强度应评定为不合格。对于评定为不合格的混凝土结构或构件，应进行实体鉴定，经鉴定仍未达到设计要求的结构或构件必须及时处理或加固。

5.6 普通混凝土的配合比设计

5.6.1 普通混凝土配合比的表示方法

混凝土配合比是指1 m^3混凝土中各组成材料的质量比例。常用的表示方法有两种：

(1)以1 m^3混凝土中各材料的质量比（单位体积混凝土内各项材料的用量），如水泥270 kg、掺合料54 kg、砂子706 kg、石子1255 kg、外加剂3.24 kg、水180 kg；

(2)以各种材料相互间的质量比来表示，以胶凝材料质量为1，按水泥和矿物掺合料（粉煤灰）的总量、砂子、石子和水的顺序排列，将上例换算成质量比（1 m^3各项材料用量的比值）表示：m(水泥+掺合料)：m(砂子)：m(石子)：m(外加剂)=(270+54)：706：1255：3.24=1：0.20：2.61：4.65：0.01，W/B=0.55。

5.6.2 普通混凝土配合比设计的基本要求、基本资料

5.6.2.1 配合比设计的基本要求

混凝土配合比应根据原材料的性能和对混凝土的技术要求进行计算，然后再进行试配、调整，以达到满足工程需要的技术指标和经济指标。其基本要求如下：

(1)满足施工要求的和易性；

(2)满足结构设计的强度等级；

(3)满足工程所处环境和设计规定的耐久性；

(4)在保证混凝土质量的前提下，尽可能节约水泥，降低混凝土成本。

5.6.2.2 配合比设计的基本资料

在设计混凝土配合比之前，首先要通过调查研究，掌握下列基本资料：

(1)混凝土设计强度等级；

(2)施工方面要求的混凝土拌合物和易性；

(3)工程所处环境对混凝土耐久性的要求；

(4)施工方法、施工管理水平及强度标准差、结构构件的截面尺寸及钢筋配置情况；

(5)各种原材料的基本情况，包括：水泥的品种、强度等级、实际强度、密度；砂、石骨料的种类、级配、最大粒径、表观密度、含水率等；拌和用水的水质情况；外加剂的品种、性能、掺合料品种等。

5.6.3　混凝土配合比设计的三个重要参数确定的原则

普通混凝土配合比设计，实质是确定水泥（胶凝材料）、水、砂子、石子用量间的三个比例关系。即水与水泥（胶凝材料）之间的比例关系——水灰（胶）比；砂子与石子之间比例关系——砂率；水泥（胶凝材料）加水形成的浆体浆与骨料之间的比例关系——单位用水量（1 m^3混凝土的用水量）。水胶比、砂率、单位用水量是混凝土配合比设计的三个重要参数。

（1）水胶比确定原则

根据混凝土强度和耐久性确定水胶比。在满足混凝土设计强度和耐久性的前提下，选用较大水胶比，以节约水泥，降低混凝土成本。

（2）砂率确定原则

砂率对混凝土和易性、强度和耐久性影响很大，尤其对和易性中的黏聚性和保水性有显著影响，也直接影响水泥用量。故应尽可能选用最优砂率。确定砂率的原则是在保证黏聚性和保水性的前提下，尽量选小值。

（3）单位用水量确定原则

根据坍落度要求和粗集料品种、最大粒径确定单位用水量。混凝土用水量的多少主要影响混凝土拌合物流动性的大小。所以在满足流动性的基础上，尽量选用较小的单位用水量，以节约水泥。

5.6.4　普通混凝土配合比设计的步骤

混凝土配合比设计按照《混凝土配合比设计规程》（JGJ 55—2011）所规定的步骤来进行。主要包括以下步骤：首先计算出基本满足强度和耐久性要求的“初步配合比”（理论配合比）；然后经实配、检测，进行和易性的调整，对配合比进行修正得出“基准配合比”（满足和易性）；再通过对水胶比的微量调整，在满足设计强度的前提下，确定胶凝材料用量最少的配合比为“实验室配合比”（满足强度）；最后，再根据施工现场骨料的含水情况计算出“施工配合比”。

5.6.4.1　初步配合比的计算

（1）确定混凝土配制强度

1）当混凝土的设计强度等级小于 C60 时，按下式计算：

$$f_{cu,o} \geqslant f_{cu,k} + 1.645\sigma$$

式中　$f_{cu,o}$——混凝土配制强度，MPa；

$f_{cu,k}$——混凝土立方体抗压强度标准值，MPa；

σ——混凝土强度标准差，MPa。

混凝土强度标准差应按照下列规定确定：

①当具有近 1 个月 ~3 个月的同一品种、同一强度等级混凝土的强度资料时，其混凝土强度标准差 σ 可根据施工单位以往的生产质量水平进行测算。

对于强度等级不大于 C30 的混凝土，当 σ 计算值不小于 3.0 MPa 时，应按计算结果取值；当 σ 计算值小于 3.0 MPa 时，σ 应取 3.0 MPa。

对于强度等级大于C30且小于C60的混凝土，当σ计算值不小于4.0 MPa时，应按计算结果取值；当σ计算值小于4.0 MPa时σ应取4.0 MPa。

②当没有近期的同一品种、同一强度等级混凝土强度资料时，其强度标准差σ可按表5.15取值。

表5.15 混凝土强度标准差σ(JGJ 55—2011)

混凝土强度等级	≤C20	C20 ~ C45	C50 ~ C55
σ/MPa，≤	4.0	5.0	6.0

2)当设计强度等级不小于C60时，配制强度应按下式确定：

$$f_{cu,0} \geqslant 1.15 f_{cu,k}$$

(2)确定水胶比(W/B)

根据已确定的混凝土配制强度$f_{cu,0}$，按下式计算水胶比：

$$\frac{W}{B} = \frac{\alpha_a \cdot f_b}{f_{cu,0} + \alpha_a \cdot \alpha_b \cdot f_b}$$

式中 $f_{cu,0}$——混凝土配制强度，MPa；

α_a、α_b——回归系数；碎石混凝土 $\alpha_a = 0.53$，$\alpha_b = 0.20$；

卵石混凝土 $\alpha_a = 0.49$，$\alpha_b = 0.13$。

f_b——胶凝材料28 d胶砂强度，MPa；当无实测强度时，可按下列规定确定：

当矿物掺合料为粉煤灰和粒化高炉矿渣时，可按下式推算f_b：

$$f_b = \gamma_f \cdot \gamma_s \cdot f_{ce}$$

式中 γ_f，γ_s——粉煤灰影响系数和粒化高炉矿渣影响系数，见表5.5；

f_{ce}——水泥28天胶砂抗压强度值，可实测；无实测值时，按下式计算：

$$f_{ce} = \gamma_c \cdot f_{ce,g}$$

式中 γ_c——水泥强度等级富余系数，可按实际统计资料确定；若无时，按表5.16选用；

$f_{ce,g}$——水泥强度等级值，MPa。

表5.16 水泥强度等级富余系数(JGJ 55—2011)

水泥强度等级值	32.5	42.5	52.5
富余系数	1.12	1.16	1.10

为了满足耐久性要求，计算所得混凝土水胶比值应满足表5.9的规定。如果计算所得的水胶比大于规定值，应按规定最大水胶比取值。

(3)确定单位用水量(m_{wo})和外加剂用量(m_{ao})

1)干硬性和塑性混凝土用水量的确定。水灰比在0.40~0.80范围内时，根据粗集料的品种、粒径及施工要求的混凝土拌合物稠度，按表5.17，表5.18选取。水灰比小于0.4的混凝土以及采用特殊成型工艺的混凝土用水量应通过试验确定。

表 5.17 塑性混凝土的用水量(JGJ 55—2011)

坍落度/mm	卵石最大公称粒径/mm				碎石最大公称粒径/mm			
	10.0	20.0	31.5	40.0	16.0	20.0	31.5	40.0
10～30	190	170	160	150	200	185	175	165
35～50	200	180	170	160	210	195	185	174
55～70	210	190	180	170	220	205	195	185
75～90	215	195	185	175	230	215	205	195

表 5.18 干硬性混凝土的用水量(JGJ 55—2011)

拌合物稠度		卵石最大粒径/mm			碎石最大粒径/mm		
项目	指标	10	20	40	16	20	40
维勃稠度/s	16～20	175	160	145	180	170	155
	11～15	180	165	150	185	175	160
	5～10	185	170	155	190	180	165

2)掺外加剂时,流动性和大流动性混凝土的用水量的确定,按下列步骤进行:

$$m_{wo}=m'_{wo}(1-\beta)$$

式中 m_{wo}——每立方米混凝土的用水量,kg/m^3;

m'_{wo}——未掺外加剂时推定的满足实际坍落度要求的每立方米混凝土的用水量,kg/m^3;以表 5.17 中 90 mm 坍落度的用水量为基础,按每增大 20 mm 坍落度相应增加5 kg用水量来计算,但坍落度增大到 180 mm 以上时,随坍落度相应增加的用水量可减少;

β——外加剂的减水率,%,应经混凝土试验确定。

3)每立方米混凝土中外加剂用量按下式计算:

$$m_{ao}=m_{bo}\beta_a$$

式中 m_{ao}——每立方米混凝土中外加剂的用量,kg/m^3;

m_{bo}——每立方米混凝土中胶凝材料的用量,kg/m^3;

β_a——外加剂的掺量,%,应经混凝土试验确定。

(4)确定胶凝材料 m_{bo}、矿物掺合料 m_{fo}、水泥用量 m_{co}

$$m_{bo}=\frac{m_{wo}}{W/B}$$

式中 m_{bo}——每立方米混凝土的胶凝材料用量;

m_{fo}——每立方米混凝土的矿物掺合料用量,$m_{fo}=m_{bo}\beta_f$;β_f为矿物掺合料掺量,%;

m_{co}——每立方米混凝土的水泥用量,$m_{co}=m_{bo}-m_{fo}$;

混凝土的最小胶凝材料用量应符合表5.9的规定，配置C15及其以下强度等级的混凝土，可不受此表限制。

矿物掺合料在混凝土中的掺量应通过试验确定。钢筋混凝土和预应力钢筋混凝土中矿物掺合料最大掺量见5.19。

表5.19 混凝土中矿物掺合料最大掺量(JGJ 55—2011)

矿物掺合料种类	水胶比	钢筋混凝土中矿物掺合料最大掺量/%		预应力混凝土中矿物掺合料最大掺量/%	
		硅酸盐水泥	普通水泥	硅酸盐水泥	普通水泥
粉煤灰	≤0.4	45	35	35	30
	>0.4	40	30	25	20
粒化高炉矿渣粉	≤0.4	65	55	55	45
	>0.4	55	45	45	35
钢渣粉	—	30	20	20	10
磷渣粉	—	30	20	20	10
硅灰	—	10	10	10	10
复合掺合料	≤0.4	65	55	55	45
	>0.4	55	45	45	35

注：1.采用其他通用硅酸盐水泥时，宜将水泥混合材料掺量20%以上的混合材料计入矿物掺合料；

2.复合掺合料各组分的掺量不宜超过单掺时的最大掺量；

3.在混合使用两种或两种以上矿物掺合料时，矿物掺合料总量应符合表中复合掺合料的规定。

(5)选取合理砂率(β_s)

应根据骨料的技术指标、混凝土拌合物性能和施工要求参考既有历史资料确定。

当缺乏砂率的历史资料时-混凝土砂率的确定应符合下列规定：∂

①坍落度小于10 mm的混凝土，其砂率应经试验确定。

②坍落度为10～60 mm的混凝土砂率，可根据粗骨料品种、最大公称粒径及水灰比按表5.20选取。

③坍落度大于60 mm的混凝土砂率，可经试验确定，也可在表5.20的基础上，按坍落度每增大20 mm、砂率增大1%的幅度予以调整。

(6)计算砂、石用量(m_{so}和m_{go})

计算砂、石用量有两种方法，即质量法和体积法。

1)质量法。假定混凝土拌合物湿表观密度值是一个固定值。

$$m_{co} + m_{so} + m_{go} + m_{wo} = m_{cp}$$

$$\frac{m_{so}}{m_{so} + m_{go}} = \beta_s$$

式中 m_{so}—每立方米混凝土的粗骨料用量，kg/m^3

$\sum m_{go}$——每立方米混凝土的细骨料用量,kg/m^3

$\sum m_{wo}$——每立方米混凝土的用水量,kg/m^3

$\sum\beta s$——砂率,%;

m_{cp}——每立方米混凝土拌合物的假定质量,kg/m^3;可在2350~2450 kg/m^{3}范围内选定。

表5.20 混凝土砂率(JGJ 55—2011) (单位:%)

水灰比(W/C)	卵石最大粒径/mm			碎石最大粒径/mm		
	10	20	40	16	20	40
0.40	26~32	25~31	24~30	30~35	29~34	27~32
0.50	30~35	29~34	28~33	33~38	32~37	30~35
0.60	33~38	32~37	31~36	36~41	35~40	33~38
0.70	36~41	35~40	34~39	39~44	38~43	36~41

注:表中数值系中砂选用的砂率,对细砂或者粗砂可相应地减少或增大砂率;采用人工砂配制混凝土时,砂率可适当增大;只用一个单粒级粗集料配制混凝土时,砂率应适当增大。

2)体积法。假设混凝土拌合物的体积等于各组成材料绝对体积和混凝土拌合物中所含空气体积之总和。

$$\frac{m_{co}}{\rho_c}+\frac{m_{fo}}{\rho_f}+\frac{m_{so}}{\rho_s}+\frac{m_{go}}{\rho_g}+\frac{m_{wo}}{\rho_w}+0.01\alpha=1$$

$$\frac{m_{so}}{m_{so}+m_{go}}=\beta_s$$

式中 ρ_c——水泥密度(可取2900~3100),kg/m^3;

ρ_f——矿物掺合料的表观密度,kg/m^3,可按《水泥密度测定方法》GB/T 208测定。

ρ_g——粗集料的表观密度,kg/m^3;

ρ_s——细集料的表观密度,kg/m^3;

ρ_w——水的密度(可取1000),kg/m^3;

α——混凝土的含气量百分数(在不使用引气型外加剂时,可取1.0)。

联立以上两式,即可求出m_{go}、m_{so}。

(7)初步配合比

通过以上计算即可将1 m^{3}混凝土中水泥、掺合料、砂子、石子、水、外加剂的用量全部求出,得到混凝土的初步配合比。

以上混凝土配合比计算公式和表格,均以干燥状态集料(指含水率小于0.5%的细集料或含水率小于0.2%的粗集料)为基准。

5.6.4.2 配合比的试配、调整——试配配合比的确定

混凝土试配时应采用工程中实际使用的原材料,混凝土搅拌方法宜与生产时使用的方法相同。

(1)拌合物数量的确定　每盘混凝土试配的最小搅拌量应符合表5.21的规定。采用机械搅拌时,其搅拌量应不小于搅拌机额定搅拌量的1/4,且不应大于搅拌机公称容量。

表5.21　混凝土试配的最小搅拌量(JGJ 55—2011)

粗骨料最大公称粒径/mm	≤31.5	40.0
拌合物数量/L	20	25

(2)试拌配合比的确定　试拌配合比是通过试拌、调整拌合物的和易性得到的。按计算的配合比进行试配,当试拌的混凝土和易性不符合设计要求时,可做如下调整:

①当坍落度小于设计要求值时,应保持水胶比不变,同时增加水和胶凝材料用量或外加剂用量。

②当坍落度过大时,应在保持砂率不变的情况下,增加砂、石用量。如出现含砂不足,黏聚性、保水性不良时,可适当增大砂率;反之减小砂率。这样重复测试,直至符合要求为止。

试拌完成后,应测出混凝土拌合物的湿表观密度,并计算出1 m^3混凝土中各拌合物的实际用量。

5.6.4.3　设计配合比的确定

通过调整的试拌配合比,和易性已满足设计要求,但是否满足强度要求尚未可知。检验强度至少采用三个不同的配合比,其一为已确定的试拌配合比,另外两个配合比的水胶比较基准配合比分别增加或减少0.05;其单位用水量与基准配合比相同,砂率分别增加或减少1%。外加剂的掺量也作减少或增加的微调。进行强度试验时,拌合物性能应符合设计和施工要求。

在制作混凝土试件时,每种配合比至少制作一组(三块)试件,标准养护到28 d时进行强度测试。然后通过所测的三个配合比的28 d强度与水胶比作图,由作图法或插值法得到与设计强度相对应的水胶比,求出略大于混凝土配置强度的对应水胶比,最后按以下法则确定1 m^3混凝土拌合物的各组成材料用量:

(1)用水量(m_w),在试拌配合比的基础上,根据制作强度试件时测得的坍落度或维勃稠度进行调整确定;

(2)胶凝材料用量(m_g),应根据用水量乘以试验确定的水胶比计算得出;

(3)粗骨料和细骨料用量(m_g和m_s),应根据用水量和胶凝材料的用量进行调整。

(4)经强度复核之后的配合比,还应根据实测的混凝土拌合物的表观密度($\rho_{c,t}$)和计算表观密度($\rho_{c,c}$)进行校正。

计算表观密度:

$$\rho_{c,c} = m_c + m_s + m_g + m_w$$

校正系数：

$$\delta = \frac{\rho_{c,t}}{\rho_{c,c}}$$

当混凝土拌合物的表观密度实测值与计算值之差的绝对值不超过计算的2%时，不必校正；当二者之差超过2%时，应将配合比中每项材料用量均乘以校正系数 δ 。

配合比调整后，应测定拌合物水溶性氯离子含量，并应对设计要求的混凝土耐久性能进行试验，符合设计规定的配合比即为最终的设计配合比。

5.6.4.4 换算施工配合比

上述设计配合比中材料是以干燥状态为基准计算出来的。而施工现场砂石常含一定量水分，并且含水率经常变化，为保证混凝土质量，应根据现场砂石含水率对配合比设计值进行修正。修正后的配合比，称为施工配合比。

若施工现场实测砂含水率为 $a\%$，石子含水率为 $b\%$，则将上述设计配合比换算为施工配合比为：

$$\begin{cases} m_c{}' = m_c \\ m_f{}' = m_f \\ m_s{}' = m_s(1+a\%) \\ m_g{}' = m_g(1+b\%) \\ m_w{}' = m_w - (m_s \times a\% + m_g \times b\%) \end{cases}$$

【例5.6】工程实例分析

某县城一住宅三层砖混结构，混凝土梁拆模时突然断裂倒塌。施工队是根据当地经验配制的混凝土配合比，m(水泥)：m(砂)：m(碎石)=1：2.33：4，水灰比为0.68。现场未粉碎混凝土用回弹仪测试，读数最高为13.5 MPa，最低为0 MPa。

分析原因：混凝土的配合比未严格按照设计程序计算和验证，致使混凝土不仅达不到设计要求，还出现了工程事故。

5.6.5 普通混凝土配合比设计实例

【例5.7】某教学楼现浇钢筋混凝土梁（室内干燥环境），混凝土设计强度等级为C30，要求强度保证率为95%，施工要求坍落度为30～50 mm。原材料：采用42.5硅酸盐水泥，实测强度为47.50 MPa，密度为3.10 g/cm^3；砂子为中砂，表观密度为2.65 g/cm^3，堆积密度为1500 kg/m^3，施工现场含水率为3%；石子为碎石（最大粒径40 mm），表观密度为2.70 g/cm^3，堆积密度为1560 kg/m^3，施工现场含水率为1%；混凝土采用机械搅拌、振捣，施工单位无历史统计资料。试设计该混凝土的初步配合比、实验室配合比和施工配合比。

解：（一）初步配合比的计算

1. 确定配制强度 $f_{cu,o}$

由于施工单位无历史统计资料，查表5.15得：$\sigma = 5.0$MPa

$$f_{cu.o} = 30 + 1.645 \times 5.0 = 38.23 \text{ MPa}$$

2. 确定水胶比（W/B）

采用碎石混凝土：$\alpha_a = 0.53$，$\alpha_b = 0.20$；水泥实际强度 $f_b = 47.50$ MPa

$$\frac{W}{B} = \frac{\alpha_a f_{ce}}{f_{cu,0} + \alpha_a \alpha_b f_{ce}} = \frac{0.53 \times 47.50}{38.23 + 0.53 \times 0.20 \times 47.50} = 0.58$$

经查表 5.10 检验，满足耐久性要求的最大水胶比为 0.60>0.58，故取设计水灰比 $W/B = 0.58$。

3. 确定 1 m^3 混凝土的用水量（m_{wo}）

查表 5.17，根据石子最大粒径及施工所需的坍落度，选用 $m_{wo} = 175$ kg。

4. 确定 1 m^3 混凝土的水泥用量（m_{co}）

$$m_{co} = m_{b0} = \frac{m_{c0}}{(W/B)} = \frac{175}{0.58} = 302 \text{ kg}$$

经查表 5.9 检验，满足本工程要求的最小胶凝材料用量，故取 $m_{c0} = 302$ kg 满足要求。

5. 选取合理的砂率（β_s）

查表 5.20，取砂率为 36%。

6. 计算 1 m^3 混凝土中砂子（m_{s0}）、石子（m_{g0}）的用量

采用体积法（取 $\alpha = 1.0$）计算，可列出以下两个方程：

$$\frac{302}{3100} + \frac{m_{s0}}{2650} + \frac{m_{g0}}{2700} + \frac{175}{1000} + 0.01 = 1$$

$$\frac{m_{s0}}{m_{s0} + m_{g0}} \times 100\% = 36\%$$

解方程组得：$m_{so} = 693$ kg；$m_{go} = 1232$ kg

混凝土的初步配合比为：1 m^3 混凝土中水泥 302 kg，水 175 kg，砂子 693 kg，石子 1232 kg。

（二）确定试拌配合比

1. 配合比试配、调整

按初步配合比试拌 25 L 混凝土拌合物，其材料用量：

水泥　　302×25/1000＝7.55 kg

砂子　　693×25/1000＝17.33 kg

石子　　1232×25/1000＝30.80 kg

水　　175×25/1000＝4.38 kg

将称好的材料均匀拌和后，进行坍落度试验。测得坍落度为 25 mm，小于施工要求的 35～50 mm，黏聚性、保水性均良好。保持水灰比不变，增加 5% 水泥浆后，测得坍落度为 40 mm，黏聚性、保水性均良好，满足施工要求。此时各材料实际用量为：

水泥　　7.55+7.55×5%＝7.93 kg

砂　　17.33 kg

石　　30.80 kg

水　　4.38+4.38×5%＝4.60 kg

同时测得每立方米拌合物质量为 $\rho_{0c,t} = 2380$ kg/m^3，得到试拌配合比：

$$m'_{co} = \frac{m_{cb}}{m_{cb} + m_{sb} + m_{gb} + m_{wb}} \times = \frac{7.93}{60.66} \times 2380 = 311 \text{ kg}$$

$$m'_{s0}=\frac{m_{sb}}{m_{cb}+m_{fb}+m_{sb}+m_{gb}+m_{wb}}\times=\frac{17.33}{60.66}\times 2380=679\ \text{kg}$$

$$m'_{g0}=\frac{m_{gb}}{m_{cb}+m_{fb}+m_{sb}+m_{gb}+m_{wb}}\times=\frac{30.80}{60.66}\times 2380=1208\ \text{kg}$$

$$m'_{w0}=\frac{m_{wb}}{m_{c0}+m_{fb}+m_{sb}+m_{gb}+m_{w0}}\times=\frac{4.6}{60.66}\times 2380=180\ \text{kg}$$

试拌配合比为：$m'_{co}:m'_{fo}:m'_{so}:m'_{go}:m'_{wo}=311:679:1208:180$

2. 设计配合比的确定

采用水胶比为0.53、0.58、0.63（混凝土耐久性要求的最大水胶比为0.60）不同的配合比配制三组混凝土试件。水胶比为0.53和0.63二个配合比也均满足坍落度要求。测定三组混凝土拌合物的表观密度分别为2386 kg/m^3，2380 kg/m^{3}和2392 kg/m^3，检测其28天强度值，结果见表5.22。

表5.22　试配混凝土28 d强度实测值

组数	水胶比（W/B）	胶水比（B/W）	强度实测值/MPa
第一组	0.53	1.89	41.6
第二组	0.58	1.72	39.6
第三组	0.63	1.59	36.6

第二组强度为39.1 MPa，略大于配制强度，所以取第二组配合比作为设计配合比。

设计配合比即为试拌配合比。

（三）确定施工配合比

根据现场砂的含水率为3%，石子的含水率为1%，可得到1 m^{3}混凝二中各项材料的实际称量为：

水泥　$m'_c=311$ kg

砂子　$m'_s=679\times(1+3\%)=699$ kg

石子　$m'_g=1208\times(1+1\%)=1220$ kg

水　$m'_w=180-679\times3\%-1208\times1\%=147$ kg

5.7　混凝土实体检测

5.7.1　混凝土实体检测概述

混凝土结构实体检测是为评定建筑结构工程的质量或鉴定既有建筑结构的性能等所实施的检测工作。建筑结构检测得到的数据与结论是评定有争议建筑结构工程质量的依据，也是鉴定既有建筑结构性能等的依据。

近年来,建筑结构检测技术取得了很大的发展,已经制定了一些结构材料强度及构件质量的检测标准。混凝土现场检测技术是对在建、新建及既有建筑物结构混凝土质量进行检测、评定的技术,通常称为混凝土无损检测技术。无损检测技术通过测定与混凝土性能有关的物理量,推定混凝土的强度、密实性、匀质性。

建筑工程结构检测技术经历了从无到有、从单项到全面、从局部构件到整体结构的发展过程,其发展与应用在提高建筑工程的质量、节省国家与企业的资金、保障生产安全和人民生命财产的安全等方面都起到了积极的作用。

建筑工程结构检测与建设工程施工阶段的送样和质量检查有明显的区别,前者通常表现为事后的检查与测试,如在浇筑混凝土后,测定钢筋的配置、内部缺陷情况等。因此,其工作难度大、技术含量高,是材料科学、物理学、化学、电子学与计算机科学等多学科紧密结合的产物。

混凝土结构现场检测可分为工程质量检测和结构性能检测。

工程质量检测:为评定混凝土结构工程质量与设计要求或与施工质量验收规范规定的符合性所实施的检测。

结构性能检测:为评估混凝土结构安全性、实用性、耐久性和抗灾害能力所实施的检测。

5.7.1.1 遇到下列情况之一时,应进行工程质量检测:

(1)涉及结构工程质量的试块、试件以及有关材料检验数量不足;

(2)对结构实体质量的抽测结构达不到设计要求或施工验收规范要求;

(3)对结构实体质量争议;

(4)发生工程事故,需分析事故原因;

(5)相关标准规定进行的工程质量第三方检测;

(6)相关行政主管部门要求进行的工程质量第三方检测。

5.7.1.2 当遇到下列情况之一时,应进行结构性能检测:

(1)混凝土结构改变用途、改造、加层或扩建;

(2)混凝土结构达到设计使用年限继续使用;

(3)混凝土结构使用环境改变或受到环境侵蚀;

(4)混凝土结构受偶然事件或其他灾害的影响;

(5)相关法规、标准规定的结构使用期间的鉴定。

5.7.1.3 混凝土结构的现场检测项目:

(1)混凝土力学性能检测;

(2)混凝土构件尺寸偏差与变形检测;

(3)混凝土构件缺陷检测;

(4)混凝土中钢筋检测;

(5)其他特种参数的专项检测。

5.7.1.4 检测方法的选取

应根据检测目的、检测项目、结构实际状况和现场具体条件选择合理的检测方法;当同一检测参数存在多种检测方法时,应尽量选择直观、明了、无损、经济的检测方法。

现已有相当多的方法可以检测混凝土强度和钢筋保护层厚度,实际应用时,可根据国家现行有关标准采用回弹法、超声综合法、钻芯法、拔出法等检测混凝土强度,可优先选用非破损检测方法(回弹法、超声回弹综合法等,常用方法是回弹法),以减少检测工作量,目前必要时可辅以局部破损检测方法。当采用局部破损检测方法时(钻芯法、拔出法等,常用方法是取芯法)检测完成后应及时修补,以免影响结构性能及适用功能。

5.7.1.5 检测方式和抽样方法

混凝土结构现场检测可采取全数检测或抽样检测两种方式。

(1)全数检测方式

遇到下列情况宜采用全数检测:

1)外观缺陷或表面损伤检查;

2)受检范围较小或构件数量较少;

3)检验参数变异性或构件状况差异较大;

4)需减少结构的处理费用或处理范围;

5)委托方要求进行全数检测。

(2)抽样检测方式

批量检测可根据检测项目的实际目的采用计数抽样方法、计量抽样方法或分层计量抽样方法进行检测;当产品质量标准或施工质量验收规范的规定适用现场检测时,也可按相应规范进行抽样。

(3)常用的现行检测方法标准

建筑结构检测技术标准 GB/T 50344—2004

混凝土结构现场检测技术标准 GB/T 50784—2013

砌体规程现场检测技术标准 GB/T 50315—2011

回弹法检测混凝土抗压强度技术规程 JGJ/T 23—2011

混凝土结构工程施工质量验收规范 GB 50204—2015

混凝土结构后锚固技术规程 JGJ 145—2013

钻芯法检测混凝土强度技术规程 CECS 03—2007

5.7.2 回弹法检测混凝土抗压强度

回弹法是指通过测定回弹值及有关参数检测材料抗压强度和强度匀质性方法。回弹法是非破损技术检测混凝土抗压强度的一种最常用的方法,具有准确、可靠、快速、经济等一系列的优点。因此,近几十年来其研究和应用发展很快,已成为工程建设中质量控制、质量监督和质量检验的重要方法。

5.7.2.1 检测基本程序

接受委托→收集工程资料→编制检测方案→构件抽样→设备、记录准备→检测→结果的计算→结论评定→出具检测报告。

5.7.2.2 回弹法的优缺点

优点：准确、可靠、快速、经济、非破损。

缺点：是通过混凝土构件表面硬度来推定混凝土强度，受混凝土养护影响很大，特别是对大掺量粉煤灰的泵送混凝土影响更甚。

5.7.2.3 回弹仪的分类

回弹仪按照弹击能量和用途分为重型、中型和轻型三种类型。

轻型回弹仪可用于水泥砂浆和普通烧结黏土砖的抗压强度检测；中型和重型（也叫高强回弹仪）用于混凝土抗压强度的检测。

5.7.2.4 检测技术

混凝土强度可按单个构件或按批量进行检测，并应符合下列规定：

(1)对于混凝土生产工艺、强度等级相同，原材料、配合比、养护条件基本一致且龄期相近的一批同类构件的检测应采用批量检测。按批量进行检测时，应随机抽取构件，抽检数量不宜少于同批构件总数的30%且不宜少于10件。当检验批构件数量大于30个时，抽样构件数量可适当调整，并不得少于国家现行有关标准规定的最少抽样数量。

(2)单个构件的检测应符合下列规定：

1)对于一般构件，测区数不宜少于10个。当受检构件数量大于30个且不需提供单个构件推定强度或受检构件一方向尺寸不大于4.5 m且另一方向尺寸不大于0.3 m时，每个构件的测区数量可适当减少，但不应少于5个。

2)相邻两测区的间距不应大于2 m，测区离构件端部或施工缝边缘的距离不宜大于0.5 m，且不宜小于0.2 m。

3)测区宜选在能使回弹仪处于水平方向的混凝土浇筑侧面。当不能满足这一要求时，也可选在使回弹仪处于非水平方向的混凝土浇筑表面或底面。检测泵送混凝土强度时，测区应选在混凝土浇筑侧面。

4)测区宜布置在构件的两个对称的可测面上，当不能布置在对称的可测面上时，也可布置在同一可测面上，且应均匀分布。在构件的重要部位及薄弱部位应布置测区，并应避开预埋件。

5)测区的面积不宜大于0.04 m^2。

6)测区表面应为混凝土原浆面，并应清洁、平整，不应有疏松层、浮浆、油垢、涂层以及蜂窝、麻面。

7)对于弹击时产生颤动的薄壁、小型构件，应进行固定。

【例5.8】工程实例分析

某工地冬季浇筑混凝土，未采取保温措施，导致后来混凝土表面出现大面积脱落，如图5.13所示。该工地负责人为了确保安全，委托检测机构对该混凝土构件进行了回弹法测强度。问该试验是否妥当，如不妥说明理由并给出合理意见。

分析原因：不妥。回弹检测的测区表面应为混凝土原浆面，并应清洁、平整，不应有疏松层、浮浆、油垢、涂层以及蜂窝、麻面，因此不能采用回弹法检测强度，应选用钻芯法等其他检测方法。

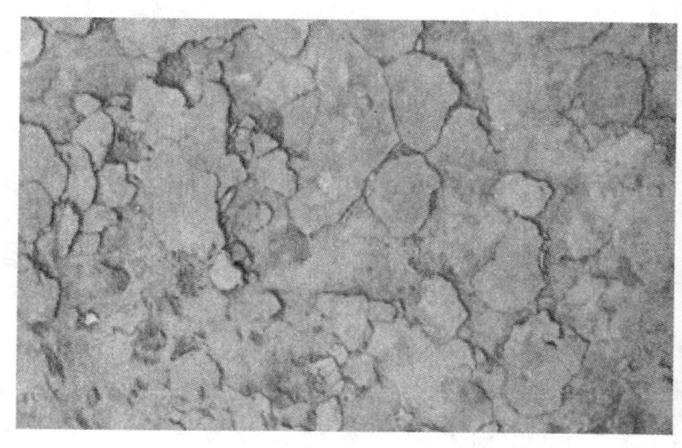
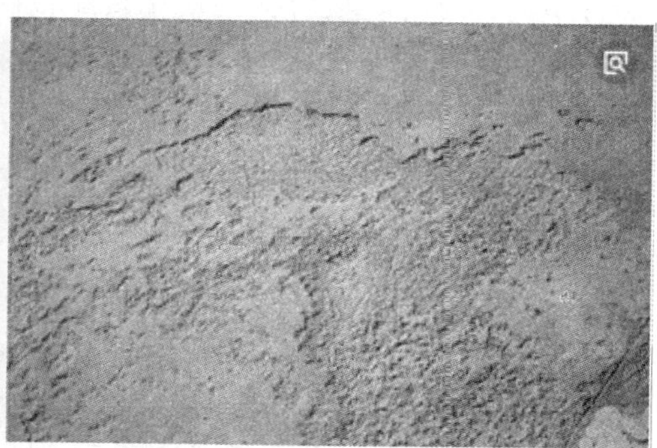

图5.13 受冻混凝土墙体

5.7.2.5 回弹值测量

(1)测量回弹值时,回弹仪的轴线应始终垂直于混凝土检测面,并应缓慢施压、准确读数、快速复位。见图5.14。

(2)每一测区应读取16个回弹值,每一测点的回弹值读数应精确至1。测点宜在测区范围内均匀分布,相邻两测点的净距离不宜小于20 mm;测点距外露钢筋、预埋件的距离不宜小于30 mm;测点不应在气孔或外露石子上,同一测点应只弹击一次。

图5.14 回弹法现场测量混凝土强度

5.7.2.6 碳化深度值测量

(1)回弹值测量完毕后,应在有代表性的测区上测量碳化深度值,测点数不应少于构件测区数的30%,并应取其平均值作为该构件每个测区的碳化深度值。当碳化深度值极差大于2.0 mm时,应在每一测区分别测量碳化深度值。

(2)碳化深度值的测量应符合下列规定:

1)可采用工具在测区表面形成直径约15 mm的孔洞,其深度应大于混凝土的碳化深度;

2)应清除孔洞中的粉末和碎屑,且不得用水擦洗;

3)应采用浓度为1% ~2%的酚酞酒精溶液滴在孔洞内壁的边缘处,当已碳化与未碳化界线清晰时,应采用碳化深度测量仪测量已碳化与未碳化混凝土交界面到混凝土表面的垂直距离，并应测量 3 次，每次读数应精确至 0.25 mm；

4）应取三次测量的平均值作为检测结果，并应精确至 0.5 mm。

5.7.2.7 回弹值计算

回弹值应按照《回弹法检测混凝土抗压强度技术规程》（JGJ/T23—2011）的相关规定计算。

回弹法检测混凝土抗压强度

5.7.3 结构实体钢筋保护层厚度检验

混凝土保护层是指混凝土构件中，起到保护钢筋避免钢筋直接裸露的那一部分混凝土，从混凝土表面到最外层钢筋公称直径外边缘之间的最小距离；对后张法预应力筋，为套管或孔道外边缘到混凝土表面的距离，保护层最小厚度的规定是为了使混凝土结构构件满足的耐久性要求和对受力钢筋有效锚固的要求。

回弹法检测视频

混凝土保护层厚度大，构件的受力钢筋黏结锚固性能、耐久性和防火性能越好。但是，过大的保护层厚度会使构件受力后产生的裂缝宽度过大，就会影响其使用性能（如破坏构件表面的装修层、过大的裂缝宽度会使人恐慌不安），而且由于设计中是不考虑混凝土的抗拉作用的，过大的保护层厚度还必然会造成经济上的浪费。结构实体钢筋保护应符合《混凝土结构工程施工质量验收规范》（GB 50204—2015）的规定。

5.7.3.1 结构实体钢筋保护层厚度检验的规定：

构件的选取应均匀分布。对悬挑构件之外的梁板类构件，应各抽取构件数量的 2% 且不少于 5 个构件进行检验；对悬挑梁，应抽取构件数量的 5% 且不少于 10 个构件进行检验；对悬挑板，应抽取构件数量的 10% 且不少于 20 个构件进行检验；当悬挑板数量少于 20 个时，应全数检验。

对选定的梁类构件，应对全部纵向受力钢筋的保护层厚度进行检验；对选定的板类构件，应抽取不少于 6 根纵向受力钢筋的保护层厚度进行检验。对每根钢筋，应选择有代表性的不同部位量测 3 点取平均值。

钢筋保护层厚度的检验，可采用非破损或局部破损的方法，也可采用非破损方法并用局部破损方法进行校准。钢筋保护层厚度检验的检测误差不应大于 1 mm。

5.7.3.2 钢筋保护层厚度检验时，纵向受力钢筋保护层厚度的允许偏差应符合表 5.23 的规定

5.7.3.3 梁类、板类构件纵向受力钢筋的保护层厚度应分别进行验收，并应符合下列规定

（1）当全部钢筋保护层厚度检验的合格率为 90% 及以上时，可判为合格；

（2）当全部钢筋保护层厚度检验的合格率小于 90% 但不小于 80% 时，可再抽取相同数量的构件进行检验；当按两次抽样总和计算的合格率为 90% 及以上时，仍可判为合格；

（3）每次抽样检验结果中不合格点的最大偏差均不应大于表 5.23 规定允许偏差的 1.5 倍。

表 5.23 结构实体纵向受力钢筋保护层厚度的允许偏差

构件类型	允许偏差/mm
梁	+10,-7
板	+8,-5

5.7.4 钻芯法检测混凝土强度

钻芯法,是指从结构或构件中钻取圆柱状试件得到在检测龄期混凝土强度的方法。钻芯法是利用专用钻机,从结构混凝土中钻取芯样以检测混凝土强度或观察混凝土内部质量的方法。由于钻芯法对结构混凝土造成局部损伤,因此是一种半破损的现场检测手段。《钻芯法检测混凝土强度》(CECS 03—2007)适用于检测结构中强度不大于 80MPa 的普通混凝土强度。

用钻芯法检测混凝土的强度、裂缝、接缝、分层、孔洞或离析等缺陷,具有直观、精度高等特点,因而广泛应用于工业与民用建筑、水工大坝、桥梁、公路、机场跑道等混凝土结构或构筑物的质量检测。

钻芯法视频

5.7.4.1 基本程序

接受委托→收集工程资料→编制检测方案→构件抽样→设备准备→钻取芯样→芯样加工→芯样试压→结果的计算→结论推定→出具检测报告。

5.7.4.2 钻芯法特点

优点:直观、能真实反映构件的实际强度。

缺点:劳动强度大、对构件有破坏、费用较大,受取样部位影响比较大、时间较长。

5.7.4.3 芯样的钻取

抗压试验的芯样试验宜使用标准芯样试件,其公称直径不宜小于骨料最大粒径的 3 倍;也可采用小直径芯样试件,但其公称直径不应小于 70 mm 且不得小于骨料最大粒径的 2 倍。

芯样应由结构或构件的下列部位钻取:结构或构件受力较小的部位;混凝土强度质量具有代表性的部位;便于钻芯机安放与操作的部位;避开主筋、预埋件和管线的位置。

芯样应进行标记。当所取芯样高度和质量不能满足要求时,则应重新钻取芯样。芯样应采取保护措施,避免在运输和贮存中损坏。钻芯后留下的孔洞应及时进行修补。

5.7.4.4 芯样的加工及技术要求

(1)抗压芯样试件的高度与直径之比(H/d)宜为 1.00。

(2)芯样试件内不宜含有钢筋。如不能满足此项要求时,抗压试件应符合下列要求:

1)标准芯样试件,每个试件内最多只允许有两根直径小于 10 mm 的钢筋;

2)公称直径小于 100 mm 的芯样试件,每个试件内最多只允许有一根直径小于 10 mm 的钢筋;

3)芯样内的钢筋应与芯样试件的轴线基本垂直并离开端面 10 mm 以上。

(3)锯切后的芯样应进行端面处理,宜采取在磨平机上磨平端面的处理方法。

(4)在试验前应按规定测量芯样试件尺寸,芯样试件尺寸偏差及外观质量超过规定数值时,相应的测试数据无效。

5.7.4.5 芯样试件的试验和抗压强度值的计算

(1)芯样试件应在自然干燥状态下进行抗压试验。

(2)当结构工作条件比较潮湿,需要确定潮湿状态下混凝土的强度时,芯样试件宜在(20±5)℃的清水中浸泡40~48 h,从水中取出后立即进行试验。

(3)芯样试件的抗压试验的操作应符合现行国家标准《普通混凝土力学性能试验方法》(GB/T 50081—2002)中对立方体试块抗压试验的规定。

(4)混凝土的抗压强度值,应根据混凝土原材料和施工工艺通过试验确定,也可按下式计算:

$$f_{cu,cor} = \frac{F_c}{A}$$

式中 $f_{\mathrm{cu,cor}}$——芯样试件的混凝土抗压强度值,MPa;

F_{c}——芯样试件的抗压试验测得的最大压力,N;

A——芯样试件抗压截面面积,mm^2。

5.8 预拌混凝土

预拌混凝土是指在搅拌站(楼)生产的、通过运输设备送至使用地点、交货时为拌合物的混凝土。预拌混凝土从搅拌机卸入搅拌运输车至卸料时的运输时间不宜超过90 min。预拌混凝土的要求应符合《预拌混凝土》(GB/T 14902—2012)的规定。

5.8.1 预拌混凝土的分类

预拌混凝土分为常规品和特制品。

(1)常规品

常规品应为除表5.24特制品以外的普通混凝土,代号A,混凝土强度等级代号C。

(2)特制品

特制品代号B,包括的混凝土种类及其代号应符合表5.24的规定。

表5.24 特制品的混凝土种类及其代号(GB/T 14902—2012)

混凝土种类	高强混凝土	自密实混凝土	纤维混凝土	轻骨料混凝土	重混凝土
混凝土种类代号	H	S	F	L	W
强度等级代号	C	C	C(合成纤维混凝土) CL(钢纤维混凝土)	LC	C

5.8.2　预拌混凝土的分级标准

（1）预拌混凝土的强度等级划分为：C10、C15、C20、C25、C30、C35、C40、C45、C50、C55、C60、C65、C70、C75、C80、C85、C90、C95和C100，共19个强度等级。

（2）混凝土拌合物坍落度和扩展度的等级划分与表5.1和表5.2的规定相同。

（3）预拌混凝土耐久性的等级划分如下：

混凝土抗冻性能、抗水渗透性能和抗硫酸盐侵蚀性能的等级划分、混凝土抗碳化性能的等级划分与表5.6的规定相同，混凝土抗氯离子渗透性能（84 d）的等级划分（RCM法）见表5.25，混凝土抗氯离子渗透性能的等级划分（电通量法）见表5.26的规定。

表5.25　混凝土抗氯离子渗透性能（84 d）的等级划分（RCM法）

（GB/T 14902—2012）

等级	RCM-Ⅰ	RCM-Ⅱ	RCM-Ⅲ	RCM-Ⅳ	RCM-Ⅴ
氯离子迁移系数DRCM（RCM法）/（$\times10^{-12}$ m^2/s）	≥4.5	≥3.5，<4.5	≥2.5，<3.5	≥1.5，<2.5	<1.5

表5.26　混凝土抗氯离子渗透性能的等级划分（电通量法）（GB/T 14902—2012）

等级	Q-Ⅰ	Q-Ⅱ	Q-Ⅲ	Q-Ⅳ	Q-Ⅴ
电通量QS/C	≥4000	≥2000，<4000	≥1000，<2000	≥500，<1000	<500

注：混凝土龄期宜为28 d。当混凝土中水泥混合材与矿物掺合料之和超过胶凝材料用量的50%时，测试龄期可为56 d。

5.8.3　预拌混凝土的产品标记

（1）预拌混凝土的产品标记

预拌混凝土的产品标记需包括：常规品或特制品的代号，常规品可不标记；特制品混凝土种类的代号，兼有多种类情况可同时标出；强度等级；坍落度控制目标值，后附坍落度等级代号在括号中；自密实混凝土应采用扩展度控制目标值，后附扩展度等级代号在括号中；耐久性等级代号，对于抗氯离子渗透性能和抗碳化性能，后附设计值在括号中；标准号。

（2）预拌混凝土标记示例

采用通用硅酸盐水泥、砂、陶粒、矿物掺合料、外加剂、合成纤维和水泥配制的轻骨料纤维混凝土，强度等级为LC40，坍落度为210 mm，抗渗等级为P8，抗冻等级为F150，其标记为：

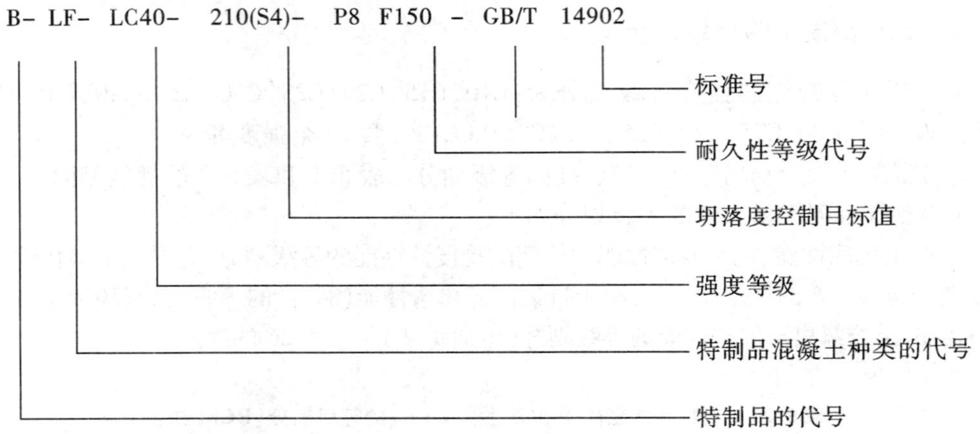

5.8.4 预拌混凝土的质量要求

预拌混凝土的质量要求包括:混凝土强度应符合设计要求,检验评定应符合《混凝土强度检验评定标准》(GB/T 50107—2010)的规定;混凝土坍落度实测值与控制目标值的允许偏差、混凝土扩展实测值与控制目标值的允许偏差应符合表5.27的规定,常规品的泵送混凝土坍落度控制目标值不宜大于180 mm,并应满足施工要求,坍落度经时损失不宜大于30 mm/h,特制品混凝土坍落度应满足相关标准规定和施工要求,自密实混凝土扩展度控制目标值不宜小于550 mm,并应满足施工要求;混凝土含气量实测值不宜大于7%,并与合同规定值的允许偏差不宜超过±1.0%;混凝土拌合物中水溶性氯离子最大含量实测值应符合《预拌混凝土》(GB/T 14902—2012)的规定;混凝土耐久性能应满足设计要求,检验评定应符合《混凝土耐久性检验评定标准》(JGJ /T 193—2009)的规定;当需方提出其他混凝土性能要求时,应按国家现行有关标准规定进行试验,无相应标准时应按合同规定进行试验;试验结果应满足标准或合同的要求。

预拌混凝土

表5.27 预拌混凝土坍落度允许偏差(GB/T 14902—2012)

项目	控制目标值	允许偏差
坍落度	≤40	±10
	50~90	±20
	≥100	±30
扩展度	≥350	±40

5.8.5 预拌混凝土的检验方法

预拌混凝土质量检验分为出厂检验和交货检验。预拌混凝土质量验收应以交货检验结果作为依据。常规品应检验混凝土强度、拌合物坍落度和设计要求的耐久性能；掺有引气型外加剂的混凝土还应检验拌合物的含气量。特制品除应检验常规品所列项目外，还应按相关标准和合同规定检验其他项目。

5.8.6　预拌混凝土的运输要求

运输车在运输时应能保证混凝土拌合物均匀且不产生分层、离析。对于寒冷、严寒或炎热的天气情况，搅拌运输车的搅拌罐应有保温或隔热措施。搅拌运输车在装料前应将搅拌罐内积水排尽，装料后严禁向搅拌罐内的混凝土拌合物中加水。当卸料前需要在混凝土拌合物中掺入外加剂时，应在外加剂掺入后采用快档旋转搅拌罐进行搅拌；外加剂掺量和搅拌时间应有经试验确定的预案。预拌混凝土从搅拌机卸入搅拌运输车至卸料时的运输时间不宜大于90 min，如需延长运送时间，则应采取相应的有效技术措施，并应通过试验验证；当采用翻斗车时，运输时间不应大于45 min。

5.9　其他混凝土

5.9.1　泵送混凝土

5.9.1.1　简介

混凝土拌合物的坍落度不低于100 mm并用混凝土泵通过管道输送拌合物的混凝土为泵送混凝土。泵送混凝土已逐渐成为混凝土施工中一个常用的品种。具有施工速度快，质量好，节省人工，施工方便等特点。因此广泛应用于一般房建结构混凝土、道路混凝土、大体积混凝土、高层建筑等工程。

泵送混凝土要求具有比一般混凝土更好的流动性、可塑性及稳定性。泵送混凝土需加入防止混凝土拌合物在泵送管道中离析和堵塞的泵送剂，以及使混凝土拌合物能在泵压下顺利通行的外加剂，减水剂、塑化剂、加气剂等均可用作泵送剂。加入适量的混合材料（如粉煤灰等），可避免混凝土施工中拌合料分层离析、泌水和堵塞输送管道。

5.9.1.2　原材料要求

（1）水泥宜选用硅酸盐水泥、普通硅酸盐水泥、矿渣硅酸盐水泥、粉煤灰硅酸盐水泥。

（2）粗骨料应采用连续级配，针片状颗粒含量不宜大于10%；粗骨料最大粒径与输送管径之比见表5.28。

（3）细骨料宜采用中砂，其通过公称直径0.315 mm筛孔的颗粒含量不宜少于15%。

（4）泵送混凝土应加泵送剂或减水剂，并宜掺用矿物掺合料。

5.9.1.3　配合比要求

泵送混凝土配合比，除必须满足混凝土设计强度和耐久性的要求外，尚应使混凝土满足可泵性要求。泵送混凝土配合比设计，应符合国家现行标准《普通混凝土配合比设计规程》《混凝土结构工程施工及验收规范》《混凝土强度检验评定标准》和《预拌混凝土》的有关规定。并应根据混凝土原材料、混凝土运输距离、混凝土泵与混凝土输送管径、泵送距离、气温等具体施工条件试配。必要时,应通过试泵送确定泵送混凝土配合比。胶凝材料用量不宜小于 300 kg/m³,砂率宜为 35% ~45% 。

表 5.28 粗集料的最大粒径与输送管径之比(JGJ 55—2011)

粗骨料品种	泵送高度/m	粗骨料最大粒径与输送管径之比
碎石	<50	≤1 : 3.0
	50 ~ 100	≤1 : 4.0
	>100	≤1 : 5.0
卵石	<50	≤1 : 2.5
	50 ~ 100	≤1 : 3.0
	>100	≤1 : 4.0

5.9.1.4 混凝土的泵送要求

泵送混凝土的入泵坍落度不宜小于 100 mm,对强度超过 C60 的泵送混凝土,入泵坍落度不宜小于 180 mm。泵送混凝土入泵坍落度或扩展度和泵送高度之间的关系宜符合表 5.29 要求。泵送混凝土出机到泵送时间段内的坍落度经时损失控制在 30 mm/h 以内较好。泵送混凝土宜采用预拌混凝土,当需要在现场搅拌混凝土时,宜采用具有自动计量装置的集中搅拌方式,不得采用人工搅拌的混凝土进行泵送。

表 5.29 混凝土入泵坍落度与泵送高度关系表(JGJ /T10—2011)

最大泵送高度/m	50	100	200	400	400 以上
入泵坍落度/mm	100 ~ 140	150 ~ 180	190 ~ 220	230 ~ 260	—
入泵扩展度/mm	—	—	—	450 ~ 590	600 ~ 740

5.9.1.5 泵送混凝土质量控制

泵送混凝土质量应符合现行国家标准《混凝土结构工程施工质量验收规范》(GB 50204—2015)和《预拌混凝土》(GB/T 14902—2012)的有关规定。除此之外,泵送混凝土的可泵性试验,10 s时的相对压力泌水率不宜大于 40%,混凝土入泵时的坍落度及其允许偏差,应符合表 5.30 的规定,混凝土强度的检验评定,应符合现行国家标准《混凝土强度检验评定标准》(GB/T 50107—2010)的规定。

出泵混凝土的质量检查,应按国家现行标准《混凝土结构工程施工质量验收规范》(GB 50204—2015)的有关规定进行。用作评定结构或构件混凝土强度质量的试件,应在浇筑地点取样、制作,且混凝土的取样、试件制造、养护和试验均应符合国家现行标准《混凝土强度检验评定标准》(GB/T 50107—2010)的有关规定。

当混凝土可泵性差，出现泌水、离析，难以泵送和浇灌时，应立即对配合比、混凝土泵、配管、泵送工艺等重新进行研究，并采取相应措施。应结合施工现场具体情况，建立质量控制制度，对材料、设备、泵送工艺、混凝土强度等进行系统的科学管理。

表 5.30 混凝土坍落度允许误差（JGJ /T10—2011）

所需坍落度/mm	坍落度允许误差/mm
100 ~ 160	±20
>160	±30

5.9.1.6 运输要求

泵送混凝土宜采用搅拌运输车运送。运输车性能应符合现行行业标准《混凝土搅拌运输车》（GB/T 26408—2011）的有关规定。混凝土搅拌运输车装料前应排净搅拌筒内积水，向混凝土泵卸料前应高速旋转拌筒，中断卸料阶段应保持拌筒低速转动。

混凝土泵送施工前应检查混凝土送料单，核对配合比，检查坍落度，必要时还应测定混凝土扩展度，在确定无误后方可进行混凝土泵送。泵送完毕时，应及时将混凝土泵和输送管清洁干净。

5.9.2 高性能混凝土

高性能混凝土（High performance concrete，简称 HPC）是一种新型高技术混凝土，采用常规材料和工艺生产，具有混凝土结构所要求的各项力学性能，具有高耐久性、高工作性和高体积稳定性。它以耐久性作为设计的主要指标，针对不同用途要求，对下列性能重点予以保证：耐久性、工作性、适用性、强度、体积稳定性和经济性。为此，高性能混凝土在配置上的特点是采用低水胶比，选用优质原材料，且必须掺加足够数量的掺合料（矿物细掺料）和高效外加剂。

混凝土泵送技术规程

高性能混凝土特点：拌合料呈高塑或流态、可泵送、不离析，便于浇筑密实；在凝结硬化过程中和硬化后的体积稳定、水化热低、不产生微细裂缝、徐变小；耐久性好，尤其有很高的抗渗性。

高性能混凝土工作性能好，耐久性好，其成本与同级高强混凝土相比较低，因此高性能混凝土的优越性与经济性，使其用途不断扩大，在不少工程中得以推广应用。概括起来说，高性能混凝土就是能更好地满足结构功能要求和施工工艺要求的混凝土，能最大限度地延长混凝土结构的使用年限，降低工程造价。近年来，高性能混凝土我国工程实践中有着广泛的应用，如水利工程、桥梁工程、高层建筑等。

【知识链接】

高性能混凝土的发展

高性能混凝土是由高强混凝土发展而来的，但高性能混凝土对混凝土技术性能的要求比高强混凝土更多、更广乏，高性能混凝土的发展一般可分为三个阶段：

(1)振动加压成型的高强混凝土——工艺创新;

(2)掺高效减水剂配置高效混凝土——第五组分创新;

(3)采用矿物外加剂配制高性能混凝土——第六组分创新。

5.9.3 轻混凝土

轻混凝土是指干表观密度小于1950 kg/m^{3}的混凝土,有轻集料混凝土、多孔混凝土和大孔混凝土。

轻集料混凝土是用质轻多孔的集料和水泥配制的,如浮石、陶粒、煤渣、膨胀珍珠岩等。轻集料混凝土具有表观密度小、强度高、保温隔热性好、耐久性好等优点,特别适用于高层建筑、大跨度建筑和有保温要求的建筑。

多孔混凝土中无粗、细集料,靠向料浆中添加加气剂、泡沫剂和高压空气来产生多孔结构,孔隙率高达60%以上。常用的多孔混凝土有加气混凝土和泡沫混凝土。加气混凝土适用于框架结构、高层建筑、地震设防的建筑、保温隔热要求高的建筑及软土地基地区的建筑,可用作承重墙、非承重墙,也可作保温材料使用。泡沫混凝土主要应用于屋面保温隔热、墙体保温隔热、地面保温等。

大孔混凝土是用粒径相近的粗集料和有限的水泥浆配制而成的,应以水泥浆能均匀包裹集料表面不流淌为准,水灰比一般为0.30~0.40。大孔混凝土的导热系数小,保温性能好,吸湿性小,收缩较普通混凝土小20%~50%,适宜作墙体材料。另外,大孔混凝土还具有透气、透水性大等特点,在水工建筑中可用作排水暗道。

5.9.4 抗渗混凝土

防水混凝土是设法提高抗渗性能,以达到抗渗要求的混凝土。

普通混凝土内分布有许多微细孔隙,孔隙的存在使其抗渗性能很差。因此,有抗渗要求的工程,应针对抗渗等级的高低配制不同的防水混凝土。一般是通过改善混凝土组成材料的质量,合理选择混凝土配合比和集料级配,以及掺加适当外加剂,达到混凝土内部密实或堵塞混凝土毛细管通路,使混凝土具有较高的抗渗性能。

防水混凝土多用于地下工程及储水构筑物,其强度根据结构计算而定,抗渗性主要依据水压力值及结构厚度设计抗渗等级要求而定。

5.9.5 高强混凝土

高强混凝土是指强度等级不低于C60的混凝土。强度等级不小于C100的混凝土为超高强混凝土。

高强混凝土的特点是:强度高、耐久性好、变形小,在相同受力条件下能减小构件体积,降低钢筋用量,能适应现代工程结构向大跨度、重载、高耸发展和承受恶劣环境条件的需要。使用高强混凝土可获得明显的技术效益和经济效益。

要求混凝土高强,必须使胶凝材料本身高强,胶凝材料与集料结合力强,集料本身强度高、级配好、最大粒径适当。因此,配制高强混凝土应选用质量稳定、强度等级不低于42.5级的硅酸盐水泥或普通硅酸盐水泥;粗集料的最大粒径不应大于31.5 mm,针、片状颗粒量不应大于5.0%，含泥量不应大于1.0% ，泥块含量不应大于0.5%；细集料宜采用细度模数大于2.6且颗粒级配良好的中砂，含泥量不应大于2.0%，泥块含量不应大于0.5%；配制高强混凝土应采用高效减水剂或缓凝高效减水剂，并掺用活性较好的矿物掺合料。

高强混凝土主要用于高层建筑竖向承重构件、混凝土桩基、预应力轨枕、电杆、大跨度薄壳结构、桥梁及输水管等。

章后小结

1. 普通混凝土的和易性包含流动性、黏聚性、保水性；流动性的测定方法有坍落度法和维勃稠度法。

2. 普通混凝土的强度：抗压强度（最大）、抗拉强度（最小）、抗剪强度、抗弯强度。

强度等级：C10、C15、C20、C25、C30、C35、C40、C45、C50、C55、C60、C65、C70、C75、C80、C85、C90、C95、C100。

3. 普通混凝土的变形性：

非荷载作用下的变形——化学收缩、温度变形、干缩湿胀。

荷载作用下的变形——短期荷载作用下的变形、长期荷载作用下的变形（徐变）

4. 普通混凝土的耐久性：抗冻性、抗渗性、抗侵蚀性、抗碳化性能、碱-骨料反应。

5. 普通混凝土的质量控制：原材料的质量控制、混凝土配合比的控制、施工过程控制。

6. 混凝土强度评定方法分为统计方法和非统计方法两种。

7. 普通混凝土的配合比设计的三个参数：水胶比、砂率、用水量。

8. 混凝土结构现场检测分为：工程质量检测和结构性能检测。

9. 回弹法检测混凝土强度和碳化深度的方法，以及回弹仪的选用。

10. 混凝土保护层厚度检验方法。

11. 钻芯法检测混凝土强度的方法及适用范围。

12. 混凝土结构后锚固的检测抽样方法。

13. 其他混凝土：泵送混凝土、高性能混凝土、轻混凝土、抗渗混凝土、高强混凝土。

实训题

某教学楼的钢筋混凝土柱（室内干燥环境），施工要求坍落度为30~50 mm。混凝土设计强度等级为C30，采用52.5级普通硅酸盐水泥（$\rho_c=3.1\ g/cm^3$）；砂子为中砂，表观密度为2.65 g/cm^3，堆积密度为1450 kg/m^3；石子为碎石，粒级为5~40 mm，表观密度为2.70 g/cm^3，堆积密度为1550 kg/m^3；混凝土采用机械搅拌、振捣，施工单位无混凝土强度标准差的统计资料。

（1）根据以上条件，用绝对体积法求混凝土的初步配合比。

(2)假如用计算出的初步配合比拌和混凝土,经检验后混凝土的和易性、强度和耐久性均满足设计要求。又已知现场砂的含水率为2%,石子的含水率为1%,求该混凝土的施工配合比。

习　题

一、选择题

1. 普通混凝土的抗压强度测定,若采用100×100×100的立方体构件,则试验结果应乘以折算系数( )。

A. 0.90　　B. 0.95

C. 1.05　　D. 1.10

2. 设计混凝土配合比时,确定水灰比的原则是按满足(　　)而定。

A. 强度　　B. 最大水灰比限值

C. 强度和最大水灰比限值　　D. 小于最大水灰比

3. 某建材实验室有一张混凝土用量配方,数字清晰为1∶0.61∶2.50∶4.45,而文字模糊,下列哪种经验描述是正确的?(　　)

A. m(水)∶m(水泥)∶m(砂)∶m(石)

B. m(水泥)∶m(水)∶m(砂)∶m(石)

C. m(砂∶m(水泥)∶m(水)∶m(石)

D. m(水泥)∶m(砂):m(水)∶m(石)

4. 混凝土是(　　)。

A. 完全弹性体材料　　B. 完全塑性体材料

C. 弹塑性体材料　　D. 不好确定

5. 混凝土的强度等级是根据(　　)来划分。

A. 立方体试件抗压强度

B. 立方体试件抗压强度标准值

C. 棱柱体抗压强度

D. 抗弯强度值

6. 下列(　　)措施会降低混凝土的抗渗性。

A. 增加水灰比　　B. 提高水泥强度

C. 掺入减水剂　　D. 掺入优质粉煤灰

7. 测定塑性混凝土拌合物流动性的指标是(　　)。

A. 沉入度　　B. 维勃稠度

C. 扩散度　　D. 坍落度

二、填空题

1. 混凝土拌合物的和易性包含__________、__________和__________三方面含义。用坍落度法评定和易性主要是测定__________,辅以观察__________和__________。

2. 当混凝土的流动性太小，可保持__________不变，增加__________和__________的用量。

3. 一般情况下，混凝土的龄期越长，强度越__________。

4. 在混凝土配合比设计中，需要确定的三个基本参数分别是__________、__________、__________和__________。

5. 在配制混凝土时，若砂率过小，则会严重影响混凝土拌合物的__________。

6. 雨后现场配制混凝土时，若不考虑骨料的含水率，将会使混凝土的强度__________。

7. 碳化使混凝土的__________降低，减弱对混凝土中钢筋的保护作用。

8. 测定混凝土立方体抗压强度的标准试件尺寸是__________。

9. 混凝土的徐变对钢筋混凝土结构的有利作用是__________和__________，不利作用是__________。

10. 设计混凝土配合比应同时满足__________、__________、__________和__________四项基本要求。

11. 在保证混凝土强度不降低及水泥用量不变的情况下，改善混凝土拌合物的和易性最有效的方法是__________。

12. 当混凝土其他条件相同时，水灰比越大，则强度越__________，而流动性越__________。

13. 在原材料性质一定时，影响混凝土拌合物和易性的主要因素是__________、__________、__________和__________。

14. 影响混凝土强度的主要因素有__________、__________和__________，其中__________是决定因素。

15. 混凝土耐久性主要包括__________、__________、__________、__________和__________。

16. 在混凝土配合比设计中，水灰比主要由__________和__________等因素确定，用水量是由__________确定，砂率是由__________确定。

17. 卵石混凝土比同条件配合比拌制的碎石混凝土的流动性__________，强度__________。

18. 在混凝土施工中，统计得出混凝土强度标准差越__________，则表明混凝土生产质量不稳定，施工水平越__________。

19. 当碳化深度值极差大于__________时，应在每一测区分别测量碳化深度值。

20. 回弹法检测混凝土强度时，每一测区应读取个回弹值，每一测点的回弹值读数应精确至__________。

21. 测强曲线分为__________、__________、__________。

22. 当结构工作条件比较潮湿，需要确定潮湿状态下混凝土的强度时，芯样试件宜在__________℃的清水中浸泡__________h，从水中取出后立即进行试验。

23. 检验锚固拉拔承载力的加载方式可为__________或__________。

24. 钢筋保护层厚度检验的检测误差不应大于__________。

三、计算题

1. 用强度等级为42.5的普通水泥、河砂及卵石配制混凝土，使用的水灰比分别为0.60和0.53，试估算混凝土28 d的抗压强度分别为多少？

2. 某工地混凝土施工时，每立方米混凝土各材料用量为：水泥308 kg，水128 kg，河砂700 kg，碎石1260 kg，其中砂的含水率为5%。求该混凝土的施工配合比。

第6章 建筑钢材

学习要求 了解钢的分类，熟悉钢的化学成分对钢性能的影响，掌握钢材的力学性能和工艺性能；掌握常用建筑钢材的分类、标准和应用，熟悉钢材防锈和防火的处理措施，了解钢材的保管与验收。通过本项目的学习，能够在工程建设中合理使用钢材。

【引入案例】

国家体育场"鸟巢"

国家体育场"鸟巢"(图6.1)是2008年第29届奥林匹克运动会的主体育场。工程总占地面积20.41公顷，建筑面积约25.5万平方米，内观众席约为91000个。

图6.1 鸟巢

作为国家标志性建筑，国家体育场结构特点十分显著，主体结构设计使用年限100年，耐火等级为一级，抗震设防烈度8度。主体钢结构形成整体的巨型空间马鞍形钢桁架编织式“鸟巢”结构，分为上、中、下三层，为地下1层，地上7层的钢筋混凝土框架-剪力墙结构体系，体育场屋顶钢结构上覆盖了双层膜结构。整个体育场总用钢量约为11万吨，混凝土浇筑约18万立方米。

“鸟巢”结构设计奇特新颖，而这次搭建它的Q460E/Z35也有很多独到之处，Q460是由河南舞阳特种钢厂自主研发的一种低合金高强度钢，用作鸟巢钢板，最大厚度达到110 mm，不仅达到要求的高强度、较高的低温韧性以及良好的抗层状撕裂性能，还具有低屈强比、高延伸率，完全满足钢结构抗震、防震的要求，且便于加工焊接。其技术要求达到了目前低合金高强度钢之最，是国内在建筑结构上的首次使用，撑起了“国家体育场”的钢骨脊梁。

在理论上，凡含碳量在2.06%以下，含有害杂质较少的铁碳合金称为钢材（即碳钢）。

建筑钢材是指在用于钢结构的各种型钢（圆钢、角钢、槽钢、工字钢等）、钢板和用于钢筋混凝土中的各种钢筋、钢丝、钢绞线等。

建筑钢材的优点是材质均匀、性能可靠、强度高、塑性和韧性好，能承受冲击和振动荷载，可以焊接、铆接、螺栓连接，便于装配，是建筑工程中重要的结构材料之一，但缺点是易锈蚀，维护费用高，耐火性差，施工中应对钢材进行防锈和防火处理。

6.1 钢的分类

钢的分类见表6.1。目前，建筑工程中常用的钢种是普通碳素结构钢和普通低合金结构钢。

表6.1 钢的分类

分类方式	分类	
按化学成分	碳素钢（非合金钢）	低碳钢（含碳量<0.25%） 中碳钢（含碳量0.25%～0.6%） 高碳钢（含碳量>0.6%）
	合金钢	低合金钢（合金元素总量<5%） 中合金钢（合金元素总量5%～10%） 高合金钢（合金元素总量>10%）
按脱氧程度	沸腾钢（F）：脱氧不完全，质量差，成本低，广泛用于一般建筑工程； 镇静钢（Z）：脱氧完全，质量好，成本较高，用于承受振动冲击荷载的结构或重要的焊接钢结构； 半镇静钢（b）：脱氧较完全，介于以上两者之间； 特殊镇静钢（TZ）：脱氧更完全彻底，质量最好，用于特别重要的结构工程	
按质量	普通钢（含硫量≤0.055%，含磷量≤0.045%） 优质钢（含硫量≤0.040%，含磷量≤0.040%） 高级优质钢（含硫≤0.030%，含磷量≤0.035%）	
按用途	结构钢：用于建筑结构、机械制造等； 工具钢：用于制作刀具、量具、模具等； 特殊钢：不锈钢、耐酸钢、耐热钢、耐磨钢等	

6.2　钢材的主要技术性能

钢材的性能主要包括力学性能、工艺性能和化学性能等,它们既是设计和施工人员选用钢材的主要依据,也是钢材生产企业质量控制的重要参数。

6.2.1　力学性能

钢材的力学性能是指钢材在受力过程中所表现出来的性能,主要包括拉伸性能、冲击韧性和疲劳强度等。

6.2.1.1　拉伸性能

拉伸是建筑钢材的主要受力方式,也是钢材最重要的性能,是选用钢材的重要技术指标。

钢材的拉伸性能可以通过室温下低碳钢拉伸试验所得的应力—应变曲线图来说明,见图6.2。低碳钢受力拉伸至拉断,全过程可划分为四个阶段:弹性阶段(*OA*)、屈服阶段(*AB*)、强化阶段(*BC*)和颈缩阶段(*CD*)。

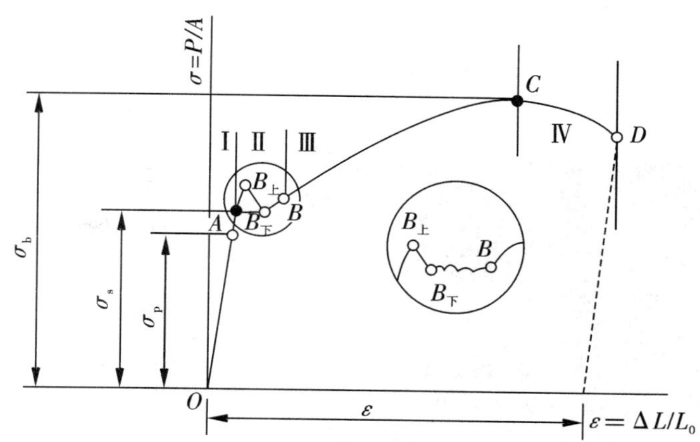

图6.2　低碳钢拉伸应力-应变曲线图

(1)弹性阶段(*OA*)

*OA*段呈直线关系,即随荷载增加,应力与应变呈正比。如卸去荷载,试件能恢复原状。此阶段的变形为弹性变形。弹性阶段的最高点*A*所对应的应力为弹性极限,用σ_P表示。应力与应变的比值为一常数,即弹性模量E($E=\sigma/\varepsilon$)。弹性模量反映钢材抵抗弹性变形的能力,弹性模量E越大,抵抗变形的能力越强。

(2)屈服阶段(*AB*)

应力超过*A*点后,应力与应变不再呈正比关系,此时卸去荷载变形不能全部恢复,即已产生塑性变形。当应力达到$B_{上}$点(上屈服点)后,钢材抵抗不住所加的外力,瞬时下降至$B_{下}$点(下屈服点),发生“屈服”现象,即应力在小范围内波动,而应变迅速增加,直到*B*点。$B_{下}$点对应的应力称为屈服点(屈服强度),用σ_s表示。屈服强度是结构设计中钢材强度取值的依据。

(3)强化阶段(BC)

当荷载超过屈服点后,钢材内部组织结构发生变化,抵抗变形的能力又重新提高。当应力达到 C 点时,应力达到极限值,称为抗拉强度,用 σ_b 表示。

屈服强度和抗拉强度之比(即屈强比 σ_s/σ_b)能反映钢材的利用率和结构的安全可靠程度。屈强比小,钢材的利用率低,造成浪费;但屈强比过大,其结构的安全可靠程度降低。建筑结构钢合理的屈强比一般在 0.60 ~0.75 范围内。

(4)颈缩阶段(CD)

试件受力达到最高点 C 后,其抵抗变形的能力明显降低,变形迅速增加,应力逐渐下降,试件被拉长,薄弱处的截面积急剧缩小,产生"颈缩"(图6.3),直至断裂。

将拉断后的试件拼合起来,测定出标距范围内的长度(L_1),与试件原始标距(L_0)之差为塑性变形值,该值与 L_0 之比称为伸长率(δ),如图 6.4 所示。

伸长率(δ)是衡量钢材塑性的重要指标,δ 越大,则钢材塑性越好,钢材用于结构的安全性越大。

塑性变形在试件标距内的分布是不均匀的。颈缩处的变形最大,离颈缩部位越远其变形越小。通常钢筋拉伸试验中,试件取 $L_0 = 5d_0$ 或 $L_0 = 10d_0$,其伸长率分别用 δ_5 和 δ_{10} 表示。对于同一种钢材,其 δ_5 大于 δ_{10}。

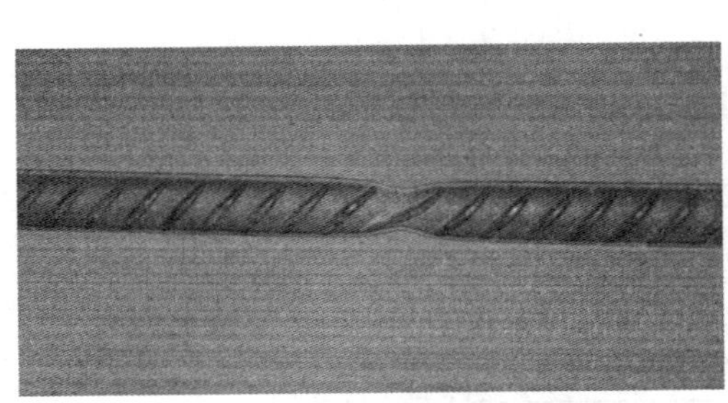

图 6.3 试件颈缩

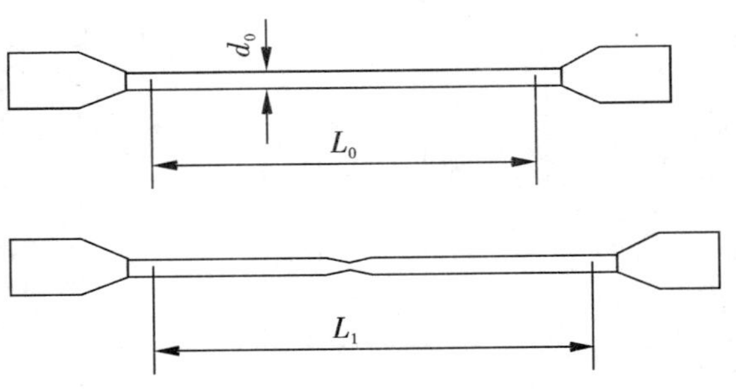

图 6.4 钢材拉伸试件

中碳钢和高碳钢拉伸时,屈服现象不明显,难以测定屈服强度。规范将产生残余变形为原标距长度的 0.2% 时所对应的应力值作为屈服强度,称为条件屈服强度,用 $\sigma_{0.2}$ 表示。如图 6.5 所示。

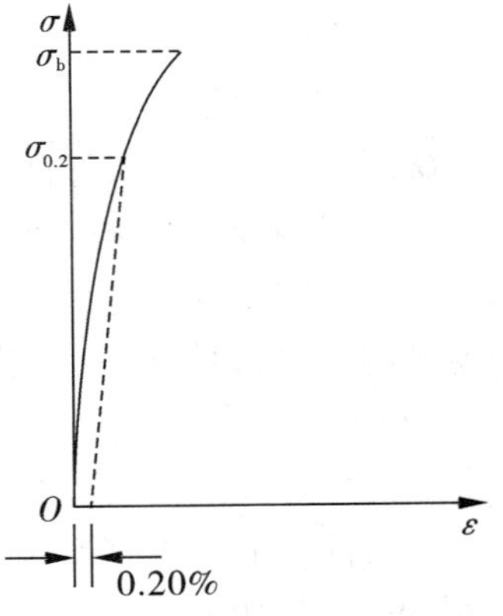

图 6.5 中碳钢、高碳钢的应力-应变曲线图

6.2.1.2 冲击韧性

冲击韧性是指钢材抵抗冲击荷载而不被破坏的能力。它是通过标准试件的弯曲冲击韧性试验来确定。如图 6.6 所示。试验时,将试件放置在固定支座上,将摆锤举起一定高度,然后使摆锤自由落下,冲击带 V 型缺口试件的背面,使试件承受冲击弯曲而断裂。将试件冲断时缺口处单位面积上所消耗的功作为冲击韧性,用 α_k (J/cm^2)表示。

α_k 值越大,钢材的冲击韧性越好。

钢材的冲击韧性受化学成分、组织状态、加工工艺及环境温度等影响。对于直接承受动荷载,可能在负温下工作的重要结构,必须按照规范要求,进行钢材的冲击韧性检验。

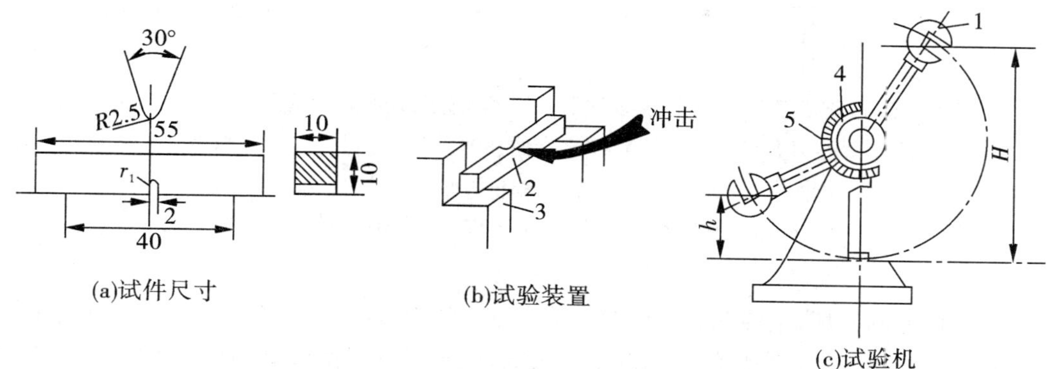

图6.6 冲击韧性试验

1–摆锤;2–摆件;3–试验台;4–指针;5–刻度盘;*H*–摆锤扬起高度;*h*–摆锤向后摆动高度

6.2.1.3 疲劳强度

钢材在交变荷载反复多次作用下,可在最大应力远低于抗拉强度的情况下突然破坏,这种破坏称为疲劳破坏,用疲劳强度(或疲劳极限)表示。一般钢材的抗拉强度高,其疲劳强度也高。

钢材的疲劳强度与其内部组织和表面质量有关。对于承受交变荷载的结构,如工业厂房的吊车梁等,在设计时必须考虑疲劳强度。

6.2.2 工艺性能

建筑钢材在使用前,大多需进行拉、拔、弯、扭等加工,要保证钢材制品的质量不受影响,就必须具有良好的工艺性能。钢材的工艺性能包括冷弯性能、焊接性能等。

6.2.2.1 冷弯性能

冷弯性能是指钢材在常温下承受弯曲变形的能力。一般钢材的塑性好,其冷弯性能也好。冷弯性能是评定钢材塑性和保证焊接接头质量的重要指标之一。

冷弯性能通过冷弯试验得到。试验时,将钢材按规定的弯曲角度(α)和弯心直径(d)弯曲,若弯曲后试件弯曲处无裂纹、起层及断裂,即认为冷弯性能合格。如图6.7所示。

6.2.2.2 焊接性能

焊接是把两块金属局部加热,并使其接缝部分迅速呈熔融或半熔融状态,而牢固地连接起来。它是各种型钢、钢板、钢筋的重要连接方式。焊接的质量取决于焊接工艺、焊接材料及钢材的焊接性能。

钢材的焊接性能(又称可焊性)是指钢材在一定焊接工艺下获得良好焊接接头的性能,即焊接后不易产生裂纹、气孔、夹渣等缺陷,焊接接头牢固可靠,焊缝及附近受热影响区的力学性能与母材相近,特别是强度不低于母材,脆硬倾向小。

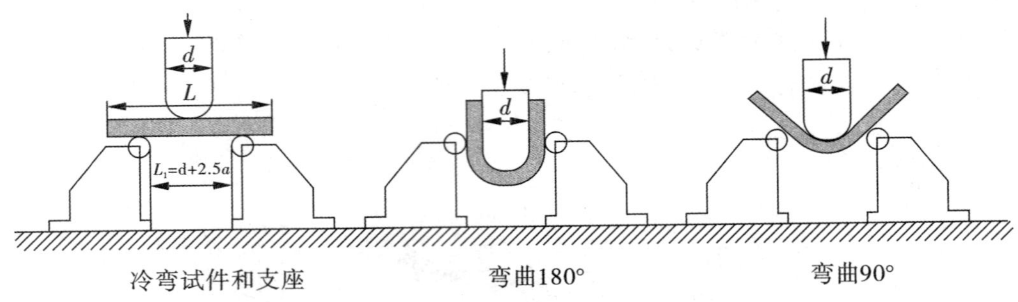

图 6.7　钢材冷弯

a—钢筋直径;*d*—弯心直径;L_1—两支辊间距;*L*—试件长度

焊接性能的好坏,主要取决于钢的化学成分。随着含碳量、合金元素及杂质元素(特别是硫,硫含量较多时,会使焊口处产生热裂纹,严重降低焊接质量)含量的提高,钢材的可焊性降低。含碳量小于 0.25% 的钢材具有良好的焊接性能。

【例 6.1】工程实例分析

钢结构屋架坍塌

现象:某厂的钢结构屋架用中碳钢焊接而成,使用一段时间后,屋架坍塌,请分析事故原因。

分析原因:钢材选用不当,中碳钢的塑性和韧性比低碳钢差,且其焊接性能较差,焊接时钢材局部温度高,形成了热影响区,其塑性及韧性下降较多,较易产生裂纹。

防治措施:建筑工程中常选用的主要钢种是普通碳素钢中的低碳钢和合金钢中的低合金高强度结构钢。

6.2.3　钢的化学成分对钢性能的影响

钢是铁-碳合金,钢中除铁、碳外,还含有少量硫、磷、氢、氧、氮以及一些合金元素,它们对钢材的性能和质量也会产生影响。详见表 6.2。

【例 6.2】工程实例分析

烧结矿仓库运输廊道发生倒塌

现象:某烧结矿仓库运输廊道发生倒塌。事故发生时室外气温为 36 ℃左右。经现场调查及取样试验可知所用的沸腾钢含碳量 0.23% ~0.25%,含硫量 0.06%,多处焊缝明显未焊透,有焊瘤,夹杂缺陷,焊接质量差,发生脆性断裂。请分析事故原因。

分析原因:(1)所使用的钢材不符合标准要求,沸腾钢含碳量 0.23% ~0.25%,含硫量 0.06%,均超过用于焊接结构钢材的要求。(2)断裂处焊缝低劣,以及焊接结构处有应力集中现象,焊接质量差。

防治措施:用于焊接结构的钢材,其含碳量不应超过 0.22%,含硫量不应超过 0.055%。焊接时应规范施工,以保证焊接的质量。

表 6.2　钢的化学成分对钢性能的影响

影响因素	化学成分	钢材性能
重要元素	碳	含碳量小于0.8%时,随着含碳量的增加,钢的抗拉强度和硬度提高,而塑性、韧性、冷弯、焊接及抗腐蚀等性能降低,并增加钢的冷脆性和时效敏感性。建筑钢材中含碳量一般不应超过0.22%,焊接结构中还应低于0.20%
有害元素	磷	显著降低钢材的塑性和韧性,特别是低温下冲击韧性下降更为明显,常把这种现象称为冷脆性。磷还能使钢的冷弯性能降低,可焊性变差。但磷可使钢材的强度、硬度、耐磨性、抗腐蚀性提高
	硫	极有害,硫在钢的热加工时易引起钢的脆裂,称为热脆性。硫的存在还使钢的冲击韧性、疲劳强度、可焊性及耐蚀性降低,即使微量存在也对钢有害,因此硫的含量要严格控制
	氧、氮	可显著降低钢材的塑性、韧性、冷弯性能和焊接性能
合金元素	硅	有益元素,含量在1%以内,可提高钢的强度,对塑性和韧性没有明显影响。但含量超过1%时,冷脆性增加,可焊性变差
	锰	含量为0.8%～1%时,可显著提高钢的强度和硬度,消除热脆性,几乎不降低塑性及韧性。但含量超过1%时,在提高强度的同时,塑性及韧性有所下降,可焊性变差
	铝、钛、钒、铌	适量加入可改善钢的组织,细化晶粒,显著提高强度和改善韧性

6.3　建筑用钢

6.3.1　碳素结构钢

6.3.1.1　牌号表示方法

钢的牌号又称钢号。碳素结构钢的牌号表示方式如下。

Q235-A.F, 表示屈服强度为235 MPa的A级沸腾钢

- 脱氧方法F（沸腾钢）、b（半镇静钢）、Z（镇静钢）和TZ（特殊镇静钢）
- 质量等级（按硫、磷杂质含量由多到少分为A、B、C、D）
- 屈服强度数值，分195、215、235和275 MPa
- 代表屈服强度的字母

注:Z和TZ在钢的牌号中可予省略。

碳素结构钢的技术要求

6.3.1.2 特点及应用

碳素结构钢的特点及应用见表6.3。

表6.3 碳素结构钢的特点及应用

牌号	特点	应用
Q195、Q215	强度低,塑性和韧性较好,易于冷加工	常用作钢钉、铆钉、螺栓及铁丝等
Q235	强度较高,塑性、韧性良好,易于焊接,综合性能好,成本较低	在建筑工程中应用最广泛,可轧制成各种型材、钢板、管材和钢筋
Q275	强度较高,但韧性、塑性及可焊性较差,不易焊接和冷弯加工	可用于轧制带肋钢筋或做螺栓配件等,但更多用于机械零件和工具等

注:Q215号钢经冷加工后可代替Q235号钢使用。

6.3.2 低合金高强度结构钢

低合金高强度结构钢是在碳素结构钢的基础上,加入少量合金元素的钢。

6.3.2.1 牌号表示方法

低合金高强度结构钢牌号与碳素结构钢的牌号表示方法基本相同,只是质量等级有A、B、C、D、E五级。有Q345、Q390、Q420、Q460、Q500、Q550、Q620、Q690八个牌号。

6.3.2.2 特点及应用

低合金高强度结构钢的技术要求

低合金高强度结构钢与碳素结构钢相比,它强度高,可节约钢材(20%~30%),降低成本,减轻自重;综合性能好,如抗冲击性、耐腐蚀性、耐低温性好,使用寿命长;塑性、韧性及可焊性好,有利于加工和施工。

低合金高强度结构钢主要用于轧制各种钢筋、型钢、钢板和钢管,广泛应用于各种建筑工程,特别是重型、大跨度、高层结构及桥梁工程等。随着Q460以上高性能钢的发展与应用,工程结构形式、结构高度及跨度都将会不断刷新,未来钢结构工程将会得到迅猛发展。

6.4 建筑工程常用钢材品种

建筑工程常用钢材品种分为钢筋混凝土结构用钢和钢结构用钢。

6.4.1 钢筋混凝土结构用钢

钢筋混凝土结构用主要有钢筋、钢丝和钢绞线等,主要由碳素结构钢和低合金结构钢轧制而成。钢筋的分类见表6.4。

表6.4　钢筋的分类

分类	品种
按生产工艺	热轧钢筋、冷加工钢筋、热处理钢筋等
按轧制外形	光圆钢筋、带肋钢筋
按化学成分	碳素结构钢、低合金结构钢
按供货方式	圆盘条钢筋、直条钢筋

6.4.1.1　热轧钢筋

热轧钢筋分为热轧光圆钢筋(图6.8)和热轧带肋钢筋(图6.9)。

图6.8　热轧光圆钢筋

图6.9　热轧带肋钢筋

(1)牌号及表示方法

热轧光圆钢筋热轧光圆钢筋是用Q235碳素结构钢轧制而成,横截面为圆形,公称直径为6~22 mm,有HPB235、HPB300两个牌号。

热轧带肋钢筋是用低合金钢轧制而成,横截面为圆形,表面通常带有两条纵肋和沿长度方向均匀分布的横肋。按肋纹的形状分为月牙肋和等高肋,如图6.10。公称直径为6~50 mm,有HRB335、HRBF335、HRB400、HRBF400、HRB500、HRBF500六个牌号。

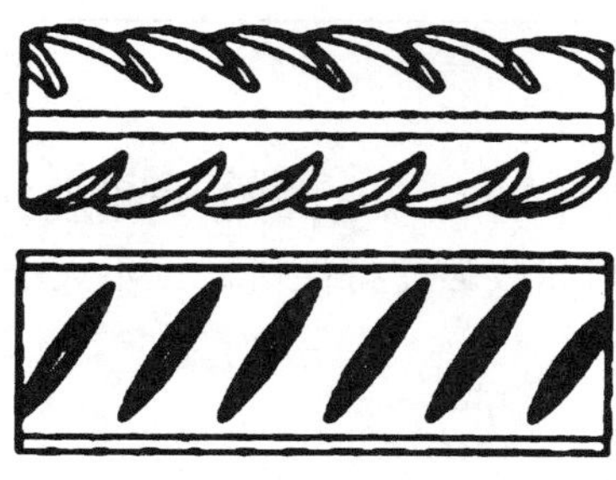

(a)月牙肋

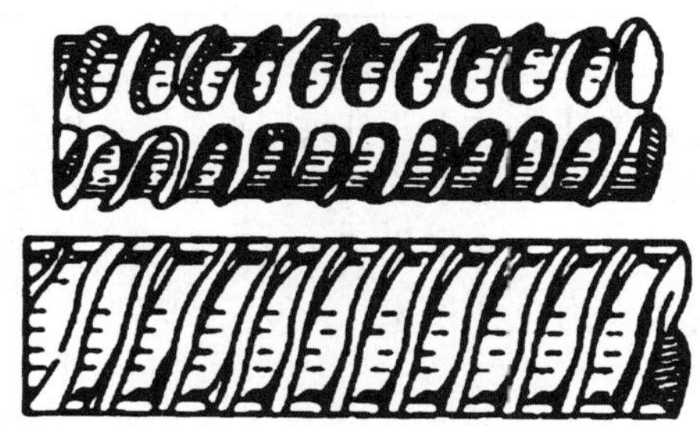

(b)等高肋

图6.10　带肋钢筋的外形

热轧钢筋牌号表示见表6.5。

表6.5 热轧钢筋的牌号表示

类别	牌号	符号	英文字母含义
热轧光圆钢筋	HPB300	Φ	HPB——热轧光圆钢筋的英文(hot rolled plain bars)缩写
普通热轧钢筋	HRB335	Φ	HRB——热轧带肋钢筋的英文(hot rolled ribbed bars)缩写。
	HRB400	Φ	
	HRB500	Φ	
细晶粒热轧钢筋	HRBF335	$Φ^F$	HRBF——在热轧带肋钢筋的英文缩写后加“细”的英文(fine)首位字母
	HRBF400	$Φ^F$	
	HRBF500	$Φ^F$	

注:抗震结构用钢筋应在牌号后加E。如HRB400E。

(2)技术要求

①外观质量:应无有害的表面缺陷。

②质量偏差:应符合表6.6的规定。

表6.6 热轧钢筋的质量偏差(GB 1499.1—2017,GB 1499.2—2018)

钢筋种类	公称直径/mm	实际质量与理论质量的偏差/%
光圆钢筋	6～12	±7
	14～22	±5
带肋钢筋	6～12	±7
	14～20	±5
	22～50	±4

③力学性能及工艺性能:应符合表6.7的规定。

④抗震结构用钢筋的要求:除符合表6.7的规定外,还应满足:钢筋实测抗拉强度与实测屈服强度之比不小于1.25;钢筋实测屈服强度与屈服强度特性值之比不大于1.30;钢筋的最大力总伸长率A_{gt}不小于9%。

表 6.7 热轧光圆钢筋的力学性能和工艺性能(GB 1499.1—2017,GB 1499.2—2018)

牌号	屈服强度 /MPa	抗拉强度 /MPa	断后伸长率/%	最大力总伸长率 /%	冷弯试验 180°	
	≥				公称直径 a/mm	弯心直径 /d
HPB300	300	420	25.0	10.0	a	$d=a$
HRB335 HRBF335	335	455	17	7.5	6 ~ 25	$d=3a$
					28 ~ 40	$d=4a$
					>40 ~ 50	$d=5a$
HRB400 HRBF400	400	540	16		6 ~ 25	$d=4a$
					28 ~ 40	$d=5a$
					>40 ~ 50	$d=6a$
HRB500 HRBF500	500	630	15		6 ~ 25	$d=6a$
					28 ~ 40	$d=7a$
					>40 ~ 50	$d=8a$

【例 6.3】工程实例分析

“瘦身钢筋”事件

现象:“瘦身钢筋”是指将正常钢筋拉长后再用于房屋建设,2010 年 8 月,西安被曝一些楼盘使用“瘦身钢筋”。西安市建设工程质量安全监督站对全市范围内近 1000 个工地进行排查,这种违规钢筋的使用占将近 10%。

原因分析:追求高额利润是钢筋“瘦身”的主要原因。“瘦身钢筋”导致的质量偏差,是指钢筋实际质量与理论质量的允许偏差。检查中发现有楼盘直径 6 mm 的钢筋质量偏差达 16%,直径 8 mm 的钢筋质量偏差达 13%,甚至达到 30%,已经远远超出了国家允许的偏差范围。

国家标准规定,盘条钢筋由弯曲状态调直加工成直条状态时,由于机械外力的作用,允许有极小的物理延伸变化。光圆钢筋的冷拉率不得大于 4%,螺纹钢筋的冷拉率不得大于 1%。当钢筋突破拉伸安全极限,建筑的抗震性下降,承重力也会下降,一旦发生地震,建筑物很容易垮塌,楼层越高,危害就越严重。

(3)表面标志

表面标志是在钢筋表面轧制的标记,以便鉴别钢筋的牌号。光圆钢筋表面无标志。热轧带肋钢筋表面标志(如图 6.11)为:数字(3、4、5)+钢种(C、E、K)+字母(生产企业代号)+数字(公称直径)。

①数字(3、4、5)代表钢筋强度级别:3、4、5 分别表示 HRB335、HRB400、HRB500 级钢。

②钢种(C、E、K):无字母表示普通热轧钢筋;C 表示细晶粒热轧钢筋;K 表示余热处

理钢筋;E 表示抗震结构用钢筋。

③数字(公称直径):以毫米(mm)为单位,如 18 表示钢筋的公称直径为 18 mm。直径 12 mm 以下不标直径。

【例 6.4】工程实例分析

部分钢筋生产厂家标识符号

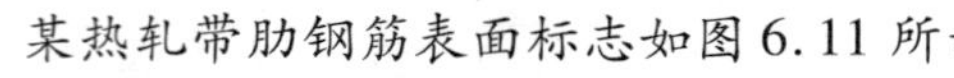

某热轧带肋钢筋表面标志如图 6.11 所示。

图 6.11 热轧带肋钢筋表面标志

表面标志代表:HRB400 级抗震结构用钢筋,公称直径 25 mm,SM 是厂家标志。

(4)交货形式

热轧光圆钢筋可按直条或盘卷交货,按盘卷交货的钢筋,每根盘条质量应不小于 500 kg,每盘质量应不小于 1000 kg。

热轧带肋钢筋按直条交货,直径不大于 12 mm 的也可按盘卷交货。

(5)应用

HPB300 热轧光圆钢筋可用作小规格梁柱的箍筋和其他混凝土构件的构造配筋。

小直径的 HRB335 热轧带肋钢筋主要用于中、小跨度楼板配筋以及剪力墙的分布筋配筋,还可用于构件的箍筋与构造配筋。

将 HRB400、HRB500 级高强热轧带肋钢筋主要用于纵向受力的主导钢筋,如用于梁、柱的纵向受力。HRB500 级高强钢筋用于高层建筑的柱、大跨度与重荷载梁的纵向受力配筋更为有利。

6.4.1.2 冷轧带肋钢筋

冷轧带肋钢筋力学性能和工艺性能

冷轧带肋钢筋是低碳钢热轧圆盘条经冷轧后,在其表面带有沿长度方向均匀分布的二面或三面横肋的钢筋。《冷轧带肋钢筋》(GB13788—2008)规定,冷轧带肋钢筋牌号由 CRB 和钢筋的抗拉强度最小值构成,C 为冷轧(cold-rolled)、R 为带肋(ribbed)、B 为钢筋(bars)。冷轧带肋钢筋按抗拉强度划分为 CRB550、CRB650、CRB800、CRB970 四个牌号。CRB550 钢筋的公称直径为 4 ~ 12 mm,CRB650 及以上牌号的公称直径为 4 mm、5 mm、6 mm。CRB550 为普通钢筋混凝土用钢筋,其他牌号为预应力混凝土钢筋。

6.4.1.3 低碳钢热轧圆盘条

低碳钢热轧圆盘条力学性能和工艺性能

低碳钢热轧圆盘条是由屈服强度较低的碳素结构钢轧制的盘条,大多通过卷线机卷成盘卷供应,也称为盘圆或线材,大量用作钢筋混凝土构造配筋,还可供拉丝等深加工及其他一般用途。

6.4.1.4 预应力混凝土用钢丝和钢绞线

(1)预应力混凝土用钢丝

预应力混凝土用钢丝是指以优质碳素钢制成的专用线材。根据《预应力混凝土用钢丝》(GB/T 5223—2014),按加工状态分为冷拉钢丝(代号为 WCD)和消除应力钢丝(低松弛钢丝)(代号为 WLR)两类。按外形分为光圆钢丝(代号为 P)、螺旋肋钢丝(代号为 H)(如图 6.12)、刻痕钢丝(代号为 I)(如图 6.13)三种。

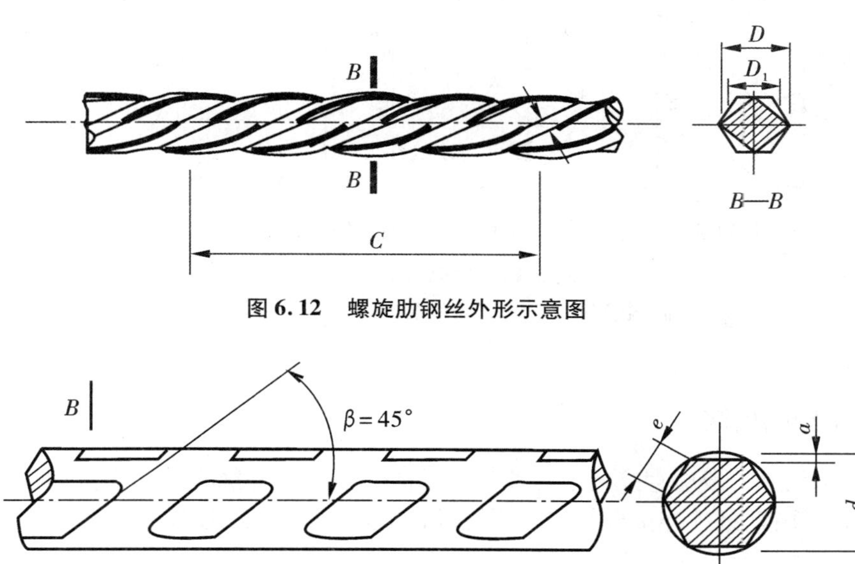

图 6.12 螺旋肋钢丝外形示意图

图 6.13 三面刻痕钢丝外形示意图

预应力混凝土用钢丝质量稳定、安全可靠、强度高、无接头、施工方便,主要用于大跨度的屋架、薄腹架、吊车梁或桥梁等大型预应力混凝土构件,还可用于轨枕、压力管道等预应力混凝土构件。

(2)预应力混凝土用钢绞线

是将数根钢丝经绞捻和消除内应力热处理后制成的。根据《预应力混凝土用钢绞线》(GB/T 5224—2014)规定,用于预应力混凝土的钢绞线按其结构分为八类,结构代号为:用两根钢丝捻制的钢绞线(1×2);用三根钢丝捻制的钢绞线(1×3);用三根刻痕钢丝捻制的钢绞线(1×3I);用七根钢丝捻制的标准型钢绞线(1×7);用六根刻痕钢丝和一根光圆中心钢丝捻制的钢绞线(1×7I);用七根钢丝捻制又经模拔的钢绞线(1×7)C;用十九根钢丝捻制的 1+9+9 西鲁式钢绞线(1×19S);用十九根钢丝捻制的 1+6+6/6 瓦林吞式钢绞线(1×19W)。

预应力钢绞线截面如图 6.14 所示。

预应力钢绞线强度高、柔韧性好、无接头、质量稳定、施工简便,使用时可根据长度切割,适用于大荷载,大跨度、曲线配筋的预应力钢筋混凝土结构。

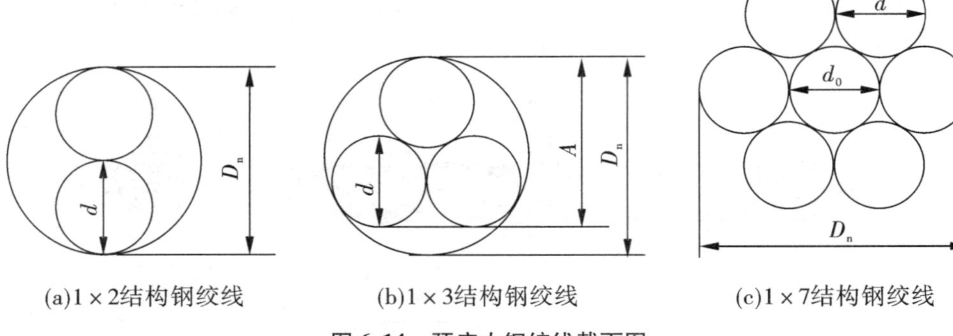

图 6.14 预应力钢绞线截面图

D_n—钢绞线直径；d_0—中心钢丝直径；d—外层钢丝直径；A—1×3 结构钢绞线测量尺寸

6.4.2 钢结构用钢

钢结构构件一般应直接选用各种型钢。构件之间可直接或辅以连接钢板进行连接。连接方式有铆接、螺栓连接或焊接。所用母材主要是碳素结构钢及低合金高强度结构钢。型钢按加工方法有热轧和冷轧两种。

6.4.2.1 热轧型钢

热轧型钢的常用品种有角钢、工字钢、H 型钢、T 型钢、Z 型钢、槽钢等，角钢、H 型钢、槽钢如图 6.15。

我国建筑用热轧型钢主要采用碳素结构钢 Q235－A，其强度适中，塑性及可焊性较好，成本低，在建筑工程中广泛使用。在钢结构设计规范中，推荐使用的低合金钢主要有两种，Q345 及 Q390，可用于大跨度、承受动荷载的钢结构中。

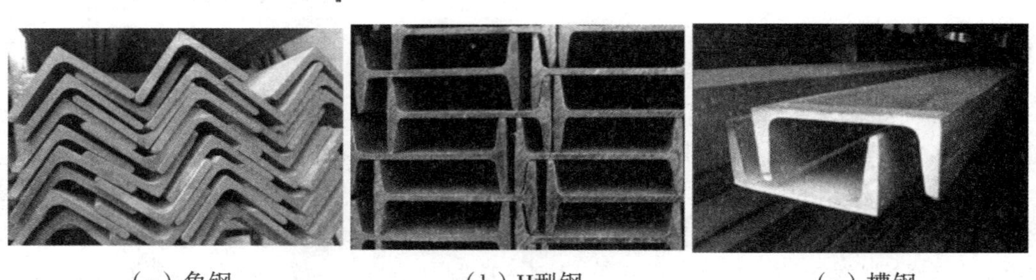

（a）角钢　（b）H型钢　（c）槽钢

图 6.15 型钢品种

6.4.2.2 冷弯薄壁型钢

冷弯薄壁型钢通常是用厚度 2～6 mm 薄钢板冷弯或模压而成，有角钢、槽钢等开口薄壁型钢及方型、矩形等空心薄壁型钢。主要用于轻型钢结构。

6.4.2.3 钢板

用光面轧辊轧制而成的扁平钢材，以平板状态供货的称钢板，以卷装供货的称钢带。

如图6.16。按轧制温度不同,分为热轧和冷轧两种。热轧钢板按厚度分为厚板(厚度大于4 mm)和薄板(厚度为0.35 ~4 mm),冷轧钢板只有薄板(厚度为0.2 ~4 mm)。

建筑用钢板及钢带主要是碳素结构钢。一些重型结构、大跨度桥梁等也采用低合金钢板。

(a)钢板

(b)钢带

图6.16 钢板和钢带

6.4.2.4 压型钢板

薄钢板经冷压或冷轧成波形、双曲形、V形等形状,称为压型钢板。彩色钢板(又称有机涂层薄钢板)、镀锌薄钢板、防腐薄钢板等可用来制作压型钢板。主要用于围护结构、楼板、屋面板等。

6.4.2.5 钢管

钢管按制造方法不同,分为无缝钢管和焊接钢管两类。

无缝钢管主要用作输送水、蒸汽和煤气的管道和建筑构件,机械零件及高压管道等。焊接钢管是供低压流体输送用的直缝焊接管,主要用作输送水、煤气及采暖系统的管道,也可用作建筑构件,如扶手、栏杆、施工脚手架等。

6.5 钢筋连接

施工中钢筋往往因长度不足或施工工艺的要求必须连接。连接方式可分为三类:绑扎连接、焊接和机械连接。

6.5.1 绑扎连接

绑扎连接是将相互搭接的钢筋,用18 ~22 号镀锌铁丝扎牢它的中心及两端,将其绑扎在一起。绑扎连接是传统的钢筋接头连接方式。

绑扎连接的特点是不需要电源和设备,对工人的劳动技能要求低,但对接头应用部位的限制比较多,浪费钢材,接头质量不易保证。

绑扎连接适用于较小直径的钢筋连接,但轴心受拉及小偏心受拉构件的纵向受力钢筋不得采用绑扎搭接接头,当受拉钢筋的直径 $d>28$ mm 及受压钢筋的直径 $d>32$ mm 时,不宜采用绑扎搭接接头。

6.5.2 焊接

焊接是利用电阻、电弧或气体加热等方法使钢筋表面或端部熔化后施加一定压力或添加部分金属材料，使之连为一体。焊接的特点是节省钢材、接头成本较低，但焊接质量稳定性差，接头质量受人为、环境因素影响大。

钢筋连接宜优先选用焊接的方式，但直接承受动力荷载结构构件中不宜使用。常用的焊接方法有闪光对焊、电弧焊、电渣压力焊和气压焊等，闪光对焊按工艺可分为连续闪光焊、预热闪光焊、闪光-预热-闪光焊三种，电渣压力焊见图 6.17。电弧焊主要有搭接焊、帮条焊、坡口焊等三种接头形式。

常用钢筋焊接方式的特点及应用见表 6.8。

图 6.17　电渣压力焊焊接方式

表 6.8　常用焊接方式的特点及应用

焊接方法	特点	应用
闪光对焊	效率高、操作方便、节约能源、节约钢材、接头受力较好	连续闪光焊适用于焊接直径 25 mm 以下的 HPB300、HRB335 和 HRB400 钢筋；预热闪光焊适用于直径 25 mm 以上的端部平整的钢筋；闪光-预热-闪光焊适用于直径 25 mm 以上的端部不平整的钢筋
电弧焊	简单灵活，适应性强，应用范围广	广泛用于钢筋的接长、钢筋骨架的焊接、装配式结构钢筋接头焊接及钢筋与钢板、钢板与钢板的焊接
电渣压力焊	操作方便，效率高，成本较低，质量易保证	适用于直径 14 ~ 40 mm 的 HPB300、HRB335 竖向或斜向钢筋的连接
气压焊	设备简单，焊接质量高，效果好，不需要大功率电源	适用于直径 40 mm 以下的 HPB300、HRB335 钢筋的纵向连接

6.5.3　机械连接

机械连接是通过机械手段将两根钢筋端头连接在一起。具有接头强度高于钢筋母材、速度比电焊快 5 倍、无污染、节省钢材 20%、能全天候作业等优点。

机械连接主要有套筒挤压连接和直螺纹套筒连接两种方式。套筒挤压连接是将两根带肋钢筋插入钢套筒,利用挤压机压缩钢套筒,使之产生塑性变形,并使变形后的钢套筒与被连接钢筋紧密咬合达到连接的目的。直螺纹套筒连接是把两根待连接的钢筋端加工制成直螺纹,然后旋入带有直螺纹的套筒中,从而将两根钢筋连接成一体。

钢筋机械连接方式如图 6.18,其特点及应用见表 6.9。

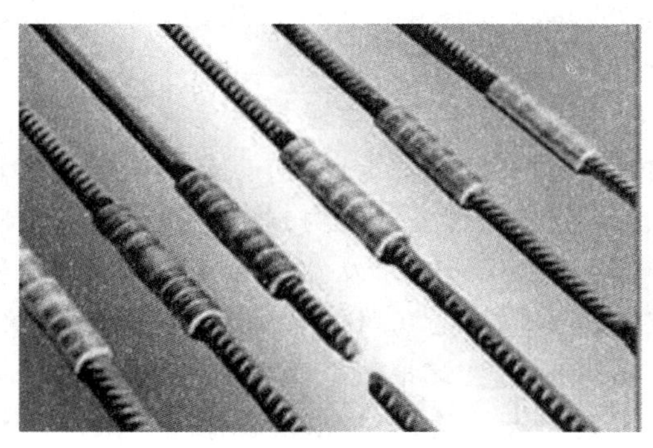

(a) 套筒挤压连接

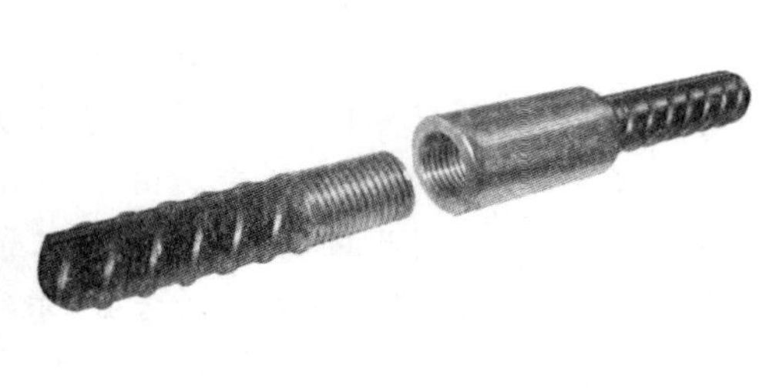

(b) 直螺纹套筒连接

图 6.18　常用的机械连接方式

表 6.9　常用机械连接方式的特点及应用

焊接方法	特点	应用
套筒挤压连接	接头强度高、性能可靠、操作简便、不受气候影响、节能高效,但设备移动不便,连接速度较慢	适用于直径 16 ~ 40 mm 的 HRB335 和 HRB400 带肋钢筋的连接
直螺纹套筒连接	接头与母材等强、施工速度快、操作简便、不受气候影响、质量稳定、用料省	适用于直径 16 ~ 40 mm 的 HPB300 ~ HRB400 同径或异径的钢筋连接

6.6　钢材的防火和防锈蚀

6.6.1　钢材的防火

钢材虽属于不燃性材料,但在高温时,钢材的性能会发生很大的变化。温度在 200 ℃以内,可以认为钢材的性能基本不变;超过 300 ℃以后,屈服强度和抗拉强度开始急剧下降,应变急剧增大;到达600 ℃时钢材开始失去承载能力。所以,没有防火保护层的钢结构是不耐火的。对于钢结构,尤其是可能经历高温环境的钢结构,应做必要的防火处理。

常用的防火方法以包覆法为主,通过在钢材表面涂覆防火材料,或用石膏板、矿棉板等不燃性板材包裹钢构件,从而起到防火的效果。

【例6.5】工程实例分析

"9·11"事件

现象:"9·11"事件是2001年9月11日发生在美国纽约世界贸易中心南北两楼的一起系列恐怖袭击事件。曾经是美国标志性建筑的纽约世界贸易中心大厦,在接连两次遭到飞机撞击后被夷为平地。事故造成约3000人死亡,美国经济损失达2000亿美元,相当于当年生产总值的2%,对全球经济所造成的损害甚至达到1万亿美元左右。

原因分析:纽约世贸中心大厦坍塌其实并不是飞机的撞击造成的,而是撞击后发生的大火毁坏了大厦的主体结构所致。由于这两座楼全部采用全钢结构,外层包铝板,在太阳光照射下灿灿生辉,因此又被人们称为"双子星"。但正是这种从里到外的全钢结构,使这个宏伟的建筑无法经受住大火的考验,最终倒塌。钢结构在600 ℃的温度下就会变软,失去稳定性,所以当撞击后发生火灾时,极高的温度很快就摧毁了大厦的主体结构。发软、失稳的钢架根本无法再支撑两栋110层高楼的巨大重量,大楼很快就像一盘散沙一样垮了下来。

6.6.2 钢材的防锈蚀

钢材的锈蚀是指其钢表面与周围介质发生化学作用而破坏的过程,有化学锈蚀和电化学锈蚀两类。钢材在大气中的锈蚀,是化学锈蚀和电化学锈蚀共同作用的结果,以电化学锈蚀为主。钢材锈蚀会带来很多问题,如使钢材有效截面面积减小;形成程度不等的锈坑、锈斑,加速结构破坏;显著降低钢材的强度、塑性、韧性等力学性能;锈蚀时体积增大,在钢筋混凝土中会使周围的混凝土胀裂等。

常用的防锈蚀方法有:

(1)保护层法

在钢材表面施加保护层,使钢材与周围介质隔离,从而防止钢材锈蚀。保护层可分为金属保护层和非金属保护层。

【知识链接】

金属保护层是用耐腐蚀性较强的金属,以电镀或喷镀的方法覆盖钢材表面,如镀锌、镀锡、镀铬等。非金属保护层是用非金属材料作保护层。如在钢材表面涂刷各种防锈涂料,也可采用塑料保护层、沥青保护层、搪瓷保护层等。

(2)制成耐候钢

在碳素钢和低合金钢中加入铬、铜、钛、镍等合金元素而制成的,如在合金钢中加入铬可制成不锈钢。

(3)电化学保护

对于一些不易或不能覆盖保护层的地方,常用电化学保护法。即在钢铁结构上接一块比钢铁更为活泼的金属(如锌、镁)作为阳极来保护。

对于钢筋混凝土中钢筋的防锈,可采取保证混凝土的密实度及足够的混凝土保护层厚度、限制氯盐外加剂的掺量等措施,也可掺入防锈剂。

【知识链接】

法国巴黎埃菲尔铁塔

1889 年建成的埃菲尔铁塔(图 6.19),历经 100 多年风风雨雨,至今仍矫健地屹立在法国巴黎市中心。埃菲尔铁塔钢结构总面积达 20 万平方米,每七年进行一次全面的防锈涂装维护,包括清除鸟粪等污垢,严格检查原有涂装的状况,并用手锤、便携砂轮敲除和打磨已经损坏或被腐蚀的涂料,然后给塔身上涂两层防锈涂料,最后再涂一层表面涂料。正是这定期的、规范的维修养护工作,使埃菲尔铁塔至今容光焕发。

图 6.19 埃菲尔铁塔

6.7 钢材的保管与验收

6.7.1 钢材的保管

钢筋运至现场后,必须严格按批分等级、牌号、直径、长度等挂牌存放,并注明数量,不得混淆。钢筋应尽量堆入仓库或料棚内。条件不具备时,应选择地势较高、土质坚硬的场地存放。堆放时,应避免锈蚀和污染,下面要加垫木,离地至少 20 cm。如图 6.20。

图6.20 钢材的保管

6.7.2 钢材的验收

钢筋出厂时，每捆(盘)均应挂有标牌(上注厂名、生产日期、钢号、炉罐号、钢筋级别、直径等)，并应有出厂质量证明书或试验报告单。

进场钢筋应按批(炉罐)号及直径分批验收，包括钢筋标牌内容与出厂合格证上是否一致、外观检查(尺寸、表面状态)等，并按有关规定取样进行机械性能检验，包括质量偏差、拉伸试验和冷弯试验。如有一项不合格，则应从同一批钢筋另取双倍数量的试件重做各项试验，如仍有一个试件不合格，则该批钢筋不合格品，应不予验收或降级使用。

章后小结

1. 建筑钢材是现代建筑工程中重要的结构材料。

2. 钢材的性能主要包括力学性能(拉伸性能、冲击韧性和疲劳强度)、工艺性能(冷弯性能、焊接性能)和化学性能等。建筑钢材的强度等级主要由拉伸性能(屈服强度、抗拉强度和伸长率)和冷弯性能确定。屈服强度是结构设计中钢材强度取值的依据。屈强比能反映钢材的利用率和结构的安全可靠程度。伸长率是衡量钢材塑性的重要指标。

3. 建筑用钢包括碳素结构钢和低合金高强度结构钢。

4. 建筑工程常用钢材品种分为钢筋混凝土结构用钢和钢结构用钢。钢筋混凝土结构用钢主要有热轧钢筋、冷轧带肋钢筋、低碳钢热轧圆盘条、预应力混凝土用钢丝和钢绞线等。其中热轧钢筋应用最为广泛。钢结构用钢主要有热轧型钢、冷弯薄壁型钢、钢板、压型钢板和钢管等。

5. 钢筋连接方式可分为绑扎连接、焊接和机械连接。

6. 钢材防火性差且易锈蚀，施工中应对钢材进行防火和防锈蚀处理。

7. 钢材应按相关标准规范进行保管与验收。

实训题

某建筑工地送来HRB400直径16 mm的钢筋一组(四根长、两根短),经检验,两根长试样拉伸读取屈服点的荷载分别为82.3 kN和86.2 kN,极限荷载分别为110.0 kN和116.5 kN,拉断后的标距长度分别为96.0 mm和95.0 mm;质量偏差和冷弯检验合格。问该批钢筋能否使用?

习　题

一、单选题

1. 低碳钢的含碳量一般(　　)。

A. 小于0.25%　　B. 0.25%~0.60%

C. 等于0.60%　　D. 大于0.60%

2. 使钢材产生冷脆性的有害元素是(　　)。

A. 氧　　B. 硫

C. 磷　　D. 碳

3. 使钢材产生热脆性的有害元素是(　　)。

A. 氧　　B. 硫

C. 磷　　D. 碳

4. 当含碳量小于0.8%时,随着钢材含碳量的提高,(　　)。

A. 强度、塑性都提高　　B. 强度提高,塑性降低

C. 强度降低,塑性提高　　D. 强度、塑性都降低

5. 钢材的屈强比越大,则(　　)。

A. 利用率越高,安全性越低　　B. 利用率越高,安全性越高

C. 利用率越低,安全性越低　　D. 利用率越低,安全性越高

6. 建筑结构钢合理的屈强比一般为(　　)。

A. 0.50~0.65　　B. 0.60~0.75

C. 0.70~0.85　　D. 0.80~0.95

7. 对于承受动荷载作用的结构用钢,应选择(　　)的钢材。

A. 屈服强度高　　B. 冷弯性能好

C. 焊接性能好　　D. 冲击韧性好

8. GB/T 1499.2—2017标准中规定,公称直径为14~20 mm的热轧带肋钢筋实际质量与理论质量的偏差为(　　)。

A. ±7%　　B. ±6%

C. ±5%　　D. ±4%

9. HRB400 表示(　　)钢筋。

A. 冷轧带肋　　B. 热轧光面

C. 热轧带肋　　D. 余热处理

10. 钢筋牌号为 HRB400，公称直径 为 28 mm，做冷弯试验时其弯心直径应取(　　)。

A. $2d$　　B. $3d$

C. $4d$　　D. $5d$

二、填空题

1. 按脱氧程度不同，钢可分__________、__________、__________和__________。
2. 低碳钢拉伸的四个阶段是__________、__________、__________和__________。
3. 衡量钢材的三个重要指标是__________、__________和__________。
4. 钢材的__________能反映钢材的利用率和结构的安全可靠程度。
5. 钢材的工艺性能包括__________和__________。
6. 热轧钢材是用加热钢坯制成的条形钢筋，按外形分为__________和带肋钢筋。
7. 钢结构设计时，以__________作为结构设计中钢材强度取值的依据。
8. 钢筋连接方式可分为__________、__________和__________。

第7章 建筑砂浆

学习要求 了解砂浆各组成材料的要求、其他砂浆的种类；熟悉砌筑砂浆的配合比设计、预拌砂浆的分类及应用；掌握砌筑砂浆的技术要求、预拌砂浆的进场检验。通过本章学习，能根据工程实际情况，合理选择砂浆种类，进行砌筑砂浆的配合比设计，并会对砂浆的技术性能进行测定。

【引入案例】

2017年5月9日，北京市住房和城乡建设委员会执法人员来到某建筑集团公司位于永丰产业基地的某项目进行现场检查。该工程3#楼首层楼梯间隔墙二次结构砌筑了一部分，其他楼的还没有开始。3#楼首层楼梯间隔墙二次结构砌体材料为加气混凝土砌块，砌筑工程用的是袋装预拌砌筑砂浆。该批次袋装预拌砌筑砂浆共进场2吨，在3#楼首层楼梯间隔墙砌筑工程中使用了0.5吨。上述行为容易引起扬尘，造成大气污染，不符合《北京市建设工程施工现场管理办法》规定的本市规定区域内的建设工程的砌筑工程砂浆应当使用散装预拌砂浆。北京市住建委责令该建筑公司改正，处50000元罚款。

在这个案例中，为什么要求必须采用散装预拌砂浆？它和普通砌筑砂浆有什么区别？

砂浆是由胶凝材料、细骨料、掺加料和水按适当比例配合、拌制并经硬化而成的建筑材料。砂浆在建筑工程中起黏结、传递应力的作用，主要用于砌筑、抹面、修补和装饰工程。

按所用胶凝材料不同分为水泥砂浆、石灰砂浆、水泥石灰混合砂浆及聚合物水泥砂浆等；建筑砂浆按用途不同可分为砌筑砂浆、抹面砂浆、装饰砂浆和特种砂浆等；按生产方式不同，可分为现场拌制砂浆和预拌砂浆。随着建筑施工现代化水平的提高，实现资源综合利用、减少城市污染，预拌砂浆作为一种新型节能绿色建材，得到了政府和施工企业的大力推广和使用。

7.1 砂浆组成材料

7.1.1 胶凝材料

胶凝材料在砂浆中起着胶结作用，它是影响砂浆和易性、强度等技术性质的主要组分。建筑砂浆常用的胶凝材料有水泥、石灰等。砂浆应根据所使用的环境和部位来合理选择胶凝材料。

7.1.1.1 水泥

通用硅酸盐水泥及砌筑水泥都可以用来配制砂浆。水泥的技术指标应符合《通用硅酸盐水泥》(GB 175—2007)和《砌筑水泥》(GB/T 3183—2003)的规定。对于一些特殊用途砂浆，如修补裂缝、预制构件嵌缝、结构加固等应采用膨胀水泥。

水泥强度等级应根据砂浆品种及强度等级的要求进行选择。M15 及以下强度等级的砂浆宜选用 32.5 级的通用硅酸盐水泥或砌筑水泥；M15 以上强度等级的砂浆宜选用 42.5 级的通用硅酸盐水泥。

7.1.1.2 石灰

为了改善砂浆的和易性和节约水泥，可在砂浆中掺入适量石灰配制成石灰砂浆或水泥石灰混合砂浆。

(1)石灰的熟化和硬化

工地上使用生石灰前要进行熟化。生石灰熟化成石灰膏时，应用孔径不大于 3 mm×3 mm 的网过滤，除去较大尺寸的过火石灰块和较大的欠火石灰块，然后将石灰在使用之前进行陈伏。陈伏是指石灰乳(或石灰膏)在储灰坑中放置 14 d 以上的过程。过火石灰在这一期间将慢慢熟化。陈伏期间，石灰膏表面应保有一层水分，使其与空气隔绝，以免与发生碳化反应。

石灰的硬化是指熟石灰 $Ca(OH)_2$与空气中的 CO_2和水反应，形成不溶于水的碳酸钙晶体，析出的水分则逐渐被蒸发的过程。

(2) 石灰的分类、标记和技术要求

1)石灰的分类

根据氧化镁的含量不同分为钙质生石灰、镁质生石灰、钙质消石灰粉、镁质消石灰粉。

建筑生石灰根据(CaO+MgO)百分含量分成各个等级。

钙质石灰 90、85、75，代码分别为 CL90、CL85、CL75；

镁质石灰 85、80，代码分别为 ML85、ML80。

建筑消石灰根据扣除游离水和结合水后(CaO+MgO)的百分含量分成各个等级。

钙质消石灰粉 90、85、75，代码分别为 HCL90、HCL85、HCL75；

镁质消石灰粉 85、80，代码分别为 HML85、HML80。

2)石灰的标记

生石灰的识别标志由产品名称、加工情况和产品依据标准编号组成。

生石灰 Q,生石灰粉 QP

如:钙质生石灰粉 90 标记:CL90-QP(JC/T 479—2013)

石灰的识别标志由产品名称、加工情况和产品依据标准编号组成。

如:钙质消石灰 90 标记:HCL90-QP(JC/T 481—2013)

3)石灰的技术要求

应满足建材行业标准《建筑生石灰》(JC/T 479—2013)、《建筑消石灰》(JC/T 481—2013)相应的规定。

(3)石灰的储存

生石灰会吸收空气中的水分和 CO_2 生成 $CaCO_3$ 固体,从而失去黏结力,且生石灰熟化时放出大量的热,故不应将生石灰与易燃、易爆及液体物品混装,以免引起火灾。在工地上储存生石灰和消石灰时要防止受潮和混入杂物,且不宜长期储存。不同类的生石灰和消石灰均应分别储存和运输,不得混杂。

建筑生石灰和建筑消石灰的技术要求

7.1.2　掺合料

为了改善砂浆的和易性,节约水泥,降低成本,可在砂浆中掺入适量掺合料。常用的掺加料有电石膏、粉煤灰、粒化高炉矿渣粉、硅灰、沸石粉等。

制作电石膏的电石渣应用孔径不大于 3 mm×3 mm 的网过滤,检验时应加热至 70°C 并保持 20 min,待乙炔挥发完后,方可使用。粉煤灰、粒化高炉矿渣粉、硅灰、沸石粉应分别符合国家现行有关标准的规定。

7.1.3　砂

砂浆用砂应符合普通混凝土用砂的技术要求。由于砌筑砂浆层较薄,对砂子的最大粒径应有所限制。对于毛石砌体宜用粗砂,最大粒径应小于砂浆层厚度的 1/4 ~ 1/5。砖砌体以使用中砂为宜,粒径不得大于 2.5 mm。对于光滑抹面及勾缝用的砂浆则应使用细砂,最大粒径一般为 1.2 mm。砂中的含泥量及泥块含量影响砂浆质量,因此,规定强度等级为 M2.5 以上的砌筑砂浆,砂的含泥量不应超过 5%;强度等级为 M2.5 的水泥混合砂浆,砂的含泥量不应超过 10%。

7.1.4　外加剂和水

为了改善砂浆的某些性能,可在砂浆中掺入外加剂,如防水剂、增塑剂、早强剂等。外加剂的品种与掺量应通过试验确定。

砂浆拌和用水的技术要求与混凝土拌合用水相同。

7.2 砌筑砂浆

7.2.1 砌筑砂浆的技术要求

7.2.1.1 新拌砂浆的和易性

新拌砂浆的和易性是指新拌砂浆能在基面上铺成均匀的薄层,并与基面紧密黏结的性能。和易性良好的砂浆便于施工操作,灰缝填筑饱满密实,与砖石黏结牢固,砌体的强度和整体性较好,既能提高劳动生产率,又能保证工程质量。新拌砂浆的和易性包括流动性和保水性两个方面。

(1)流动性

砂浆的流动性是指砂浆在自重或外力作用下流动的性质,也称稠度。用砂浆稠度测定仪测定其稠度,以沉入度值(mm)来表示。以标准圆锥体在砂浆内自由沉入,10 s 的沉入深度即为砂浆的稠度值。沉入度大,砂浆的流动性好;但流动性过大,砂浆容易分层、析水。若流动性过小,则不便于施工操作,灰缝不易填充密实,砌体的强度将会降低。

影响砂浆流动性的因素有胶凝材料和掺加料的种类及用量、用水量、外加剂品种与掺量、砂子的粗细程度及级配、搅拌时间和环境的温湿度等。

砂浆流动性的选择与砌体种类、施工方法和施工气候情况等有关。在高温干燥的环境中,对于多孔的吸水基面材料,砂浆流动性应大些;而在寒冷的气候中,对于密实的不吸水基面材料,砂浆流动性应小些。砂浆的稠度应按表 7.1 选择。

表 7.1 砂浆的稠度

砌体种类	砂浆稠度/mm
烧结普通砖砌体、粉煤灰砖砌块	70 ~ 90
混凝土砖砌块、普通混凝土小型空心砌块砌体、灰砂砖砌体	50 ~ 70
烧结多孔砖、空心砖砌体、轻骨料混凝土小型空心砌块砌体、蒸压加气混凝土砌块	60 ~ 80
石砌体	30 ~ 50

(2)保水性

保水性是指新拌砂浆保持内部水分的能力。保水性好的砂浆,在存放、运输和使用过程中,能很好保持其中的水分不致很快流失,在砌筑和抹面时容易铺成均匀密实的砂浆薄层,保证砂浆与基面材料有良好的黏结力和较高的强度。

砂浆的保水性用滤纸法测定，以保水率表示，不同砂浆对保水率的要求不同，按表7.2选择。

表7.2 砂浆的保水率

砂浆种类	砂浆保水率/%
水泥砂浆	≥80
水泥混合砂浆	≥84
预拌砂浆	≥88

7.2.1.2 硬化砂浆的技术性质

(1)砂浆的强度

砂浆以抗压强度作为强度指标。砂浆的强度等级是以六块边长为70.7 mm的立方体试块，在标准养护条件下养护28 d龄期的抗压强度平均值来确定。标准养护条件：温度为(20±3) ℃；相对湿度对水泥砂浆为90%以上，对水泥混合砂浆为60%～80%。

根据住建部《砌筑砂浆配合比设计规程》(JGJ/T 98—2010)，水泥砂浆及预拌砌筑砂浆的强度等级可分为M5、M7.5、M10、M15、M20、M25、M30；水泥混合砂浆的强度等级可分为M5、M7.5、M10、M15。一般情况下，多层建筑物墙体选用M2.5～M15的砌筑砂浆；砖石基础、检查井、雨水井等砌体，常采M5砂浆；工业厂房、变电所、地下室等砌体选用M2.5～M10的砌筑砂浆；二层以下建筑常用M2.5以下砂浆；简易平房、临时建筑可选用石灰砂浆；一般高速公路修建排水沟使用M7.5强度等级的砌筑砂浆。

影响砂浆强度因素比较多，除了与砂浆的组成材料、配合比和施工工艺等因素外，还与基面材料有关。

1)不吸水基面材料(如密实石材)。

当基面材料不吸水或吸水率比较小时，影响砂浆抗压强度的因素与混凝土相似，主要取决于水泥强度和水灰比。计算公式如下：

$$f_m = Af_{ce}(\frac{C}{W} - B)$$

式中 A、B——经验系数，可根据试验资料统计确定。

f_{ce}——水泥的实测强度，精确至0.1 MPa。

f_m——砂浆28 d抗压强度，精确至0.1 MPa。

C/W——灰水比。

2)吸水基面材料(如黏土砖或其他多孔材料)。

当基面材料的吸水率较大时，由于砂浆具有一定的保水性，无论拌制砂浆时加多少用水量，而保留在砂浆中的水分却基本相同，多余的水分会被基面材料所吸收。因此，砂浆的强度与水灰比关系不大。当原材料质量一定时，砂浆的强度主要取决于水泥的强度等级与水泥用量。计算公式如下：

$$f_m = \alpha f_{ce} Q_c / 1\,000 + \beta$$

式中 α、β——砂浆的特征系数,其中 $\alpha=3.03$,$\beta=-15.09$。

Q_c——每立方米砂浆的水泥用量,精确至 1 kg。

f_m——砂浆 28 d 抗压强度,精确至 0.1 MPa。

f_{ce}——水泥的实测强度,精确至 0.1 MPa。

(2)砂浆的黏结力

砌体是用砂浆把许多块状的砖石材料黏结成为一个整体,因此,砌体的强度、耐久性及抗震性取决于砂浆黏结力的大小,而砂浆的黏结力随其抗压强度的增大而提高。此外,砂浆的黏结力与砖石的表面状态、清洁程度、湿润状况及施工养护条件等因素有关。基面材料表面粗糙、清洁,砂浆的黏结力较强。

(3)砂浆的抗冻性

在受冻融影响较多的建筑部位,要求砂浆具有一定的抗冻性。对有冻融次数要求的砌筑砂浆,经冻融试验后,质量损失率不得大于5%,抗压强度损失率不得大于25%。按表7.3选择。

表 7.3 砌筑砂浆的抗冻性

使用条件	抗冻指标	质量损失百分率/%	强度损失百分率/%
夏热冬暖地区	F15	≤5	≤25
夏热冬冷地区	F25		
寒冷地区	F35		
严寒地区	F50		

7.2.2 砌筑砂浆配合比设计

砌筑砂浆应根据工程类别及砌体部位的设计要求来选择砂浆的强度等级,再按所选择的砂浆强度等级确定其配合比。

在确定砂浆配合比时,一般情况下可参考有关资料和手册选用,再经过试配、调整确定施工配合比。也可按《砌筑砂浆配合比设计规程》(JGJ /T 98—2010)中的设计方法进行配合比设计。

7.2.2.1 水泥混合砂浆的配合比设计步骤

(1)计算砂浆的试配强度($f_{m,0}$)

砂浆的试配强度应按下式计算:

$$f_{m,0}=kf_2 \tag{7.1}$$

式中 $f_{m,0}$——砂浆的试配强度,精确至 0.1 MPa;

f_2——砂浆强度等级值,精确至 0.1 MPa;

k——系数。施工水平优良时,k 取 1.15;施工水平一般时,k 取 1.20;施工水平较差时,k 取 1.25;

(2)计算每立方米砂浆中的水泥用量 Q_c

$$Q_c = \frac{1000(f_{m,o} - \beta)}{\alpha \cdot f_{ce}}$$

式中 Q_c ——每立方米砂浆的水泥用量,精确至1 kg;

f_{ce} ——水泥的实测强度,精确至0.1 MPa;

α、β——砂浆的特征系数,其中 α 取3.03,β 取-15.09。

在无法取得水泥的实测强度值时,可按下式计算 f_{ce} :

$$f_{ce} = \gamma_c \cdot f_{ce,k}$$

式中 $f_{ce,k}$ ——水泥强度等级值,MPa;

γ_c ——水泥强度等级值的富余系数,宜按实际统计资料确定;无统计资料时可取1.0。

(3)计算每立方米砂浆中的石灰膏用量 Q_D

$$Q_D = Q_A - Q_c$$

式中 Q_D ——每立方米砂浆的石灰膏用量,精确至1 kg;石灰膏使用时的稠度宜为(120±5)mm;稠度不在规定范围时,其用量应按表7.4进行换算。

Q_A ——每立方米砂浆中水泥和石灰膏总量,精确至1 kg;可为350 kg。

表7.4 石灰膏不同稠度的换算系数

稠度/mm	120	110	100	90	80	70	60	50	40	30
换算系数	1.00	0.99	0.97	0.95	0.93	0.92	0.90	0.88	0.87	0.86

(4)确定每立方米砂浆中的砂用量 Q_S

每立方米砂浆中的砂用量 Q_S ,应按砂干燥状态(含水率小于0.5%)的堆积密度值作为计算值,单位以kg计。

(5)按砂浆稠度选用每立方米砂浆中的用水量 Q_W

每立方米砂浆中的用水量,可根据砂浆稠度等要求选用210~310 kg。

注意:混合砂浆中的用水量,不包括石灰膏或黏土膏中的水;当采用细砂或粗砂时,用水量分别取上限或下限;稠度小于70 mm时,用水量可小于下限;施工现场气候炎热或干燥季节,可酌量增加用水量。

(6)配合比的试配、调整与确定

1)按计算或查表所得配合比进行试拌时,应按《建筑砂浆基本性能试验方法标准》(JGJ /T 70—2009)测定其拌合物的稠度和保水率。当不能满足要求时,应调整材料用量,直到符合要求为止。然后确定为试配时的砂浆基准配合比。

2)试配时至少应采用三个不同的配合比,其中一个为基准配合比,其余两个配合比的水泥用量应按基准配合比分别增加及减少10%。在保证稠度、保水率合格的条件下,可将用水量、石灰膏、保水增稠材料或粉煤灰等活性掺合料用量作相应调整。

3)选定符合试配强度及和易性要求且水泥用量最低的配合比作为砂浆的试配配合比。

(7)配合比的校正

1)应根据上述确定的砂浆配合比材料用量,按下式计算砂浆的理论表观密度值:

$$\rho_1 = Q_C + Q_D + Q_S + Q_W$$

式中　ρ_1——砂浆的理论表观密度值,精确至 10 kg/m^3。

2)应按下式计算砂浆配合比校正系数 δ。

$$\delta = \rho_C / \rho_1$$

式中　ρ_c——砂浆的实测表观密度值,精确至 10 kg/m^3。

3)当砂浆的实测表观密度值与理论表观密度值之差的绝对值不超过理论值的 2% 时,可将得出的试配配合比确定为砂浆设计配合比;当超过 2% 时,应将试配配合比中每项材料用量均乘以校正系数后,确定为砂浆设计配合比。

7.2.2.2　现场配制水泥砂浆配合比的选用

水泥砂浆的材料用量可按表 7.5 选用。

表 7.5　每立方米水泥砂浆材料用量(JGJ/T 98—2010)

强度等级	水泥/kg	砂/kg	用水量/kg
M5	200～230	砂的堆积密度值	270～330
M7.5	230～260		
M10	260～290		
M15	290～330		
M20	340～400		
M25	360～410		
M30	430～480		

注:1. M15 及以下强度等级的水泥砂浆,水泥强度等级为 32.5 级,M15 以上强度等级的水泥砂浆,水泥强度等级为 42.5 级;

2. 当采用细砂或粗砂时,用水量分别取上限或下限;

3. 稠度小于 70 mm 时,用水量可小于下限;

4. 施工现场气候炎热或干燥季节,可酌量增加用水量;

5. 试配强度应按式 7.2.2.1(1)计算。

水泥粉煤灰砂浆的材料用量可按表 7.6 选用。

表 7.6 每立方米水泥粉煤灰砂浆材料用量(JGJ /T 98—2010)

强度等级	水泥和粉煤灰总量/kg	粉煤灰/kg	砂/kg	用水量/kg
M5.0	210 ~ 240	粉煤灰掺量可占胶凝材料总量的 15% ~25%	砂子的堆积密度值	270 ~ 330
M7.5	240 ~ 270			
M10	270 ~ 300			
M15	300 ~ 330			

注:1. 表中水泥强度等级为 32.5 级;

2. 当采用细砂或粗砂时,用水量分别取上限或下限;

3. 稠度小于 70 mm 时,用水量可小于下限;

4. 施工现场气候炎热或干燥季节,可酌量增加用水量;

5. 试配强度应按 7.2.2.1(1)计算。

7.2.2.3 砌筑砂浆配合比设计实例

【例 7.1】某砌筑工程用水泥石灰混合砂浆,要求砂浆的强度等级为 M10,稠度为70 ~ 90 mm。原材料为 32.5 级复合硅酸盐水泥,该水泥的实测强度为 34.5 MPa;采用含水率为 0.8% 的中砂,堆积密度为 1460 kg/m^3;石灰膏稠度为 120 mm。施工水平优良。试计算砂浆的配合比。

解:(1)确定砂浆试配强度

施工水平优良,故 k 取 1.15。则

$$f_{m,0}=kf_2=1.15\times10=11.5\ \text{MPa}$$

(2)计算水泥用量

由 $\alpha=3.03$,$\beta=-15.09$,$f_{ce}=34.5$ MPa 得:

$$Q_C=\frac{1000(f_{m,o}-\beta)}{\alpha\cdot f_{ce}}=\frac{1000\times[11.5-(-15.09)]}{3.03\times34.5}=254\ \text{kg}$$

(3)计算石灰膏用量

取 Q_A 350 kg,则

$$Q_D=Q_A-Q_c=350-254=96\ \text{kg}$$

(4)确定砂用量

$$Q_S=1460\times(1+0.8\%)=1577\ \text{kg}$$

(5)确定用水量

根据砂浆稠度要求,可选用 280 kg,扣除砂中所含的水,拌和用水量为

$$Q_W=280-1577\times0.8\%=267\ \text{kg}$$

(6)砂浆配合比为

$$Q_C:Q_D:Q_S:Q_W=254:96:1577:267=1:0.38:6.21:1.05$$

7.3 其他砂浆

7.3.1 抹面砂浆

7.3.1.1 普通抹面砂浆

抹面砂浆是涂抹于建筑物或构筑物表面的砂浆的总称。砂浆在建筑物表面起着平整、保护、美观的作用。抹面砂浆一般用于粗糙和多孔的底面,且与底面和空气的接触面大,所以失去水分的速度更快,因此要有更好的保水性。抹面砂浆不承受外力,对强度要求不高;以薄层或多层涂抹于建筑物表面,要求与基底有足够的黏结力,故胶凝材料一般比砌筑砂浆多。

为了保证抹灰层表面平整,避免开裂脱落,抹面砂浆一般分两层或三层施工。底层砂浆主要起与基层牢固黏结的作用,要求稠度较稀,其组成材料常随基底而异,如:一般砖墙、混凝土墙、柱面常用混合砂浆砌筑。对混凝土基底,宜采用混合砂浆或水泥砂浆。若为木板条、苇箔,则应在砂浆中适量掺入麻刀或玻璃纤维等纤维材料。中层砂浆主要起找平作用,较底层砂浆稍稠。面层砂浆主要起装饰作用,一般要求采用细砂拌制的混合砂浆、麻刀石灰砂浆或纸筋砂浆。在容易碰撞或潮湿的地方应采用水泥砂浆。各层的成分和稠度要求各不相同,详见表7.7。

表7.7 抹面砂浆各层的作用、沉入度、砂的最大粒径及适用砂浆种类

名称	作用	沉入度/mm	最大粒径/mm	适用种类
底层	与基层黏结并初步找平	100~120	2.36	石灰砂浆 水泥砂浆 混合砂浆、石灰砂浆 混合砂浆
中层	找平	70~80		混合砂浆、石灰砂浆
面层	装饰	100	1.18	混合砂浆、砂浆

7.3.1.2 装饰抹面砂浆

装饰砂浆指直接用于建筑物内外表面,以提高建筑物装饰艺术性为主要目的的抹面砂浆。装饰砂浆的底层和中层与普通抹面砂浆基本相同。主要区别在面层,要选用具有一定颜色的胶凝材料和骨料以及采用某些特殊的操作工艺,使表面呈现出不同的色彩、线条与花纹等装饰效果。

装饰砂浆所采用的胶凝材料有普通水泥、白水泥、彩色水泥、石灰以及石膏等。骨料常采用大理石、花岗岩等带颜色的碎石渣或玻璃、陶瓷碎粒,也可选用白色或彩色天然砂,特制的塑料色粒等。

(1)传统装饰砂浆

1)水磨石。是以大理石石渣、水泥和水,按比例拌和,经养护硬化后,在淋水的同时,用磨石机磨平、抛光而成。目前广泛生产的是各种预制的水磨石制品。

2)水刷石。是用颗粒细小的大理石渣所拌成的砂浆作面层,抹在事先做好并硬化的底层上,压实、赶平,待水泥接近凝结前立即喷水冲刷表面水泥浆,使其半露出石渣而形成的饰面。水刷石多用于建筑物的外墙装饰,具有天然石材的质感,经久耐用。

3)干黏石。是对水刷石做法的改进,在刚抹好的砂浆层上,用手工甩抛并及时拍入,而得到的一种装饰抹灰做法。这种做法与水刷石相比,既节约水泥、石粒等原材料,减少湿作业,又能提高工效。

4)斩假石。又称剁斧石,是在水泥砂浆基层上涂抹水泥石砂浆,待硬化后,用剁斧、齿斧及各种凿子等工具剁出有规律的石纹,使其形成天然岩石粗犷的效果。主要用于室外柱面、勒脚、栏杆、踏步等处的装饰。

(2)新型装饰砂浆

新型装饰砂浆由胶凝材料、精细分级的石英砂、颜料、可再分散乳胶粉及各种聚合物添加剂配制而成。涂层厚度一般在1.5~2.5 mm,而普通乳胶漆漆面厚度仅为0.1 mm,因此可获得极好的质感及立体装饰效果。

新型彩色饰面砂浆材质轻,解决了建筑物增重的问题;柔性好,适用于圆柱体及弧形造型的结构及构件;形状、颜色可按用户要求定制;施工简单,与基底有很强的黏结力,耐久性好;防水、抗渗、透气、抗收缩。彩色饰面砂浆用于外保温体系,既有有机涂料色彩丰富、材质轻的特点,同时又有无机材料耐久性好的优点,同时避免了瓷砖或石材坠落砸伤事故的发生。在国外,装饰砂浆已被证明是外墙外保温系统的最佳饰面材料。

7.3.2 防水砂浆

防水砂浆是一种抗渗性高的砂浆。砂浆防水层又称刚性防水,适用于不受振动和具有一定刚度的混凝土或砖石砌体工程。

根据防水材料组成的不同,防水砂浆一般有以下三种:

(1)水泥砂浆。由水泥、细集料、掺合料加水制成的砂浆。水泥砂浆进行多层抹面,用作防水层。其配合比为水泥与砂子的质量比不宜大于1∶2.5,水灰比应控制在0.50~0.55,稠度不应大于80 mm。

(2)掺加防水剂的水泥砂浆。在水泥砂浆中掺入一定量的防水剂,常用的防水剂有硅酸钠类、金属皂类、氯化物金属盐及有机硅类,在钢筋混凝土工程中,应尽量避免采用氯盐类防水剂,以防止钢筋锈蚀。加入防水剂的水泥砂浆可提高砂浆的密实性和提高防水层的抗渗能力。

(3)膨胀水泥和无收缩水泥配制防水砂浆,所配制防水砂浆具有微膨胀和抗渗性。防水砂浆的配合比中,水泥与砂的质量一般不宜大于1∶2.5,水灰比应控制在0.50~0.60,稠度不应大于80 mm。应选用42.5级以上的普通硅酸盐水泥和级配良好的中砂。

防水砂浆应分4~5层分层涂抹在基面上,每层厚度约5 mm,总厚度20~30 mm。每层在初凝前压实一遍,最后一遍要压光,并精心养护。

7.3.3 特种砂浆

(1)保温砂浆

保温砂浆是以各种轻质材料为骨料,以水泥、石膏等为胶凝料,掺加一些改性添加剂,按一定比例配合制成的砂浆。可用于建筑墙体保温、屋面保温以及隔热管道保温等。

目前市面上的保温砂浆主要为两种:无机保温砂浆(玻化微珠保温砂浆、膨胀蛭石保温砂浆、复合硅酸铝保温砂浆等)和有机保温砂浆(胶粉聚苯颗粒保温砂浆)。

玻化微珠保温砂浆是以闭孔膨胀珍珠岩(玻化微珠)作为轻骨料,加入胶凝材料、抗裂添加剂及其他填充料等组成,质量轻,具有保温隔热、防火防冻、耐久性好等优异性能。

(2)耐酸砂浆

用水玻璃(硅酸钠)和氟硅酸钠作为胶凝材料,掺入适量石英岩、花岗岩、铸石等粉状细骨料,可拌制成耐酸砂浆。硬化后的水玻璃耐酸性能好,拌制的砂浆可用于耐酸地面和耐酸容器的内壁防护层。

(3)防辐射砂浆

防辐射水泥砂浆又称防射线水泥砂浆、原子能防护砂浆、屏蔽砂浆、核反应堆砂浆或重混砂浆,采用国外技术多配方,按水泥品种不同,可以分为由进口中性硅酸盐水泥和特种水泥制成的防辐射水泥砂浆。按混凝土砂浆抵抗射线种类的不同,可分为抗 X、γ 射线和抗中子流的辐射混凝土砂浆。它是以高标特种水泥作胶凝材料,添加特种防辐射阻隔保护剂及特殊矿磁矿石及重晶粉等材料,经干粉搅拌而预制成粉料。

防辐射砂浆具有抗穿透性辐射能力强;产生一个坚硬,高堆密度的实体;与结构基面整体结合性好;有较高的抗压及抗折强度;良好的防静电聚集和扩散火花功能;早强性,凝固时间短;可分层批抹施工;易于施工等特点。

(4)吸声砂浆

一般由轻质多孔骨料制成的保温砂浆,都具有吸声性能。另外,工程中也常采用水泥、石膏、砂和锯末(体积比为 1 : 1 : 3 : 5)配制成吸声砂浆,或者在石灰、石膏砂浆中掺入玻璃纤维和矿棉等松软纤维材料。吸声砂浆主要用于室内墙壁和顶棚的吸声。

(5)膨胀砂浆

在水泥砂浆中掺入膨胀剂,或使用膨胀水泥,可配制膨胀砂浆。膨胀砂浆具有一定的膨胀特性,可补偿水泥砂浆的收缩,防止干缩开裂。膨胀砂浆还可在修补工程中和装配式大板工程中应用,靠其膨胀作用而填充缝隙,以达到黏接密封的目的。

(6)自流平砂浆

自流平砂浆是指在自重作用下能流平的砂浆。地坪和地面常采用自流平砂浆,自流平砂浆施工方便、质量可靠。自流平砂浆的关键技术是:①掺用合适的外加剂;②严格控制砂的级配和颗粒形态;③选择具有合适级配的水泥或其他胶凝材料。良好的自流平砂浆可使地坪平整光洁,强度高,耐磨性好,无开裂现象。

【例7.2】工程实例分析

使用保温砂浆墙面会出现面层开裂

现象：春节过后，春天的脚步越来越近，此时的北方天气昼夜温差较大，作为我们抗御风寒的房子，即便使用的是保温砂浆施工的内墙保温层，有时也会出现一些开裂的情况，请分析原因。

分析原因：首先，我们在室内，尤其是冬天的室内，很容易产生大量的水蒸气，散发的水蒸气浸透到建筑墙体里，造成室内墙壁受潮变软，久而久之就会影响到保温材料的保温效果，另外由于室内暖气或空调等加热设备的影响，极易造成室内外温差很大，这样墙体保温层就会与墙体建筑产生结露的现象，结露现象不能及时有效散发，就会慢慢导致保温材料的功效减弱或丧失，最终造成建筑保温失效。其次，部分工程案例里也会有一些因为玻纤网布的原本造成的墙体裂缝情况，这种情况通常都是由于玻纤网布的拉伸程度不够，或者是由于玻纤网布的耐碱程度缺乏持久性，还有一方面因素是保温砂浆的强度过高。

7.4 预拌砂浆

7.4.1 预拌砂浆的定义

预拌砂浆，是指由水泥、砂以及所需的外加剂和掺合料等成分，按一定比例，经集中计量拌制后，通过专用设备运输、使用的拌合物。

7.4.2 预拌砂浆的分类

根据砂浆的生产方式，将预拌砂浆分为湿拌砂浆和干混砂浆两大类。

干混砂浆由专业砂浆企业生产销售，以袋装和散装方式送到工地，施工时按照规定的比例加水搅拌均匀后使用。袋装干混砂浆主要用于小工程维修、家庭装修和特种砂浆使用，散装干混砂浆主要用于建筑工程中的普通干混砂浆。国家推广使用散装预拌干混砂浆。

干混砂浆又分为普通干混砂浆和特种干混砂浆。普通干混砂浆主要用于砌筑、抹灰、地面及普通防水工程，而特种干混砂浆是指具有特种性能要求的砂浆。

湿拌砂浆是已经掺入规定比例水的预拌砂浆，由专业混凝土、砂浆企业生产销售，到施工现场需尽快使用，不能长时间储存。湿拌砂浆包括湿拌砌筑砂浆、湿拌抹灰砂浆、湿拌地面砂浆和湿拌防水砂浆四种，因特种用途的砂浆黏度较大，无法采用湿拌的形式生产，因而湿拌砂浆中仅包括普通砂浆。

7.4.3 预拌砂浆进场检验

7.4.3.1 外观检验

预拌砂浆进场时，供应方应按规定批次向需方提供质量证明文件，并进行外观检验，外观检验应符合下列规定：

(1)湿拌砂浆应外观均匀,无离析、泌水现象;

(2)散装干混砂浆应外观均匀、无结块、受潮现象;

(3)袋装干混砂浆应包装完整,无受潮现象。

7.4.3.2 性能要求

预拌砂浆

根据《预拌砂浆》(GB/T 25181—2010),湿拌砂浆应进行稠度检验,且稠度允许偏差应符合:当规定稠度为 50、70 和 90 mm 时,允许偏差为±10 mm;当规定稠度为 110 mm 时,允许偏差为+5 mm 和−10 mm。

预拌砂浆外观、稠度检验合格后,还应按表 7.8 的规定进行复试:

表 7.8 预拌砂浆进场检验项目和检验批量

<table>
<tr><th colspan="2">砂浆品种</th><th>检验项目</th><th>检验批量</th></tr>
<tr><td colspan="2">湿拌砌筑砂浆</td><td>保水率、抗压强度</td><td rowspan="4">同一生产厂家、同一品种、同一等级、同一批号且连续进场的湿拌砂浆,每 250 m³ 为一个检验批,不足 250 m³ 时,应按一个检验批计</td></tr>
<tr><td colspan="2">湿拌抹灰砂浆</td><td>保水率、抗压强度、拉伸黏结强度</td></tr>
<tr><td colspan="2">湿拌地面砂浆</td><td>保水率、抗压强度</td></tr>
<tr><td colspan="2">湿拌防水砂浆</td><td>保水率、抗压强度、抗渗压力、拉伸黏结强度</td></tr>
<tr><td rowspan="2">干混砌筑砂浆</td><td>普通砌筑砂浆</td><td>保水率、抗压强度</td><td rowspan="6">同一生产厂家、同一品种、同一等级、同一批号且连续进场的干混砂浆,每 500 t 为一个检验批,不足 500 t 时,应按一个检验批计</td></tr>
<tr><td>薄层砌筑砂浆</td><td>保水率、抗压强度</td></tr>
<tr><td rowspan="2">干混抹灰砂浆</td><td>普通抹灰砂浆</td><td>保水率、抗压强度、拉伸黏结强度</td></tr>
<tr><td>薄层抹灰砂浆</td><td>保水率、抗压强度、拉伸黏结强度</td></tr>
<tr><td colspan="2">干混地面砂浆</td><td>保水率、抗压强度</td></tr>
<tr><td colspan="2">干混普通防水砂浆</td><td>保水率、抗压强度、抗渗压力、拉伸黏结强度</td></tr>
<tr><td colspan="2">聚合物水泥防水砂浆</td><td>凝结时间、耐碱性、耐热性</td><td>同一生产厂家、同一品种、同一等级、同一批号且连续进场的砂浆,每 50t 为一个检验批,不足 50 t 时,应按一个检验批计</td></tr>
</table>

7.4.4 储存与运输

7.4.4.1 湿拌砂浆

不同品种、强度等级的湿拌砂浆应分别存放在不同的储存容器中,并应对储存容器进行标识,标识内容应包括砂浆的品种、强度等级和使用时限等。砂浆应先存先用。

湿拌砂浆在储存及使用过程中不应加水。砂浆存放过程中,当出现少量泌水时,应拌和均匀后使用。砂浆用完后，应立即清理其储存容器。

湿拌砂浆储存地点的环境温度宜为 5 ~ 35 ℃。

7.4.4.2 干混砂浆

不同品种的散装干混砂浆应分别储存在散装移动筒仓中，不得混存混用，并应对筒仓进行标识。筒仓数量应满足砂浆品种及施工要求。更换砂浆品种时，筒仓应清空。

袋装干混砂浆应储存在干燥、通风、防潮、不受雨淋的场所，并应按品种、批号分别堆放，不得混堆混用，且应先存先用。配套组分中有机类材料应储存在阴凉、干燥、通风、远离火和热源的场所，不应露天存放和暴晒，储存环境温度应为 5 ~ 35 ℃。

散装干混砂浆在储存及使用过程中，当对砂浆质量的均匀性有疑问或争议时，应按《预拌砂浆》(GB/T 25181—2010)的相关规定定期检验其均匀性。

章后小结

1. 砂浆组成材料：胶凝材料、掺合料、砂、外加剂、水。

2. 砌筑砂浆
   - 砌筑砂浆的技术要求
     - 新拌砂浆的和易性：流动性、保水性
     - 硬化砂浆的强度、黏结力、抗冻性
   - 砌筑砂浆配合比设计
     - 水泥混合砂浆的配合比设计
     - 现场配制水泥砂浆配合比的选用

3. 其他砂浆
   - 普通抹面砂浆、装饰抹面砂浆、防水砂浆概念和应用
   - 特种砂浆：保温砂浆、耐酸砂浆、防辐射砂浆、膨胀砂浆、自流平砂浆等

4. 预拌砂浆
   - 概念及分类
   - 进场检验：外观检验、性能要求
   - 储存与运输

实训题

某工程砌筑砖墙所用强度等级为 M5 的水泥石灰混合砂浆。采用强度等级为 32.5 的矿渣水泥；砂子为中砂，含水率为 2%，干燥堆积密度为 1500 kg/m^3；石灰膏的稠度为 120 mm。此工程施工水平优良。

要求：1. 确定该混合砂浆的最佳配合比；

2. 填写砂浆配合比通知单；

3. 填写砂浆抗压强度原始记录及报告单。

习 题

一、选择题

1. 生石灰的分子式是(　　)。

A. $CaCO_3$　　B. $Ca(OH)_2$

C. CaO　　D. $CaSO_4$

2. 石灰熟化过程中的"陈伏"是为了(　　)。

A. 有利于结晶　　B. 蒸发多余水分

C. 消除过火石灰的危害　　D. 降低发热量

3. 砌筑砂浆的流动性指标用(　　)表示。

A. 坍落度　　B. 维勃稠度

C. 沉入度　　D. 分层度

4. 砌筑砂浆的保水性指标用(　　)表示。

A. 坍落度　　B. 维勃稠度

C. 沉入度　　D. 保水率

5. 砂浆强度试块的尺寸为(　　)。

A. 边长为 150 mm 的立方体　　B. 边长为 70.7 mm 的立方体

C. 边长为 100 mm 的立方体　　D. 边长为 40 mm×40 mm×160 mm 的长方体

二、填空题

1. 砂浆中的胶凝材料有__________和__________。

2. 抹面砂浆一般分两层或三层薄抹,中层砂浆起__________作用。

3. 一般情况下,多层建筑物墙体选用__________的砌筑砂浆;砖石基础、检查井、雨水井等砌体,常采__________砂浆;工业厂房、变电所、地下室等砌体选用__________的砌筑砂浆。

4. 砂浆的抗冻等级是指经冻融试验后,质量损失率不大于__________,抗压强度损失率不大于__________所能经受的最大冻融循环次数。

5. 根据砂浆的生产方式,可将预拌砂浆分为__________和__________两大类。

6. 预拌砂浆进场检验可包括__________和__________两部分。

第8章 墙体及屋面材料

学习要求 了解砌墙砖、砌块的分类及品种，掌握相关的技术指标和应用。了解常用墙体板材、屋面材料品种、性能特点及应用。通过本章学习，能合理选择墙体及屋面材料。

【引入案例】

某住宅小区二期工程，主体刚封顶的楼房表面，砖体出现大面积的爆裂和粉化现象，砌体所用的砖表面严重风化、起皮，施工现场未使用的砖轻轻一掰就断成两截。市建委就责令全面停工，要求建设单位委托某建筑工程质量检测公司对工程进场材料、砌体抗压强度、砌体砂浆强度、混凝土构件钢筋配置和保护层厚度进行检测，对主体结构安全性做出鉴定。报告显示，多数墙体爆裂面积占载体面积的90%以上，最高的达98%，严重影响墙体整体承载能力。

在案例当中，砖体出现爆裂和粉化的原因是什么？对墙体结构都会产生哪些负面影响？

墙体与屋面是房屋建筑结构的重要组成部分，具有承重、围护、分隔、遮阳、避雨、挡风、绝热、隔声、吸声和隔断光线等作用。因此，合理地选择墙体及屋面材料对建筑物的功能、安全以及造价等均具有重要意义。

目前，用于墙体的材料主要有砌墙砖、砌块、板材等，用于屋面的材料主要有各类瓦及板材。

8.1 砌墙砖

砌墙砖系指以黏土、工业废料或其他地方资源为主要原料，以不同工艺制造的、用于砌筑承重和非承重墙体的墙砖。

砌墙砖按照生产工艺分为烧结砖（经焙烧制成）和非烧结砖[经碳化或蒸汽（压）养护硬化而成]。按孔洞率和孔洞特征不同分为普通砖（体为实心或孔洞率≤ 15%）、多孔砖

(孔洞率≥28%,孔的尺寸小而数量多的砖,常用于承重部位,强度等级较高)、空心砖(孔洞率≥35%,孔的尺寸大而数量少的砖,常用于非承重部位,强度等级偏低)等。

8.1.1 烧结砖

8.1.1.1 烧结普通砖

烧结普通砖是以黏土、页岩、煤矸石、粉煤灰为主要原料,经焙烧而成的普通砖。

(1)分类

1)按主要原料分为烧结黏土砖(符号为 N)、烧结页岩砖(符号为 Y)、烧结煤矸石砖(符号为 M)和烧结粉煤灰砖(符号为 F)。

2)按焙烧窑中气氛分为红砖(氧化气氛)和青砖(还原气氛)。

3)按焙烧火候分为正火砖、欠火砖和过火砖。在焙烧温度范围内生产的砖称为正火砖,未达到焙烧温度范围生产的砖称为欠火砖,而超过焙烧温度范围生产的砖称为过火砖。欠火砖颜色浅、敲击时声音哑、孔隙率高、强度低、耐久性差。过火砖颜色深、敲击声响亮、强度高,但往往变形大。

(2)技术指标

根据《烧结普通砖》(GB 5101—2017)规定,其主要技术性能如下:

1)规格及尺寸允许偏差

烧结普通砖的公称尺寸是 240 mm×115 mm×53 mm,见图 8.1。通常将 240 mm×115 mm面称为大面,240 mm×53 mm 面称为条面,115 mm×53 mm 面称为顶面。考虑砌筑灰缝厚度 10 mm,则 4 皮砖长,8 皮砖宽,16 皮砖厚均为 1 m,每立方米砖砌体理论上需用砖 512 块。烧结砖尺寸偏差见表 8.1。

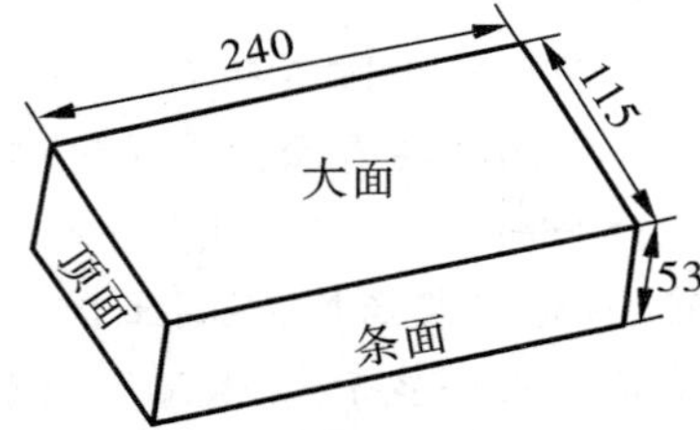

图 8.1 砖的尺寸及平面名称

表 8.1 尺寸偏差(GB 5101—2017) (mm)

公称尺寸	指标	
	样本平均偏差	样本极差,≤
240	±2.0	6.0
115	±1.5	5.0
53	±1.5	4.0

2)强度等级

烧结普通砖根据 10 块砖样抗压强度的试验结果,分为五个强度等级:MU30、MU25、MU20、MU15、MU10。各强度等级的抗压强度应符合表 8.2 的规定。

表 8.2　烧结普通砖强度等级(GB 5101—2017)　(MPa)

强度等级	抗压强度平均值$\bar{f}$,≥	强度标准值$\bar{f}_k$,≥
MU30	30.0	22.0
MU25	25.0	18.0
MU20	20.0	14.0
MU15	15.0	10.0
MU10	10.0	6.5

3)外观质量

砖的外观质量应符合表 8.3 规定。

表 8.3　外观质量(GB 5101—2017)　(mm)

项目	指标
两条面高差,≤	2
弯曲,≤	2
杂质凸出高度,≤	2
缺棱掉角的三个破坏尺寸,不得同时大于	5
裂纹长度,≤	
大面上宽度方向及其延伸方向至条面的长度,	30
大面上长度方向及其延伸至顶面的长度或条顶面上水平裂纹的长度	50
完整面不得少于	一条面和一顶面

注:为砌筑挂浆而施加的凹凸纹、槽、压花等不算作缺陷。

凡有下列缺陷之一者,不得称为完整面:

——缺损在条面或顶面上造成的破坏面尺寸同时大于 10 mm×10 mm

——条面或顶面上裂纹宽度大于 1 mm,长度超过 30 mm

——压陷、粘底、焦花在条面或顶面上的凹陷或凸出超过 2 mm,区域尺寸同时大于 10 mm×10 mm

4)泛霜与石灰爆裂

泛霜是指黏土原料中的可溶性盐类(如硫酸钠等)在砖使用过程中,随着砖内水分蒸发而在砖表面产生的盐析现象,一般为白色粉末、絮团或絮片状,见图 8.2。泛霜不仅影响建筑物外观,还会造成砖表面粉化和脱落,破坏砖与砂浆的黏结,使建筑物墙体抹灰层剥落,严重的还可能降低墙体的承载力。

石灰爆裂是指当原料土或掺入的内燃料中夹杂有石灰质成分,则在烧砖时被烧成过火石灰留在砖中。这些过火石灰在砖体内吸收水分消化时产生体积膨胀,导致砖发生胀裂破坏的现象,见图 8.3。石灰爆裂严重影响烧结砖的质量,并降低砌体强度。

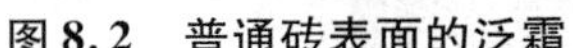
图 8.2　普通砖表面的泛霜

图 8.3　普通砖表面的石灰爆裂

对于普通烧结砖质量评定，泛霜、石灰爆裂应符合下列规定，否则判为不合格：

①泛霜：每块砖不准许出现严重泛霜。

②石灰爆裂：

a. 破坏尺寸大于 2 mm 且小于或等于 15 mm 的爆裂区域，每组砖不得多于 15 处。其中大于 10 mm 的不得多于 7 处。

b. 不准许出现最大破坏尺寸大于 15 mm 的爆裂区域。

c. 试验后抗压强度损失不得大于 5 MPa。

5）抗风化性能

砖的抗风化性能是烧结普通砖耐久性的重要标志之一，对砖的抗风化性能要求应根据各地区的风化程度而定。通常以其抗冻性、吸水率及饱和系数等指标判别。抗冻性是指经 15 次冻融循环后不产生裂纹、分层、掉皮、缺棱、掉角等冻坏现象；且质量损失率≤2%。吸水率是指常温泡水 24 h 的质量吸水率。饱和系数是指常温 24 h 吸水率与 5 h 沸煮吸水率比，烧结普通砖抗风化性能应检验 5 h 沸煮吸水率和饱和系数两个指标，相关规定见 GB 5101—2017。风化区划分见表 8.4。

表 8.4　风化区的划分（GB 5101—2017）

严重风化区		非严重风化区	
1. 黑龙江		1. 山东省	11. 福建省
2. 吉林		2. 河南省	12. 台湾省
3. 辽宁		3. 安徽省	13. 广东省
4. 内蒙古自治区		4. 江苏省	14. 广西壮族自治区
5. 维吾尔自治区	11. 河北省	5. 湖北省	15. 海南省
6. 宁夏回族自治区	12. 北京市	6. 江西省	16. 云南省
7. 甘肃省	13. 天津市	7. 浙江省	17. 西藏自治区
8. 青海省		8. 四川省	18. 上海市
9. 陕西省		9. 贵州省	19. 重庆市
10 山西省		10. 湖南省	

(3)烧结普通砖的应用

主要用来砌筑建筑物的内外墙、柱、窑炉、烟囱、沟道与基础等,以及在砌体中配置适当钢筋或钢筋网代替钢筋混凝土过梁和柱。在应用时,必须认识到砖砌体的强度不仅取决于砖的强度,而且受砂浆性质的影响。因此,在砌筑时除了要合理配制砂浆外,还要使砖润湿。

8.1.1.2 烧结多孔砖和多孔砌块、烧结空心砖和空心砌块

近年来随着墙体材料逐渐向轻质化、多功能方向发展,推广和使用多孔砖和多孔砌块、空心砖和空心砌块,一方面不仅可以减少黏土的消耗量,节约耕地,减轻墙体自重,降低造价;另一方面也可以较大程度地提高墙体保温隔热性能和吸声性能。

烧结多孔砖和多孔砌块、空心砖和空心砌块的主要原料、生产工艺与烧结普通砖相同,但由于坯体有孔洞,增加了成型的难度,因此对原材料的可塑性要求较高。

(1)烧结多孔砖和多孔砌块

根据《烧结多孔砖和多孔砌块》(GB 13544—2011)规定,其主要技术性能如下。

1)形状尺寸

烧结多孔砖为直角六面体。长度:290、240 mm;宽度:190 mm、180 mm、140 mm、115 mm;高度:90 mm;多孔砌块长度:490 mm、440 mm;宽度:390 mm、340 mm、290 mm、240 mm、190 mm、180 mm、140 mm、115 mm;高度:90 mm。见图 8.4。其他规格尺寸由供需双方协商确定。

(a)

(b)

图 8.4 烧结多孔砖

2)强度等级

烧结多孔砖和多孔砌块抗压强度分为 MU30、MU25、MU20、MU15、MU10 五个强度等级,并符合表 8.5 的规定。

烧结多孔砖和多孔砌块主要用于建筑物的承重墙体。

(2)烧结空心砖和空心砌块

根据《烧结空心砖和空心砌块》(GB 13545—2014)规定,其主要技术性能如下。

1)形状与规格尺寸。烧结空心砖和空心砌块的外形为直角六面体,孔洞尺寸大而数量少,孔洞方向平行于大面和条面,在与砂浆的接合面上设有增加结合力的深度 2 mm 以

上的凹槽。如图 8.5 所示。

表 8.5　烧结多孔砖和多孔砌块强度等级(GB 13544—2011)　(MPa)

强度等级	抗压强度平均值$\bar{f}$,≥	强度标准值f_k,≥
MU30	30.0	22.0
MU25	25.0	18.0
MU20	20.0	14.0
MU15	15.0	10.0
MU10	10.0	6.0

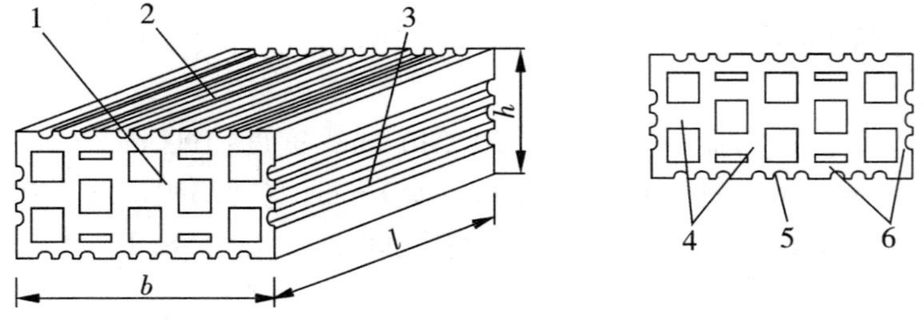

图 8.5　烧结空心砖和空心砌块示意图

1—顶面;2—大面;3—条面;4—肋;5—壁; l—长度;h—宽度;d—高度

2)强度等级及密度等级。烧结空心砖和空心砌块根据其大面及条面抗压强度平均值和单块最小值分为 MU10.0、MU7.5、MU5.0、MU3.5 四个强度等级(表 8.6);按体积密度分为 800、900、1000、1100 四个密度级别。

表 8.6　烧结空心砖和空心砌块的强度等级(GB 13545—2014)

<table>
<tr><th rowspan="3">强度等级</th><th colspan="3">抗压强度 / MPa</th><th rowspan="3">密度等级范围/(kg/m³)</th></tr>
<tr><th rowspan="2">抗压强度平均值$\bar{f}$,≥</th><th>变异系数 δ,≤0.21</th><th>变异系数 δ,>0.21</th></tr>
<tr><th>强度标准值f_k,≥</th><th>单块最小抗压强度值f_{min},≥</th></tr>
<tr><td>MU10.0</td><td>10.0</td><td>7.0</td><td>8.0</td><td rowspan="4">≤1100</td></tr>
<tr><td>MU7.5</td><td>7.5</td><td>5.0</td><td>5.8</td></tr>
<tr><td>MU5.0</td><td>5.0</td><td>3.5</td><td>4.0</td></tr>
<tr><td>MU3.5</td><td>3.5</td><td>2.5</td><td>2.8</td></tr>
</table>

烧结空心砖和空心砖块主要用作非承重墙,如多层建筑内隔墙或框架结构的填充墙等。

8.1.2　非烧结砖

不经焙烧而制成的砖均为非烧结砖。目前非烧结砖主要有粉煤灰砖、蒸压灰砂砖、混凝土普通砖等。

(1)粉煤灰砖

粉煤灰砖是以粉煤灰、石灰或水泥为主要原料,掺加适量石膏、外加剂、颜料和骨料等,经坯料制备、压制成型,高压或常压蒸汽养护而成。规格尺寸为 240 mm×115 mm×53 mm;表观密度为 1500 kg/m^3;按抗压和抗折强度分为 MU30、MU25、MU20、MU15、MU10 五个强度等级。

粉煤灰砖

粉煤灰砖用于工业与民用建筑的墙体和基础。不能用于长期受热(200 ℃以上)、受急冷急热交替作用和有酸性介质侵入的部位,也不宜用于有流水冲刷的部位。用粉煤灰砖砌筑的建筑物,应适当增设圈梁及伸缩缝或采取其他措施,以避免或减少收缩裂缝的产生。

(2)蒸压灰砂砖

蒸压灰砂砖(简称灰砂砖)是以石灰和砂为主要原料(允许掺入颜料和外加剂),经配料制备、压制成型、蒸压养护而成的实心砖。根据颜色可分为彩色(Co)和本色(N)蒸压灰砂砖。彩色砖的颜色要基本一致。灰砂砖根据浸水 24 h 后的抗压和抗折强度分为 MU25、MU20、MU15、MU10 四个强度等级。

灰砂蒸压砖生产线

灰砂砖与其他墙体材料相比,强度较高,蓄热能力显著,隔声性能十分优越,属于不可燃建筑材料,可用于多层混合结构的承重墙体,其中 MUl5、MU20、MU25 灰砂砖可用于基础及其他部位,MU10 可用于防潮层以上的建筑部位。由于灰砂砖中含有水化硅酸钙、氢氧化钙等不耐酸,耐热不稳定的组分,若长期受热会产生分解、脱水,甚至还会使石英发生晶型转变,因此灰砂砖不得用于长期受热(200 ℃以上)、受急冷急热和有酸性介质侵蚀的建筑部位,也不宜用于有流水冲刷的部位(砖中的氢氧化钙等组分流失)。

(3)混凝土普通砖

混凝土普通砖(P),以水泥和普通骨料或轻骨料为主要原料,经原料制备、加压或振动加压、养护而制成,用于工业与民用建筑基础和墙体的实心砖(以下简称普通砖)。

根据《混凝土普通砖和装饰砖》(NY/T 671—2003)规定,混凝土普通砖规格尺寸为:240 mm×115 mm×53 mm(其他规格由供需双方协商确定);密度等级分为:500、600、700、800、900、1000、1200 七个等级;抗压强度分为 MU30、MU25、MU20、MU15、MU10、MU7.5、MU3.5 七个强度等级,强度等级小于 MU10 的砖只能用于非承重部位。强度、抗冻性能合格的砖,根据尺寸偏差、外观质量、吸水率分为优等品(A)、一等品(B)、合格品(C)三个质量等级。

8.1.3　砖的质量控制

(1)砖的品种、强度等级必须符合设计要求,并有产品合格证书和性能检测报告;

(2)砖进场需复验,抽样数量为同厂家同品种同强度普通砖 15 万块、多孔砖 5 万块、灰砂砖和粉煤灰砖 10 万块中各抽查一组;

(3)蒸压灰砂砖、粉煤灰砖的产品龄期不得少于28天;

(4)砌筑砖砌体时,砖应提前1~2天浇水润湿(普通砖、多孔砖含水率宜为10%,灰砂砖、粉煤灰砖含水率宜为8%~12%)。

【例8.1】工程实例分析

墙体开裂及蒸压砖质量要求

现象:新疆某石油基地库房采用蒸压灰砂砖,由于工期紧,灰砂砖亦紧俏,出厂四天的灰砂砖即砌筑。完工后发现墙体开始出现较多垂直裂缝。

分析原因:其一,现运现用,未留出足够养护龄期。蒸压灰砂砖产生强度是凝结硬化,需时较长且硬化过程中体积会收缩。没有陈伏的灰砂砖会在墙体内产生收缩裂缝。其二,施工前淋水不当,造成灰砂砖含水率过大或过小。在常规状态下,若灰砂砖含水率达到或接近饱和,砖块可能滑动,导致墙体弯曲变形;若含水率太低,则减小了砂浆黏结力。

防治措施:除施工应按规范操作外,蒸压灰砂砖要达到足够养护龄期方可出厂,另外,施工过程中要严格控制含水率。

8.2 砌块

砌块是利用混凝土,工业废料(炉渣、粉煤灰等)或地方材料制成的人造块材,外形尺寸比砖大,具有设备简单,砌筑速度快的优点,外形多为直角六面体,也有各种异型体砌块。

砌块按尺寸和质量的大小不同分为小型砌块、中型砌块和大型砌块。砌块系列中主规格的高度大于115 mm而小于380 mm的称为小型砌块、高度为380~980 mm称为中型砌块、高度大于980 mm的称为大型砌块,使用中以中小型砌块居多。砌块按外观形状可以分为实心砌块和空心砌块。空心率小于25%或无孔洞的砌块为实心砌块;空心率大于或等于25%的砌块为空心砌块。空心砌块有单排方孔、单排圆孔和多排扁孔三种形式,其中多排扁孔对保温较有利。

8.2.1 混凝土砌块

8.2.1.1 轻骨料小型空心砌块

用轻骨料混凝土制成,空心率等于或大于25%的小型砌块称为轻骨料混凝土小型空心砌块所示。按其孔的排数分为单排孔、双排孔、三排孔和四排孔四类。主规格尺寸长×宽×高为390 mm×190 mm×190 mm,其他规格尺寸由供需双方商定。

根据国家标准《轻骨料混凝土小型空心砌块》(GB/T 15229—2011)的规定,混凝土小型空心砌块根据抗压强度分为MU2.5、MU3.5、MU5.0、MU7.5、MU10.0五个等级;根据体积密度分700、800、900、1000、1100、1200、1300、1400八个等级。

8.2.1.2 普通混凝土小型砌块

普通混凝土小型砌块是以水泥、矿物掺合料、砂、石、水等为原料,经搅拌、振动成型、养护等工艺制成的小型砌块,见图 8.6 所示。普通混凝土小型砌块,简称小砌块,按空心率分为:空心砌块(代号 H,空心率不小于 25%)和实心砌块(代号 S,空心率小于 25%)。

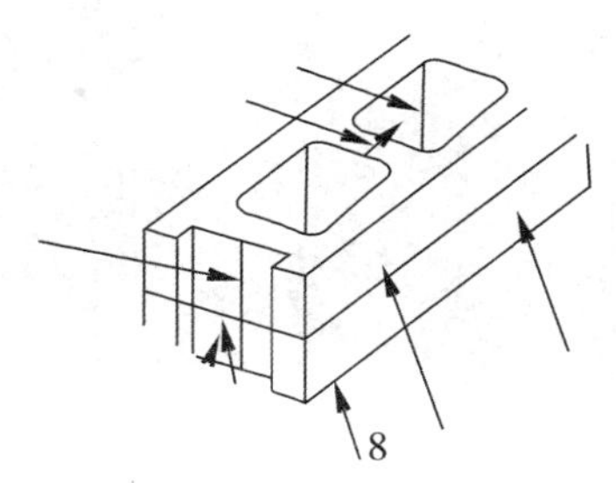

图 8.6　混凝土小型空心砌块

1-条面;**2**-坐浆面(肋厚较小的面);**3**-壁;**4**-肋;**5**-高度;**6**-顶面;**7**-宽度;**8**-铺浆面(肋厚较大的面);**9**-长度

普通混凝土小型砌块强度等级见表 8.7。按其尺寸偏差,外观质量分为:优等品(A),一等品(B)及合格品(C)。

表 8.7　普通混凝土小型砌块强度等级(GB/T 8239—2014)　(MPa)

砌块种类	承重砌块(L)	非承重砌块(N)
空心砌块(H)	7.5、10.0、15.0、20.0、25.0	5.0、7.5、10.0
实心砌块(S)	15.0、20.0、25.0、30.0、35.0、40.0	10.0、15.0、20.0

普通混凝土小型砌块具有自重较轻、耐久性好、外表尺寸规整等优点,部分类型的混凝土砌块还具有美观的饰面以及良好的保温隔热性能,适用于建造各种居住、公共、工业、教育、国防和安全性质的建筑,以及围墙、挡土墙、桥梁、花坛等市政设施,应用范围十分广泛。

8.2.1.3　蒸压加气混凝土砌块

蒸压加气混凝土砌块是以钙质材料(水泥、石灰等)和硅质材料(矿渣和粉煤灰)用铝粉作加气剂,经磨细、配料搅拌、浇注成型、静停切割、蒸压养护而成的多孔轻质块体材料,见图 8.7 所示。

根据《蒸压加气混凝土砌块》(GB/T 11968—2006)规定,蒸压加气混凝土砌块长度为 600 mm,宽度为 100、120、125、150、180,200、240、250、300 mm,高度为 200、240、250、300 mm。按抗压强度分为 A1.0、A2.0、A2.5、A3.5、A5.0、A7.5、A10 七个级别;按干表观密度分为 B03、B04、B05、B06、B07、B08 六个级别;按尺寸偏差、外观质量、体积密度和抗压强度分为优等品(A)、合格品(B)两个质量等级。

蒸压加气混凝土砌块干密度对产品品质的影响见表 8.8,蒸压加气混凝土砌块抗压强度等级划分见表 8.9,不同品质蒸压加气混凝土砌块对干密度与抗压强度等级的要求

(a)

(b)

图 8.7 蒸压加气混凝土砌块

见表 8.10。

表 8.8 砌块的干密度 (GB 11968—2006) (kg/m^3)

干表观密度级别		B03	B04	B05	B06	B07	B08
干密度	优等品(A)≤	300	400	500	600	700	800
	合格品(B)≤	325	425	525	625	725	825

表 8.9 蒸压加气混凝土砌块的各等级的抗压强度 (GB 11968—2006)

强度等级		A1.0	A2.0	A2.5	A3.5	A5.0	A7.5	A10.0
立方体抗压强度/MPa	平均值≥	1.0	2.0	2.5	3.5	5.0	7.5	10.0
	单块最小值≥	0.8	1.6	2.0	2.8	4.0	6.0	8.0

表 8.10 砌块的强度级别(GB 11968—2006)

干密度级别		B03	B04	B05	B06	B07	B08
强度级别	优等品(A)	A1.0	A 2.0	A 3.5	A 5.0	A 7.5	A 10.0
	合格品(B)			A 2.5	A 3.5	A 5.0	A 7.5

蒸压加气混凝土砌块适用于低层建筑的承重墙、多层建筑的间隔墙和高层框架结构的填充墙,也可用于一般工业建筑的围护墙,作为保温隔热材料也可用于复合墙板和屋面结构中。在无可靠的防护措施时,该类砌块不得用于水中、高湿度和有侵蚀介质的环境中,也不得用于建筑物的基础和温度长期高于 80 ℃的建筑部位。

蒸压加气混凝土砌块

8.2.2 粉煤灰砌块

以粉煤灰、石灰、石膏和骨料为原料,经加水搅拌、振动成型、蒸汽养护而制成的一种密实砌块。主规格尺寸：880 mm×380 mm×240 mm 和 880 mm×430 mm×240 mm。强度等级：按立方体抗压强度分为 MU10、MU13 两个等级。质量等级：按外观质量、尺寸偏差分为一等品(B)、合格品(C)，适用于一般建筑的围护墙。不适用于有酸性侵蚀介质、密封性要求高、易受较大震动的建筑物以及受高温和受潮的建筑部位。

8.2.3　砌块施工质量控制

加气混凝土砌块生产

(1)砌块强度等级必须符合设计要求；

(2)小砌块产品龄期不应小于 28 天；

(3)加气混凝土砌块、轻集料空心砌块运输装卸过程中严禁抛掷和倾倒，堆置高度不宜超过 2 m。

【例 8.2】工程实例分析

墙体渗漏

现象：某房屋，地处潮汕平原，使用两年后，出现多处墙体问题。在持续大雨的季节，有几处墙体有渗漏的现象出现；墙体有几处集中出现细裂纹。

分析原因：①潮汕平原多雨，夏天气温高。内外墙温差较大，一般都在 30 ℃以上，导致墙体出现剪应力，出现了具有“八”字形 45°斜裂纹；②砌块材料不具备防水的功能，长时降雨易出现渗漏；③施工时，砌块喷水过多，使得砌块含水过多干缩而引起细裂纹。

防治措施：应根据工程环境合理选择墙体材料，同时，砌块材料需按要求储存并严格控制含水率。

8.3　墙体板材

墙用板材作为砖和砌块之外的另一类重要的围护材料，具有生产原料来源广、工艺简单、能耗低等特点。尤其新型墙体板材的出现，不仅降低了综合成本，更具有防火、防水、抗冲击、耐酸碱、抗老化等特点，具有较好的发展前景。

常用的墙用板材有水泥类墙用板材、石膏类墙用板材以及复合墙用板材。

8.3.1　水泥类墙板

8.3.1.1　玻璃纤维增强水泥轻质板(GRC 板)

玻璃纤维增强水泥轻质板(GRC 板)是以低碱水泥为胶结料，耐碱玻璃纤维或其网格布为增强材料，膨胀珍珠岩为轻骨料(也可用炉渣、粉煤灰等)，并配以发泡剂和防水剂等，经配料、搅拌、浇注、振动成型、脱水、养护而成，见图 8.8。

GRC 轻质多孔墙板具有质量轻、强度高、隔热、隔声、不燃、加工方便、价格适中、施工简便等优点，可采用不同的企口和开孔形式，可用于工业与民用建筑的内隔墙及复合墙体的外墙面。主要用于建筑物的内隔墙。

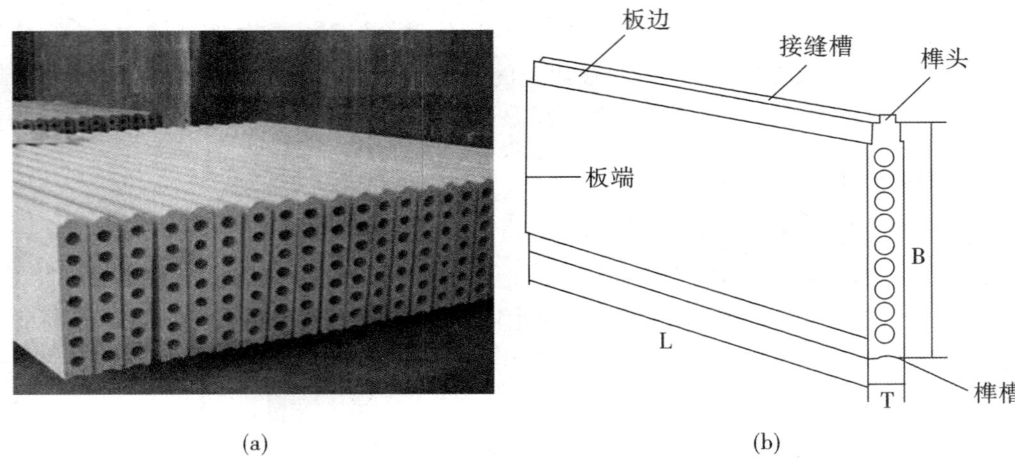

(a) (b)

图 8.8 GRC 轻质多孔板

8.3.1.2 纤维增强低碱度水泥建筑平板

纤维增强低碱度水泥建筑平板是以石棉、抗碱玻璃纤维等为增强材料，以低碱水泥为胶结材料，加水混合成浆，经制坯、压制、蒸养而成的薄型平板。其中，掺石棉纤维的称为 TK 板，不掺石棉纤维的称为 NTK 板。

纤维增强低碱度水泥建筑平板具有质量轻、强度高、防潮、防火、不易变形，可加工性好等优点，适用于各类建筑物室内的非承重内隔墙和吊顶平板，特别是高层建筑有防火、防潮要求的隔墙。

8.3.1.3 水泥木丝板

水泥木丝板是以木材下脚料经机械刨切成的均匀木丝，加入水泥、水玻璃等，经成型、铺模、冷压、干燥、养护而成的一种吸声、保温、隔热材料，见图 8.9。

图 8.9 水泥木丝板

水泥木丝板具有自重轻、强度高、防火、防水、防蛀、保温、隔声、可加工性好等优点，主要用于建筑物的内外隔板、天花板、壁橱板等。

8.3.2 石膏类墙板

【知识链接】

建筑石膏简介

将天然二水石膏或工业副产品石膏（主要成分为 $CaSO_4 \cdot 2H_2O$），在常压下加热到

107 ~170 ℃时，可生产出 β 型半水石膏（又称熟石膏），再经磨细得到的白色粉末，即为建筑石膏。

建筑石膏

建筑石膏密度为 2.6 ~2.75 g/m^3，堆积密度为 800 ~1100 kg/ m^3，属轻质气硬性无机胶凝材料。建筑石膏分为天然建筑石膏（N）、脱硫建筑石膏（S）和磷建筑石膏（P）。技术要求主要有细度、凝结时间和强度。按 2 h 抗折强度分为 3.0、2.0、1.6 三个等级。建筑石膏的特性

（1）纸面石膏板

纸面石膏板是以建筑石膏为主要原料，并掺入某些纤维和外加剂所组成的芯材，和与芯材牢固地结合在一起的护面纸所组成的建筑板材。

纸面石膏板具有轻质、高强、绝热、防火、防水、吸声、可加工、施工方便等特点，但成本较高。普通纸面石膏板适用于建筑物的围护墙、内隔墙和吊顶。在厨房、厕所以及空气相对湿度经常大于 70% 的潮湿环境使用时，必须采用相应防潮措施。耐火纸面石膏板主要用于对防火有较高要求的建筑物内，如档案馆、楼梯间、易燃厂房等。耐水纸面石膏板纸面主要用于相对湿度经常大于 75% 的浴室、厕所、盥洗室等潮湿环境中。耐水耐火纸面石膏板主要用于对耐火、防潮均有较高要求的建筑物内。

（2）纤维石膏板

纤维石膏板是以建筑石膏为主要原料，加入适量有机或无机纤维和外加剂，经打浆、铺浆脱水、成型、干燥而成的一种板材。纤维石膏板中加入的纤维较多，一般在 10% 左右，常用纤维类型多为纸纤维、木纤维、甘纤维、草纤维、玻璃纤维等。纤维石膏板具有质轻、高强、隔声、阻燃、韧性好、抗冲击力强、抗裂防震性能好、可加工性好、节省护面纸等特点，主要用于非承重内隔墙、天花板、内墙贴面等。

（3）石膏空心板

石膏空心板是以石膏为胶凝材料，加入适量轻质材料（如膨胀珍珠岩等）和改性材料（如水泥、石灰、粉煤灰、外加剂等），经搅拌、成型、抽芯、干燥等工序制成的空心条板。石膏空心板具有加工性好、重量轻、强度较高、保温性好、防火性好、耐水性较好、颜色洁白、表面平整光滑，可在板面喷刷或粘贴各种饰面材料，空心部位可预埋电线和管件，施工安装时不用龙骨，施工简单且效率高，主要用于非承重内隔墙。

8.3.3 复合墙板

将两种或两种以上不同功能的材料组合而成的墙板称为复合墙板。复合墙板使承重材料和轻质保温材料的功能都得到合理利用，适应了土木工程对材料的多种要求。

（1）混凝土夹芯板

混凝土夹心板是以 20 ~30 mm 厚的钢筋混凝土板作为内外表面层，中间填充以矿渣毡或岩棉毡、泡沫混凝土等保温材料，夹层厚度视热工计算而定。内外两层面板以钢筋件连接。其用于内墙和外墙。

（2）钢丝网夹芯复合板材

钢丝网夹芯复合板材是将聚苯乙烯泡沫塑料、岩棉、玻璃棉等轻质芯材夹在中间，两片钢丝网之间用“之”字形钢丝相互连接，形成稳定的三维网架结构，然后用水泥砂浆在

两侧抹面,或进行其他饰面装饰,见图 8.10。

钢丝网夹芯复合板材品种有舒乐舍板(聚苯泡沫板为芯材)、GY 板(岩棉为芯材)、泰柏板(聚苯泡沫条芯板),见图 8.11。

钢丝网夹芯复合板材自重轻,具有良好的保温隔热性,另外还具有隔声性好、防火性、抗湿、冻性能好、抗震能力强、耐久性好、板材运输方便、损耗极低、施工方便等优点。适用于高层建筑的内隔墙,复合保温墙体的外保温层或低层建筑的承重墙。

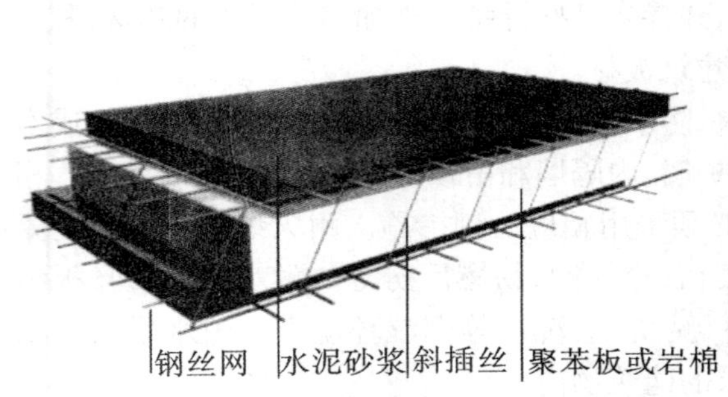

图 8.10　钢丝网夹芯板材构造示意图

图 8.11　泰柏板

(3)金属面夹芯板

金属面夹芯板是以阻燃型聚苯乙烯泡沫塑料、聚氨酯泡沫塑料或岩棉、矿渣棉为芯材,两侧粘上彩色压型(或平面)镀锌板材复合形成。外露的彩色钢板表面一般涂以高级彩色塑料涂层,使其具有良好的抗腐性和耐气候性。

金属面夹芯板质轻、高强、绝热性好,保温、隔热性好,防水性好,可加工性能好,且具有较好的抗弯、抗剪等力学性能,施工方便,安装灵活快捷、防水、防潮、防结露、经久耐用,可多次拆装和重复使用,适用于各类墙体和屋面。

【例 8.3】工程实例分析

现象:河南郑州某工程采用的是普通岩棉裸板薄抹灰外保温做法,岩棉板面层采用聚合物水泥砂浆抹灰。该工程墙面上裂缝比较明显,严重影响保温效果。该外保温工程采用的是岩棉板薄抹灰外保温做法。但该工程未能经受住外界作用力的影响,一场大风就使 55 米高处的岩棉板脱落坠地,留在墙面上的岩棉板也被撕裂。大风经过时,与基层墙体结合力小的岩棉板就从墙面上飞落。

分析原因:(1)普通岩棉裸板与其他保温板相比,性能相差比较大,其强度低、易剥离分层、吸水率高、憎水性差、易吸湿膨胀,用于外保温工程中存在一定的缺陷,易引起质量问题;(2)若普通岩棉裸板与基层墙体的结合力不够大,无法满足最大负风压作用;(3)若直接采用水泥砂浆或聚合物水泥砂浆等密度比较大、偏刚性的材料对普通岩棉裸板抹面处理,则易使面层发生开裂、起鼓、脱落等不良现象。

防治措施:选择合理构造设计,选择抗拉强度高,尤其在湿热环境下尺寸稳定的保温板材。

8.4　屋面材料

8.4.1　烧结类瓦材

(1)黏土瓦

作为传统屋面材料,黏土瓦是以黏土为主要原料,经成型、干燥、焙烧而成。

黏土瓦主要用于民用建筑和农村建筑坡形屋面防水。但由于其自重大、质脆、易破碎,且生产消耗大量土地资源,能耗大,生产和施工的效率不高。因此,已被许多新产品替代。

(2)琉璃瓦

琉璃瓦是以难熔黏土制坯,经干燥、上釉后焙烧而成。琉璃瓦表面光滑、质地致密、色彩美丽,耐久性好,但价格昂贵,自重大,一般用在仿古建筑、纪念性建筑及园林建筑中的亭、台、楼、阁等。

8.4.2　水泥类瓦材

水泥瓦又称混凝土瓦,因其使用原材料是水泥,故常称为水泥瓦。高端水泥瓦通过辊压成型方式生产,中低端普及型产品通过高压经优质模具压滤而成。制品的密度大、强度高、防雨抗冻性能好,表面平整、尺寸准确。在配料中加入耐碱颜料,可制成彩色瓦。

(1)混凝土瓦

混凝土瓦分为混凝土屋面瓦和混凝土配件瓦。混凝土屋面瓦又分为波形屋面瓦和平板屋面瓦。混凝土瓦成本低、耐久性好,但自重大。其应用范围同黏土瓦。

(2)纤维增强水泥瓦

纤维增强水泥瓦具有防水、防潮、防腐、绝缘等性能。主要用于工业建筑,如厂房、库房、堆货棚、凉棚等。但是石棉纤维可能致癌,所以已逐渐被其他增强材料所代替,如耐碱玻璃纤维、有机纤维等。

(3)钢丝网水泥大波瓦

钢丝网水泥大波瓦是用普通硅酸盐水泥、砂子,按一定配比加水搅拌后浇模,中间加一层低碳冷拔钢丝网,再经加压、养护而成。适用于工厂车间、仓库或临时性的屋面等。

8.4.3　高分子类复合瓦材

(1)玻璃钢波形瓦

纤维增强塑料波形瓦亦称玻璃钢波形瓦,是采用不饱和聚酯树脂和玻璃纤维为原料,经人工糊制而成。特点是质量轻、强度高、耐冲击、耐腐蚀、透光率高、制作简单等。是一种良好的建筑材料。它适用于各种建筑的遮阳及车站月台、售货亭、凉棚等的屋面。

(2)塑料瓦楞板

聚氯乙烯波形瓦亦称塑料瓦楞板,是以聚氯乙烯树脂为主体加入其他配合剂,经塑化、挤压或压延、压波等而制成的一种新型建筑瓦材。它具有质轻、高强、防水、耐化学腐蚀、透光率高、色彩鲜艳等特点,适用于凉棚、果棚、遮阳板和简易建筑的屋面等处。

(3)木质纤维波形瓦

该瓦是利用废木料制成的木纤维与适量的酚醛树脂防水剂配制后,经高温高压成型、养护而成。它使用于活动房屋及轻结构房屋屋面及车间、仓库、料棚或临时设施等的屋面。

(4)玻璃纤维沥青瓦

该瓦是以玻璃纤维薄毡为胎料,以改性沥青涂敷而成的片状屋面瓦材。其表面可撒各种彩色的矿物粒料,形成彩色沥青瓦。该瓦质量轻,互相黏结的能力强,抗风化能力好,施工方便,适用于一般民用建筑的坡形屋面。

8.4.4 轻型复合屋面材料

在大跨度结构中,如采用钢筋混凝土大板,则自重大,且不保温,需另设防水层。随着新型屋面材料的推广应用,如彩色涂层钢板、超细玻璃纤维、自熄性泡沫塑料等,使轻型保温的大跨度屋盖得以迅速发展。

(1)EPS 轻型板

EPS 轻型板具有质轻(质量为混凝土屋面的 1/20 ~ 1/30),保温隔热性好,施工方便(无湿作业,不需二次装修)等特点,是集承重、保温、防水、装饰于一体的新型屋面材料。

EPS 轻型板可生产成平面或曲面,适用于多种屋面形式,如体育馆、展览厅、冷库等大跨度屋面。

(2)硬质聚氨酯夹芯板

硬质聚氨酯夹心复合板材具有质轻、强度高、保温、隔音效果好、色彩丰富、施工简便等特点,且表面涂层均具有极强的耐候性和耐酸、碱、盐腐蚀能力,是承重、保温、防水三合一的屋面板材,可用于大型工业厂房、仓库、公共设施等大跨度建筑和高层建筑的屋面。

章后小结

1. 砌墙砖分烧结砖和非烧结砖两大类。烧结砖有烧结普通砖、烧结多孔砖和烧结空心砖。非烧结砖种类很多,常用的有粉煤灰砖、粉煤灰砖蒸压灰砂砖混凝土普通砖。

2. 常用的砌块有:普通混凝土小型砌块、轻骨料小型砌块、加气混凝土砌块和粉煤灰砌块等。

3. 墙用板材有水泥类板材、石膏类板材及复合墙板。

4. 屋面材料包括:烧结类瓦材、水泥类瓦材、高分子复合瓦材及轻型复合屋面板材。

习　题

一、选择题

1. 砌筑有保温要求的非承重墙时宜选用(　　)。

A. 烧结空心砖　　B. 烧结多孔砖

C. 烧结黏土砖　　D. A+B

2. 欠火砖的特点是(　　)。

A. 色浅、敲击声脆、强度低　　B. 色浅、敲击声哑、强度低

C. 色深、敲击声脆、强度低　　D. 色深、敲击声哑、强度低

3. 下面哪些不是加气混凝土砌块的特点(　　)。

A. 轻质　　B. 保温隔热

C. 加工性能好　　D. 韧性好

4. 利用煤矸石和粉煤灰等工业废渣烧砖,可以(　　)

A. 减少环境污染　　B. 节约大片良田黏土

C. 节省大量燃料煤　　D. 大幅提高产量

5. 普通黏土砖评定强度等级的依据是(　　)

A. 抗压强度的平均值　　B. 抗折强度的平均值

C. 抗压强度的单块最小值　　D. 抗折强度的单块最小值

二、填空题

1. 目前所用的墙体材料有__________,__________和__________三大类。

2. 常用的墙用板材__________,__________和__________三大类。

3. 烧结普通砖的外形为直角六面体,其标准尺寸为__________。

三、计算题

有一批烧结普通砖,强度测定值如下表,试确定该批砖的强度等级。

烧结普通砖强度测定值

砖编号	1	2	3	4	5	6	7	8	9	10
破坏荷载/kN	272	268	219	232	296	245	266	220	250	244

第9章 装配式结构材料及检测

学习要求 了解装配式结构的概念、优点、局限性、发展趋势和装配式结构质量控制的三个阶段。熟悉预制构件外观质量缺陷的分类、钢筋灌浆套筒连接分类及灌浆料的组成。通过本章的学习,能够在工程建设中合理使用装配式结构,在使用中出现问题时能进行正确的原因分析。

【引入案例】

雄安新区市民服务中心项目主要包括规划展示中心、会议培训中心、政务服务中心、办公用房、周转用房和生活服务等,总建筑面积 9.96 万平方米,总投资约 8 亿元,预制装配式结构,该项目从开工到全面封顶,仅历时 1000 小时。4 天完成 3100 吨基础钢筋的安装,5 天完成建设现场临建布置,7 天完成 12 万立方米土方开挖,10 天完成 3.55 万立方米基础混凝土浇筑,12 天完成现场临时办公和生活区搭建,25 天完成 1.22 万吨钢构件安装,40 天项目 7 个钢结构单体全面封顶。

从上面我们可以看出装配式结构的一大特点就是可以提高作业效率,大大缩短建设周期。

9.1 装配式结构概述

9.1.1 装配式结构的概念

装配式混凝土建筑是指以工厂化生产的混凝土预制构件为主,通过现场装配的方式设计建造的混凝土结构类房屋建筑。

构件的装配方法一般有现场后浇叠合层混凝土、钢筋锚固后浇混凝土连接等，钢筋连接可采用套筒灌浆连接、焊接、机械连接及预留孔洞搭接连接等做法。装配式结构吊装见图9.1，工厂内预制构件见图9.2。

图9.1　装配式结构吊装

图9.2　工厂内预制构件

9.1.2　装配式混凝土建筑的特点

9.1.2.1　装配式建筑的优点

(1)大大提升建筑质量；
(2)可提高作业效率；
(3) 能有效节约材料；

(4)节能减排环保;

(5)节省劳动力并改善劳动条件;

(6)能缩短工期;

(7)提高安全性。

9.1.2.2 装配式建筑局限性

(1)在我国,目前的设计验收等相关规范明显滞后于施工技术的发展,装配式建筑的应用领域还相当有限,在建筑总高度和层高上限制很大;

(2)建筑物的预埋件等使用量相对传统技术有很大的使用量的增加;

(3)构件的机械化生产因为设备的限制,尺寸要求具有局限性;

(4)构件生产的工厂距离施工现场如果太远,将会增加运输的成本。

9.1.3 装配式结构的质量控制

装配式钢筋混凝土建筑的质量控制有三个主要控制阶段:一是钢筋混凝土构件在工厂预制阶段的质量控制;二是工厂起运、道路运输、现场卸货、现场吊装等物流阶段的质量控制;三是安装就位后整体化叠合阶段的质量控制。

9.1.4 装配式结构的发展趋势

在许多发达国家中,装配式混凝土建筑是建筑工业化最重要的方式,它具有提高质量、缩短工期、节约能源、减少消耗、清洁生产等许多优点。目前,随着我国经济快速发展,建筑业和其他行业一样都在进行工业化技术改造,预制装配式混凝土建筑又开始焕发出新的生机。许多高质量要求的建筑已选用预制装配式结构来建造,建筑体系也借鉴国外经验采用装配整体式或预制外墙挂板等方式,都取得了非常好的效果。

9.2 灌浆套筒

灌浆套筒是指采用铸造工艺或机械加工工艺制造,通过水泥基灌浆料的传力作用将钢筋对接连接所用的金属套筒。简称“灌浆套筒”。

9.2.1 分类及型号

9.2.1.1 分类

(1)灌浆套筒按加工方式分为铸造灌浆套筒和机械加工灌浆套筒

(2)灌浆套筒按结构形式分为全灌浆和半灌浆套筒。

(3)半灌浆套筒按非灌浆一端连接方式分为直接滚轧直螺纹灌浆套筒、剥肋滚轧直螺纹灌浆套筒和镦粗直螺纹灌浆套筒。

9.2.1.2 型号

灌浆套筒型号与代号、分类代号、主参数代号和产品更新变形代号组成。灌浆套筒主参数为被连接钢筋的强度级别和直径。

示例：

连接标准屈服强度为400 MPa、直径40 mm钢筋，采用铸造加工的全灌浆套筒表示为：GTZQ4 40。

9.2.2 性能要求

灌浆套筒的材料性能、尺寸偏差、外观、力学性能等均应符合《钢筋连接用灌浆套筒》（JC/T 398—2012）的相关规定。

钢筋连接用灌浆套筒

9.2.3 检验规则

检验分为出厂检验和型式检验：

（1）出厂检验

1）检验项目。检验项目为材料性能、尺寸偏差、外观。

2）组批规则。材料性能检验应以同钢号、同规格、同炉（批）号的材料作为一个检验批。

尺寸偏差和外观应以连续生产的同原材料、同规格、同炉（批）号同类型的1000个灌浆套筒为一个验收批，不足1000个灌浆套筒时仍可作为一个验收批。

3）取样数量及方法。材料性能试验每批随机抽取2个。尺寸偏差及外观每批随机抽取10%，连续10个验收批一次性检验均合格时，尺寸偏差及外观检验的取样数量可由10%降低为5%。

4）判定规则。在材料性能检验中，若2个试样均合格，则该批灌浆套筒材料性能判定为合格；若有1个试样不合格，需另外加倍抽样复检，复检全部合格时，则仍可判定该批灌浆套筒材料性能为合格；若复检中仍有1个试样不合格，则该批灌浆套筒材料性能判定为不合格。

在尺寸偏差及外观检验中，若灌浆套筒试样合格率不低于97%时，该批灌浆套筒判定为合格；当低于97%时，应另外抽双倍数量的灌浆套筒试样进行检验，当合格率不低于97%时，则该批灌浆套筒仍可判定为合格；若仍低于97%时，则该批灌浆套筒应逐个检验，合格者方可出厂。

（2）型式检验

1）检验条件。有下列情况之一时，应进行型式检验：

①灌浆套筒产品定型时；

②灌浆套筒材料、工艺、规格进行改动时；

③型式检验报告超过4年时。

2）检验项目。检验项目为材料性能、尺寸偏差、外观、力学性能。

3）取样数量及取样方法。材料性能检验以同钢号、同规格、同炉（批）号的材料中抽取，取样数量为2个。尺寸偏差及外观应以连续生产的同原材料、同类型、同规格、同炉（批）号的套筒中抽取，取样数量为3个，抗拉强度试验的灌浆接头取样数量为3个。

4）判定规则。所有检验项目合格方可判定合格。

9.2.4 包装、标识、运输与贮存

灌浆套筒表面应刻印清晰、持久标识;标识至少包括厂家代号、型号及可追溯材料性能的生产号等信息,出厂时应附有产品合格证。灌浆套筒包装箱上应有明显的产品标志,应用纸箱、塑料编织袋或木箱按规格、批号包装,不同规格、批号的灌浆套筒不得混装。有较高的防潮要求时,应用防潮纸将灌浆套筒逐个包裹后,装入木箱内。灌浆套筒在运输过程中应有防水、防雨措施。灌浆套筒应贮存在具有防水、防雨、防潮的环境中,并按规格型号分别码放。

9.3 灌浆料及性能检测

9.3.1 术语和定义

以水泥为基本材料,配以细骨料,以及混凝土外加剂和其他材料组成的干混料,加水搅拌后具有良好的流动性、早强、高强、微膨胀等性能,填充于套筒和带肋钢筋间隙内的干粉料,简称"套筒灌浆料"。

9.3.2 材料

(1)硅酸盐水泥、普通硅酸盐水泥应符合 GB 175 的规定,硫铝酸盐水泥应符合 GB 20472 的规定。

(2)细骨料天然砂或人工砂应符合 GB/T 14684 的规定,最大粒径不宜超过 2.36 mm。

(3)混凝土外加剂应符合 GB 8076 和 GB 23439 的规定。

(4)设计配方规定的其他材料均应符合现行相关国家标准的规定。

9.3.3 性能要求

9.3.3.1 一般规定

套筒灌浆料应与灌浆套筒匹配使用,并应按产品设计(说明书)要求的用水量进行配制,使用温度不宜低于 5 ℃。

9.3.3.2 性能要求

套筒灌浆料的技术性能要求见表 9.1。

表 9.1 套筒灌浆料的技术性能

检验项目		性能指标
流动度/mm	初始	≥300
	30 min	≥260

续表 9.1

检验项目		性能指标
抗压强度/MPa	1 d	≥35
	3 d	≥60
	28 d	≥85
竖向膨胀率/%	3 h	≥0.02
	24 h 与 3 h 差值	0.02 ~ 0.5
氯离子含量%		≤0.03
泌水率%		0

9.3.4 检验规则

检验分为出厂检验和型式检验：

(1)出厂检验

产品出厂时应进行出厂检验，出厂检验项目应包括：初始流动度、30 min 流动度，1 d、3 d、28 d 抗压强度，3 h 竖向膨胀率、竖向膨胀率 24 h 与 3 h 的差值，泌水率。

(2)型式检验

型式检验项目为第 9.3.3 性能要求的全部项目。有下列情况之一时，应进行型式检验：

1)新产品的定型鉴定；

2)正式生产后如材料及工艺有较大变动，有可能影响产品质量时；

3)停产半年以上恢复生产时；

4)型式检验超过两年时。

(3) 组批规则

1)在 15 d 内生产的同配方、同批号原材料的产品应以 50 t 作为一生产批号，不足50 t 也应作为一生产批号；

2)取样方法按 GB 12573 的有关规定进行；

3) 取样应有代表性，可从多个部位取等量样品，样品总量不应少于 30 kg。

(4)判定规则

出厂检验和型式检验若有一项指标不符合要求，应从同一批次产品中重新取样，对不合格项加倍复试。复试合格判定为合格品，复试不合格判定为不合格品。

9.3.5 交货与验收

(1)交货时生产厂家应提供产品合格证、使用说明书和产品质量检测报告。

(2)交货时产品的质量验收可抽取实物试样，以其检验结果为依据；也可以产品同批号的检验报告为依据。采用何种方法验收由买卖双方商定，并在合同或协议中注明。

(3)以抽取实物试样的检验结果为验收依据时，买卖双方应在发货前或交货地共同取样和封存。取样方法按 GB 12573 进行，样品均分两等份。一份由卖方保存 40 d，一份由买方按本标准规定的项目和方法进行检验。在 40 d 内，买方检验认为质量不符合本标准要求，而卖方有异议时，双方应将卖方保存的另一份试样送双方认可有资质的第三方检测机构进行检验。

(4)以同批号产品的检验报告为验收依据时，在发货前或交货时买卖双方在同批号产品中抽取试样，双方共同签封后保存 2 个月，在 2 个月内，买方对产品质量有疑问时，则买卖双方应将签封的试样送双方认可的有资质的第三方检测机构进行检验。

9.3.6 包装、标识、运输与贮存

9.3.6.1 包装

(1) 套筒灌浆料应采用防潮袋(筒)包装。

(2) 每袋(筒)净含量宜为 25 kg 或 50 kg，且不应小于标志质量的 99%。

(3)随机抽取 40 袋(筒)25 kg 包装或 20 袋(筒)50 kg 包装的产品，其总净含量不应少于 1000 kg。

9.3.6.2 标识

包装袋(筒)上应标明产品名称、净重量、使用说明、生产厂家(包括单位地址、电话)、生产批 号、生产日期、保质期等内容。

9.3.6.3 运输和贮存

(1)产品运输和贮存时不应受潮和混入杂物。

(2) 产品应贮存于通风、干燥、阴凉处，运输过程中应注意避免阳光长时间照射。

9.4 预制构件检验

预制构件是指采用预先成型方法制造的各种构件。按照材料属性可以分为钢结构预制构件、木结构预制构件，混凝土预制构件、石材预制构件等。其中尤以混凝土预制构件概念应用最为广泛。

9.4.1 构件外观质量缺陷分类

(1)预制构件外观质量缺陷。外观质量缺陷根据其影响结构性能、安装和使用功能的严重程度可分为一般缺陷和严重缺陷，具体规定见《混凝土结构工程施工质量验收规范》(GB 50204—2015)。

(2)预制构件出模后应及时对其外观质量进行全数目测检查。预制构件外观质量不应有缺陷，对已经出现的严重缺陷应制定技术处理方案进行处理并重新检验，对出现的一般缺陷应进行修整并达到合格。

混凝土结构工程施工质量验收规范

9.4.2 预制构件外形尺寸允许偏差及检验方法

(1)预制构件不应有影响结构性能、安装和使用功能的尺寸偏差。对超过尺寸允许

偏差且影响结构性能和安装、使用功能的部位应经原设计单位认可,制定技术处理方案进行处理,并重新检查验收。

(2)预制构件尺寸偏差及预留孔、预留洞、预埋件、预留插筋、键槽的位置和检验方法,具体规定见《混凝土结构工程施工质量验收规范》(GB 50204—2015)的规定。

(3)预制构件的预埋件、插筋、预留孔的规格、数量以及粗糙面或键槽成型质量应满足设计要求。应采用观察和量测的检查方法,且要求全数检查。

(4)预制构件采用钢筋套筒灌浆连接时,在构件生产前应检查套筒型式检验报告是否合格,应进行钢筋套筒灌浆连接接头的抗拉强度试验。

检查数量:按同一工程、同一工艺的预制构件分批抽样检验。同一批号、同一类型、同一规格的灌浆套筒,不超过1000 个为一批,每批随机抽取 3 个灌浆套筒制作对中连接接头试件。

检验方法:检查试验报告单、质量证明文件。

(5)混凝土强度应符合设计文件及国家现行有关标准的规定。

检查数量:按构件生产批次在混凝土浇筑地点随机抽取标准养护试件,取样频率应符合本标准规定。

检验方法:应符合现行国家标准《混凝土强度检验评定标准》(GB/T 50107—2010)的有关规定。

9.4.3 预制构件性能检验

预制构件性能检验包括预制构件的承载力检验、挠度检验、挠度检验允许值、抗裂检验、裂缝宽度检验,应符合相关规定。

9.4.4 预制构件结构性能检验的合格判定

应符合下列规定:

(1)当预制构件结构性能的全部检验结果均满足:预制构件的挠度检验的检验、预制构件的承载力检验、挠度检验允许值、预制构件的抗裂检验、预制构件的裂缝宽度检验要求时,该批构件可判为合格;

(2)当预制构件的检验结果不满足第(1)项的要求,但又能满足二次检验指标要求时,可再抽两个预制构件进行二次检验。第二次检验指标,对承载力及抗裂检验系数的允许值应取预制构件的承载力检验和预制构件的抗裂检验规定的允许值减少 0.05;对挠度的允许值应取挠度检验允许值规定允许值的 1.10 倍。

(3)当进行二次检验时,如第一个检验的预制构件的全部检验结果均满足预制构件的挠度检验的检验、预制构件的承载力检验、挠度检验允许值、预制构件的抗裂检验、预制构件的裂缝宽度检验的要求,该批构件可判为合格;如两个预制构件的全部检验结果均满足第二次检验指标要求,该批构件也可判为合格。

章后小结

1. 装配式结构的优点较为明显,在我国有很好的发展前景。

2. 装配式结构的灌浆套筒按加工方式分为铸造灌浆套筒和机械加工灌浆套筒,按结构形式分为全灌浆和半灌浆套筒。灌浆套筒主要参数为被连接钢筋的强度级别和直径。

3. 装配式结构灌浆料的组成包括:水泥、细骨料、混凝土外加剂及其他材料。

4. 预制构件的外观质量缺陷根据其影响结构性能、安装和使用功能的严重程度划分为严重缺陷和一般缺陷。

习　题

填空题

1. 灌浆套筒按加工方式分为__________和____________。

2. 灌浆套筒按结构形式分为__________和__________。

3. 预制构件外观质量缺陷根据其影响结构性能、安装和使用功能的严重程度,可划分为________和________ 。

4. 套筒灌浆料具有______、______、______、________等性能。

第三篇

建筑功能材料

第10章 防水材料

学习要求　熟悉防水涂料、密封材料类别及应用；掌握防水卷材的各项性能及使用环境。通过学习本章内容，能合理选择和使用防水材料，会检测和评定防水材料的质量。

【引入案例】

进入雨季，家住青岛市某小区27号楼和31号楼顶楼的不少业主开始担忧了起来，自从2014年底交房以来，房子就频繁出现漏水的情况，修修补补两年多，至今房顶漏水的情况也没有彻底解决，有的业主甚至因为房顶漏水2年多一直没敢搬进新房来住。

屋顶作为建筑物最上层覆盖的外围护结构，经常容易出现漏雨漏水现象。这是由于自然界的风霜雨雪、太阳的辐射，气温的变化和其他外界不利因素会影响屋顶防水材料的正常使用，再加上一些内在因素的影响，如屋顶本身构造、施工方法不当、后期使用等造成了屋顶普通防水卷材的渗漏或破坏。

建筑工程中通常会用到哪些防水材料？建筑物的哪些部位还需要用到防水材料？各种防水材料都有哪些性能要求？主要用途是怎样的？

防水材料是保证建筑工程能够防止雨水、地下水及其他水分渗透的材料，其质量的优劣直接影响到人们的居住环境、卫生条件及建筑物的使用寿命。近年来，我国的防水材料发展迅速，由传统的沥青基防水材料逐渐向高聚物改性沥青防水材料和合成高分子防水材料发展。本章主要介绍防水卷材、防水涂料和密封材料三种防水材料。

10.1 防水卷材

防水卷材是建筑工程中重要的防水材料之一。根据其主要防水组成材料分为沥青防水卷材、高聚物改性沥青防水卷材和合成高分子防水卷材等三大类。沥青防水卷材是传统的防水材料，但其胎体材料已有很大的发展。高聚物改性沥青防水卷材和合成高分子防水卷材性能优异，代表了新型防水卷材的发展方向。

10.1.1 防水卷材的一般性能

(1)不透水性

即防水卷材在一定压力水作用下,持续一段时间,卷材不透水的性能。如改性沥青防水卷材可达到0.2~0.3 MPa下持续30 min时间不出现渗漏。

(2)拉力

即防水卷材拉伸时所能承受的最大拉力。其能承受的拉力与卷材胎芯和防水材料抗拉强度有关。

(3)延伸率

即防水卷材最大拉力时的伸长率。延伸率愈大,防水卷材塑性愈好,使用中能缓解卷材承受的拉应力,使卷材不易开裂。

(4)耐热度

在高温作用下卷材易发生滑动,影响防水效果。因而,常常要求防水卷材应有一定的耐热度。

(5)低温柔性

即防水卷材在低温时的塑性变形能力。防水卷材中的有机物在温度发生变化时,其状态也会发生变化,通常是温度愈低,其愈硬且愈易开裂。因此,要求防水卷材应有一定的低温柔韧性。

(6)耐久性

即防水卷材抵抗自然物理化学作用的能力。防水卷材的耐久性一般用人工加速其老化的方法来评定。

(7)撕裂强度

即反映防水卷材与基层之间、卷材与卷材之间的黏结能力。撕裂强度高、卷材与基层之间、卷材与卷材之间黏接牢固,不易松动,可保证防水效果。

10.1.2 高聚物改性沥青防水卷材

高聚物改性沥青防水卷材是指以纤维织物或塑料薄膜为胎体,以合成高分子聚合物改性沥青为涂盖层,以粉状、粒状、片状或薄膜材料为防粘隔离层制成的防水卷材。高聚物改性沥青防水卷材克服了沥青防水卷材的温度稳定性差、延伸率小、难以适应基层开裂及伸缩的缺点,具有高温不流淌、低温不脆裂、拉伸强度较高、延伸率较大等优异性能。

(1)弹性体改性沥青防水卷材(SBS 防水卷材)

弹性体改性沥青防水卷材(SBS)是以玻纤毡或聚酯毡为胎基,以苯乙烯-丁二烯-苯乙烯(SBS)热塑性弹性体作改性剂,两面覆以隔离材料所制成的建筑防水卷材,简称 SBS 卷材。SBS 卷材按胎基分为聚酯胎(PY)、玻纤胎(G)和玻纤增强聚酯毡(PYG)三类。按上表面隔离材料分为聚乙烯膜(PE)、细砂(S)与矿物粒(片)料(M)三种。按下表面隔离材料分为聚乙烯膜(PE)、细砂(S)两种。按物理力学性能分为Ⅰ型和Ⅱ型。

SBS 卷材宽 1000 mm。聚酯胎卷材厚度为 3 mm、4 mm 和 5 mm;玻纤胎卷材厚度为 3 mm和 4 mm,玻纤增强聚酯毡厚度为 5 mm。每卷面积为 15 m^2、10 m^2、7.5 m^2 三种。

SBS卷材适用于工业与民用建筑的屋面及地下防水工程，尤其适用于较低气温环境的建筑防水。SBS卷材的物理力学性能应符合表10.1的规定。

表10.1 弹性体改性沥青防水卷材物理力学性能(GB 18242—2008)

序号	项目		指标				
			Ⅰ		Ⅱ		
			PY	G	PY	G	PYG
1	可溶物含量/(g/m²) ≥	3 mm	2100				—
		4 mm	2900				—
		5 mm	3500				
		试验现象	—	胎基不燃	—	胎基不燃	—
2	耐热性	℃	90		105		
		mm,≤	2				
		试验现象	无流淌、滴落				
3	低温柔性/℃		-20		-25		
			无裂缝				
4	不透水性 30 min		0.3 MPa	0.2 MPa	0.3 MPa		
5	拉力	最大峰拉力(N/50 mm)≥	500	350	800	500	900
		次大峰拉力(N/50 mm)≥	—	—	—	—	900
		试验现象	拉伸过程中，试件中部无沥青涂盖层开裂或胎基分离现象				
6	延伸率	最大峰时延伸率/%	30	—	40	—	—
		第二峰时延伸率/%	—		—		15
7	浸水后质量增加/%,≤	PE、S	1.0				
		M	2.0				
8	热老化	拉力保持率/%,≥	90				
		延伸率保持率/%,≥	80				
		低温柔性/℃	-15		-20		
			无裂痕				
		尺寸变化率/%,≤	0.7	-	0.7	-	0.3
		质量损失/%,≤	1.0				
9	渗油性	张数,≤	2				
10	接缝剥离强度/(N/mm),≥		1.5				
11	钉杆撕裂强度[a]/N,≥		-				300
12	矿物粒料粘附性[b]/g,≤		2.0				
13	卷材下表面沥青涂盖层厚度[c]/mm,≥		1.0				
14	人工气候加速老化	外观	无滑动、流淌、滴落				
		拉力保持率/%,≥	80				
		低温柔性/℃	-15		-20		
			无裂痕				

a. 仅适用于单层机械固定施工方式卷材。

b. 仅适用于矿物粒料表面卷材。

c. 仅适用于热熔施工卷材。

(2)塑性体改性沥青防水卷材(APP防水卷材)

塑性体改性沥青防水卷材,是以聚酯毡或玻纤毡为胎基,无规聚丙烯(APP)或聚烯烃类聚合物(APAO、APO)作改性剂,两面覆以隔离材料所制成的建筑防水卷材,统称APP卷材。APP卷材的品种、规格与SBS卷材相同。适用于工业与民用建筑的屋面和地下防水工程,以及道路、桥梁等的防水,尤其适用于较高气温环境的建筑防水,其物理力学性能检验项目同表10.1规定。详细指标见《弹性体改性沥青防水卷材》(GB 18243—2008)。

(3)铝箔塑胶油毡

铝箔塑胶油毡是以聚酯纤维无纺布为胎体,以高分子聚合物(合成橡胶及合成树脂)改性沥青类材料为浸渍涂盖层,以树脂薄膜为底面防粘隔离层,以银白色软质铝箔为表面反光保护层而加工制成的新型防水材料。

10.1.3 合成高分子防水卷材

合成高分子防水卷材是以合成橡胶、合成树脂或二者的共混体为基料,加入适量的助剂和填充料,经过特定的工序制作而成。合成高分子防水卷材具有拉伸强度高、断裂伸长率大、抗撕裂强度高、耐热性能好、低温柔韧性好、耐腐蚀、耐老化以及可以冷施工等一系列优异性能,是我国大力发展的新型高档防水卷材。

(1)三元乙丙橡胶防水卷材

三元乙丙橡胶防水卷材是以乙烯、丙烯和少量双环戊二烯三种单体共聚合成的以三元乙丙橡胶为主体,掺入适量的丁基橡胶、硫化剂、促进剂、软化剂、补强剂和填充料等,经密炼、压延或挤出成型、硫化和分卷包装等工序而制成的一种高弹性的防水卷材。

三元乙丙橡胶防水卷材具有优良的耐候性、耐臭氧性和耐热性,还具有抗老化性好、质量轻、抗拉强度高、断裂伸长率大、低温柔韧性好及耐酸碱腐蚀等优点,使用寿命达20年以上。可用于防水要求高、耐久年限长的各类防水工程。是合成橡胶卷材最具代表性的产品。

(2)聚氯乙烯(PVC)防水卷材

聚氯乙烯防水卷材是以聚氯乙烯树脂为主要原料,掺加适量的改性剂、增塑剂和填充料等,经混炼、压延或挤出成型、分卷包装等工序制成的一种柔性防水卷材。

聚氯乙烯防水卷材具有抗拉强度高、断裂伸长率大、低温柔韧性好、使用寿命长及尺寸稳定、耐热、耐腐蚀等较好的特性。适用于新建和翻修工程的屋面防水,也适用于水池、堤坝等防水工程。是合成树脂类高分子卷材的代表性产品。

10.1.4 防水卷材的选用

防水卷材可按合成高分子防水卷材和高聚物改性沥青防水卷材选用,其外观质量和品种、规格应符合《屋面工程技术规范》(GB 50345—2012)的有关规定,每道卷材防水层最小厚度应符合表10.2的要求。

表 10.2 高聚物改性沥青防水卷材每道卷材防水层最小厚度选用表(GB 50345—2012)

防水等级	高聚物改性沥青防水卷材/mm			合成高分子防水卷材/mm
	聚酯胎、玻纤胎、聚乙烯胎	自粘聚酯胎	自粘无胎	
I 级	3.0	2.0	1.5	1.2
II 级	4.0	3.0	2.0	1.5

注:防水等级 I 级:重要建筑和高层建筑,两道防水设防;II 级:一般建筑,一道防水设防。

10.1.5 卷材的贮存、运输

防水材料的贮存和运输应符合以下要求:

(1) 卷材必须按不同品种标号、规格、等级分别堆放,不得混杂在一起,以避免误用而造成质量事故。

(2)卷材有一定的吸水性,但施工时表面则要求干燥,否则施工后可能出现起鼓和黏结不良现象,应避免雨淋和受潮。

(3)卷材应贮存在阴凉通风的室内,避免雨淋、日晒和受潮,严禁接近火源,沥青防水卷材的贮存环境温度不得高于45 ℃,卷材宜直立堆放,其高度不宜超过两层,并不得倾斜或横压,短途运输平放不宜超过四层。

(4)卷材在贮存和运输中应避免与化学介质及有机溶剂等有害物质接触,以防止卷材被某些化学介质及溶剂溶解或腐蚀。

10.2 防水涂料

防水涂料是指常温下呈黏稠状态,涂布在结构物表面,经溶剂或水分挥发,或各组分间的化学反应,形成具有一定弹性的连续、坚韧的薄膜,使基层表面与水隔绝,起到防水和防潮作用的材料。广泛应用于工业与民用建筑的屋面防水工程、地下混凝土工程的防潮防渗等。

防水涂料按成膜物质的主要成分分为沥青基防水涂料、高聚物改性沥青防水涂料和合成高分子防水涂料三类;按涂料的介质不同,又可分为溶剂型、水乳型和反应型三类。

10.2.1 沥青基防水涂料

沥青基防水涂料有溶剂型和水乳型两类。

(1)冷底子油

溶剂型涂料即液体沥青(冷底子油),冷底子油是用建筑石油沥青加入溶剂配制而成的一种沥青溶液。冷底子油黏度小,涂刷后能很快渗入混凝土、砂浆或木材等材料的毛细孔隙中,溶剂挥发,沥青颗粒则留在基底的微孔中,与基底表面牢固结合,并使基底具有一定的憎水性,为粘贴同类防水卷材创造有利条件。

(2)乳化沥青

水乳型沥青防水涂料即水性沥青防水涂料，是将石油沥青在乳化剂水溶液作用下，经乳化机(搅拌机)强烈搅拌而成的一种冷施工的防水涂料。沥青在搅拌机的作用下，被分散成1～6 μm的微小颗粒，并被乳化剂包裹起来悬浮在水中，涂到基层上后，水分逐渐蒸发，沥青颗粒凝聚成膜，形成了均匀、稳定、黏结牢固的防水层。

乳化沥青的主要优点是可以冷施工，不需要加热，避免了采用热沥青施工可能造成的烫伤、中毒等事故，还可以在潮湿的基层上使用，具有较大的黏结力，可以减轻施工人员的劳动强度，提高工作效率，加快施工进度，价格便宜，施工机具容易清洗，因此在沥青基涂料中占有60%以上的市场。

10.2.2 高聚物改性沥青防水涂料

高聚物改性沥青防水涂料是以沥青为基料，用合成高分子聚合物进行改性，制成的防水涂料。这类涂料由于用橡胶进行改性，所以在柔韧性、抗裂性、拉伸强度、耐高低温性能、使用寿命等方面比沥青基涂料都有很大改善。高聚物改性沥青防水涂料分为水乳型或溶剂型两类。主要品种有再生橡胶改性沥青防水涂料、氯丁橡胶沥青防水涂料和SBS橡胶沥青防水涂料等。

(1)氯丁橡胶沥青防水涂料

氯丁橡胶沥青防水涂料的基料是氯丁橡胶和石油沥青。溶剂型氯丁橡胶沥青防水涂料是将氯丁橡胶溶于一定量的有机溶剂(如甲苯)中形成溶液，然后将其掺入到液体状态的沥青中，再加入各种助剂和填料经强烈混合而成。水乳型氯丁橡胶沥青防水涂料是阳离子氯丁乳胶与阳离子型石油沥青乳液的混合体，是氯丁橡胶的微粒和石油沥青的微粒借助于阳离子表面活性剂的作用，稳定分散在水中所形成的一种乳状液。溶剂型氯丁橡胶沥青防水涂料的黏结性能比较好，但易燃、有毒、价格高，有逐渐被水乳型氯丁橡胶沥青取代的趋势。

氯丁橡胶沥青防水涂料的特点是涂膜强度大、延伸性好，能充分适应基层的变化，耐热性和低温柔韧性优良，耐臭氧老化，抗腐蚀，阻燃性好，不透水，是一种安全无毒的防水涂料，已经成为我国防水涂料的主要品种之一。适用于工业和民用建筑物的屋面防水、墙身防水和楼面防水、地下室和设备管道的防水、旧屋面的维修和补漏，还可用于沼气池、油库等密闭工程混凝土以提高其抗渗性和气密性。

(2)再生橡胶改性沥青防水涂料

再生橡胶改性沥青防水涂料是一种国内外应用比较普通的防水涂料，分两个品种：

一种是JG-Ⅰ型防水涂料，为溶剂型再生橡胶沥青防水涂料，是以优质石油沥青为原料，高分子橡胶为改性剂，经溶剂溶解配制而成的黑色黏稠状防水涂料。具有高温不流淌、低温不脆裂、操作简便等优点，贮存期较长，且可在负温下施工。

一种是JG-Ⅱ型防水涂料，为水乳型，水乳型再生橡胶改性沥青防水涂料是由阴离子型再生乳胶和阴离子型沥青乳胶混合均匀构成，再生橡胶和石油沥青的微粒借助于阴离子表面活性剂的作用，稳定分散在水中而形成的乳状液。该涂料为双组分，一般称A、B液，A液为再生橡胶乳液，B液为阴离子型乳化沥青。两液分别包装，现场配制使用。水乳型再生橡胶改性沥青防水涂料以水为分散剂，具有无毒、无味、不燃的优点，可在常温下冷施工作业，并可在稍潮湿无积水的表面施工，涂膜有一定的柔韧性和耐久性，材料来源广，价格低。适用于工业与民用建筑混凝土基层屋面防水，以珍珠岩为保温层的保温屋面防水，地下混凝土建筑防潮以及旧油毡屋面翻修和刚性自防水屋面的维修等。

(3)SBS 改性沥青防水涂料

SBS 改性沥青防水涂料是以沥青、橡胶、合成树脂、SBS 及表面活性剂等高分子材料组成的一种水乳型弹性沥青防水涂料。

SBS 改性沥青防水涂料的优点是低温柔韧性好、抗裂性强、黏结性能优良、耐老化性能好，与玻纤布等增强胎体复合，能用于任何复杂的基层，防水性能好，可冷施工作业，是较为理想的中档防水涂料。SBS 改性沥青防水涂料适用于复杂基层的防水防潮施工，如厕浴间、地下室、厨房、水池等，特别适合于寒冷地区的防水施工。

10.2.3 合成高分子防水涂料

合成高分子防水涂料是以合成橡胶或合成树脂为主要成膜物质，加入其他辅料而配制成的单组分或多组分防水涂料。比沥青基及改性沥青基防水涂料具有更好的弹性和塑性、耐久性及耐高低温性能。常见的有硅酮、聚氨酯、丙烯酸酯、丁基橡胶、氯磺化聚乙烯、偏二氯乙烯等防水涂料。

(1)聚氨酯防水涂料

聚氨酯防水涂料是由含端异氰酸酯基(—NCO)的聚氨酯预聚体(甲组分)和含有多羟基(—OH)或胺基($—NH_2$)的固化剂及其他助剂的混合物(乙组分)按一定比例混合所形成的一种反应型涂膜防水涂料。

按组分分为单组分(S)和多组分(M)两种，按产品的拉伸性能分为Ⅰ型和Ⅱ型。

聚氨酯涂膜防水涂料涂膜固化时无体积收缩，具有较大的弹性和延伸率、较好的抗裂性、耐候性、耐酸碱性、耐老化性。当涂膜厚度为 1.5～2.0 mm 时，使用年限可在 10 年以上。而且对各种基材如混凝土、石、砖、木材、金属等均有良好的附着力。广泛应用于屋面、地下工程、卫生间、游泳池等的防水，也可用于室内隔水层及接缝密封，还可用作金属管道、防腐地坪、防腐池的防腐处理等。其物理力学性质应符合《聚氨酯防水涂料物理力学性能》(GB/T 19250—2013)的相关规定。

(2)丙烯酸酯防水涂料

丙烯酸酯防水涂料是以高固含量丙烯酸酯共聚乳液为基料，掺加填料、颜料及各种助剂经混练研磨而成的水乳型单组分防水涂料。

丙烯酸酯防水涂料的最大优点是具有优良的耐候性、耐热性和耐紫外线性。涂膜柔软，弹性好，能适应基层一定的变形开裂；温度适应性强，在-30～80 ℃范围内性能无大的变化；可以调制成各种色彩，兼有装饰和隔热效果。适用于各类建筑工程的防水及防水层的维修和保护层等。

(3)硅橡胶防水涂料

硅橡胶防水涂料是以硅橡胶乳液为基本材料和其他合成高分子乳液，掺入无机填料和各种助剂配制而成的乳液型防水涂料。通常由 1 号和 2 号组成，1 号涂布于底层和面层,2 号涂布于中间加强层。

硅橡胶防水涂料兼有涂膜防水和渗透防水材料两者的优良特性,具有良好的防水性、抗渗透性、成膜性、弹性、黏结性、延伸性和耐高低温特性,适应基层变形的能力强。可渗入基底,与基底牢固黏结,成膜速度快,可在潮湿底基层上施工,可刷涂、喷涂或滚涂,广泛使用于各类工程尤其是地下工程的防水、防渗和维修。

10.2.4 水泥基防水涂料

水泥基防水涂料是以水泥为基料,掺入多种活性化学物质和辅助材料制成的一种粉状防水涂料,或用高分子聚合物乳液添加各种改性添加剂,再按一定配比与水泥混合使用的防水涂料。常用的有聚合物水泥防水涂料和水泥基渗透结晶型防水涂料。

【知识链接】

顶楼漏水解决方法

解决办法:

1. 对该区域重新设置适宜于外露使用的防水层。防水材料如果是选用的防水卷材,并对卷材搭接处进行密封处理,实现无缝防水。

2. 不能找到漏水点的屋顶,建议重做防水。选用防水浆料可进行多次涂刷,多道设防。完整的防水层涂刷次数为两到三次,然后涂刷水泥砂浆做保护层。待保护层干固后,再进行一次完整的防水层涂刷,再用水泥砂浆做保护层。然后再涂刷柔韧型防水浆料。如此可反复 3 ~4 次,以保证防水效果。

10.3 密封材料

建筑密封材料(又称嵌缝材料)是指能够承受位移以达到气密、水密目的而嵌入建筑接缝中的材料。密封材料应具有良好的黏结性、耐老化性和温度适应性;并具有一定的强度、弹塑性,能够长期经受被粘构件的收缩与振动而不破坏。用于连接和填充建筑上的各种接缝、裂缝和变形缝。

建筑密封材料可分为定形和非定形材料。定形密封材料是具有一定形状和尺寸的密封材料,如止水带、密封条(带)、密封垫等。非定形密封材料,又称密封胶、密封膏,有溶剂型、乳剂型或化学反应型三类。建筑密封材料是黏稠状的密封材料,如沥青嵌缝油膏、聚氯乙烯建筑防水接缝材料、建筑窗用弹性密封剂等。

10.3.1 建筑防水密封膏

建筑防水密封膏属非定形密封材料,由气密性和不透水性良好的材料组成。

(1)建筑防水沥青嵌缝油膏

建筑防水沥青嵌缝油膏简称沥青嵌缝油膏,是以石油沥青为基料,加入改性材料、稀释剂、填料等配制成的黑色膏状嵌缝材料。

沥青嵌缝油膏具有黏结性好、延伸率高及良好的防水防潮性能。可用作预制大型屋面板四周及槽形板、空心板端头、缝等处的嵌缝材料；大板、金属、墙板的嵌缝密封材料以及混凝土跑道、车道、桥梁和各种构筑物伸缩缝、沉降缝等处的嵌填材料。

(2)聚硫建筑密封膏

聚硫建筑密封膏是以LP液态聚硫橡胶为基料，加入硫化剂、增塑剂、填充料等配制而成的均匀膏状体。

聚硫密封膏具有黏结力强、抗撕裂性强，耐候性、耐水性、低温柔韧性良好，适应温度范围宽(-40 ~ 90 ℃)等优点。适用于各类工业与民用建筑的防水密封，特别适用于长期浸泡在水中的工程、严寒地区的工程及受疲劳荷载作用的工程，施工性能良好，价格适中，是一种应用非常广泛的密封材料。

(3)硅酮密封胶

硅酮密封胶大多是以硅氧烷聚合物为主体，加入适量的硫化剂、硫化促进剂以及填料等组成。具有优异的耐热性、耐寒性、耐候性和耐水性、耐拉压疲劳性强，与各种材料都有较好的黏结性能。

按用途分为建筑接缝用(F类)和镶装玻璃用(G类)两类。其中，F类适用于预制混凝土墙板、水泥板、大理石板的外墙接缝，混凝土和金属框架的黏结，卫生间和公路接缝的防水密封等；G类适用于镶嵌玻璃和建筑门、窗的密封。

(4)丙烯酸酯密封膏

丙烯酸酯密封膏是以丙烯酸酯树脂为基料，加入适量增塑剂、分散剂等配制而成的。分溶剂型和水乳型两种。

丙烯酸酯密封膏具有良好的耐候性、耐高温性，黏结强度高、延伸率大、耐酸碱性好，并具有良好的着色性，主要用于屋面、墙板、门、窗的嵌缝；但它的耐水性不是很好，不宜用于长期浸泡在水中的工程；抗疲劳性较差，不宜用于频繁受振动的工程。

(5)聚氨酯密封膏

聚氨酯密封膏具有模量小、延伸率大、弹性高、黏结性好、耐低温、耐水、耐酸碱、抗疲劳、使用年限长等优点。广泛用于屋面板、外墙板、混凝土建筑物沉降缝、伸缩缝的密封，阳台、窗框、卫生间等的防水密封以及排水管道、蓄水池、游泳池、道路桥梁等工程的接缝密封与渗漏修补。

10.3.2 合成高分子止水带(条)

合成高分子止水带属定形建筑密封材料，主要用于工业及民用建筑工程的地下及屋顶结构缝防水工程；闸坝、桥梁、隧洞、溢洪道等水工建筑物变形缝的防漏止水；闸门、管道的密封止水等. 常用的合成高分子止水材料有橡胶止水带及止水橡皮、塑料止水带及遇水膨胀型止水条等。

(1)橡胶止水带和止水橡皮

橡胶止水带和止水橡皮是以天然橡胶或合成橡胶为主要原料，加入各种助剂和填充料，经塑炼、混炼、挤出成型或模压成型制得的各种形状、尺寸的止水密封材料。

(2)塑料止水带

塑料止水带是用聚氯乙烯树脂、增塑剂、防老剂、填料等原料，经塑炼、挤出等工艺加工成型的止水密封材料，其断面形状有桥形、哑铃形等(与橡胶止水带相似)。

(3)遇水膨胀型橡胶止水条

遇水膨胀型橡胶止水条是用改性橡胶制得的一种新型橡胶止水条。将无机或有机吸水材料及高黏性树脂等材料作为改性剂，掺入到合成橡胶后可制得遇水膨胀的改性橡胶。

【例 10.1】工程实例分析

新交工住房要做好卫生间防水

现象：新房交工后，小区业主大部分开始进行装修。通常走好水电就要进行卫生间的防水施工。目前市场上卫生间的防水做法有多种，有的只需要涂刷涂料，有的需要用到丙纶布卷材和堵漏王。等防水材料自然风干后还需要做闭水试验检查防水效果。

分析原因：卫生间在使用中其地面及四周的墙壁经常会受到水的浸泡和溅湿，会对地面和墙体结构产生不良影响，甚至会使水分渗透楼板，导致楼下住户屋顶漏水。因此，虽然在工程中卫生间地面已做了防水层施工，但交工后装修房屋时，卫生间的防水仍需进行进一步处理和巩固。

防治措施：目前采用的卫生间防水方法通常有两种：一是选择防水涂料，常用的有 Js 水泥基防水涂料或者聚氨酯防水涂料，按照说明将涂料调配好，将需要施工的各个角落涂上，尤其是在死角位置，要重复涂抹，保证死角不遗漏，然后等待风干，做闭水试验。另一种是使用合成高分子防水卷材，如丙纶布，根据施工需求剪裁相应大小的丙纶布，一层压着一层，相接的地方有重叠，在上面浇灌调制好的专用胶粉，再用刷子刷均匀，尤其在接缝处和折叠处，一定要保证胶水全覆盖，遇到下水管时要用剪刀挖孔，套上去，然后用堵漏王(防水密封膏)覆盖到未遮盖的地方，等待防水自然风干。

章后小结

1. 防水卷材的一般性能；

- 高聚物改性沥青防水卷材
  - 弹性体改性沥青防水卷材(SBS 防水卷材)
  - 塑性体改性沥青防水卷材(APP 防水卷材)
  - 铝箔塑胶油毡
- 合成高分子防水卷材
  - 三元乙丙橡胶防水卷材
  - 聚氯乙烯(PVC)防水卷材

防水卷材的选用和贮存运输。

2. 防水涂料
   - 沥青基防水涂料
   - 高聚物改性沥青防水涂料
   - 合成高分子防水涂料
   - 水泥基防水涂料

   性能及应用

3. 建筑防水密封膏的种类、性能及应用；合成高分子止水带(条)的种类及应用。

习 题

一、选择题

1. 与沥青油毡比较，三元乙丙橡胶防水卷材具有(　　)的特点。

A. 耐老化性好，拉伸强度低　　B. 耐热性好，低温柔性差

C. 耐老化性差，拉伸强度高　　D. 耐热性好，低温柔性好

2. 下列不属于高聚物改性沥青防水卷材的是(　　)。

A. SBS 防水卷材　　B. 石油沥青油毡

C. 铝箔塑胶油毡　　D. APP 防水卷材

3. 下列哪种材料属于非定形密封材料(　　)。

A. 止水带　　B. 密封条

C. 密封垫　　D. 密封膏

4. 下列哪项不属于防水卷材的性能(　　)。

A. 延伸率　　B. 耐热度

C. 抗冻性　　D. 耐久性

二、填空

1. 防水材料可分为__________、__________、__________三类。

2. 高聚物改性沥青防水涂料分为__________和__________两类。

3. 高聚物改性沥青防水卷材是指以____________为胎体，以______________为涂盖层，以粉状、粒状、片状或薄膜材料为______________制成的防水卷材。

4.《屋面工程技术规范》对防水卷材的______________、______________以及______________做了详细规定。

第11章 保温节能材料

学习要求　了解保温材料的分类、发展趋势，熟悉保温材料的特点，掌握保温板、网格布、胶黏剂、抹面剂、锚栓的用途。

【引入案例】

2018 年 3 月 15 日某地区一场大风刮过，将加油站刮塌，树木刮倒，同时将某小区的外墙保温刮掉一大片。该案例外墙保温被刮掉的主要原因可以从以下几个方面分析：黏接砂浆与墙体黏结不牢固，保温板与抹面剂黏结不牢固，锚栓打入墙体深度不够。

11.1 保温材料概述

11.1.1 保温材料的分类

保温材料一般是指导热系数≤0.12 的材料，根据使用位置分为外墙保温材料、内墙保温材料和屋面保温材料；根据内在成分分为无机保温材料和有机保温材料。

无机保温隔热材料，具有不腐烂、不燃烧、耐高温等特点，一般是用矿物质原料制成，呈散粒状、纤维状或多孔状构造，可制成板、片、卷材或套管等形式的制品，包括石棉、岩棉、矿渣棉、玻璃棉、膨胀珍珠岩、膨胀蛭石、多孔混凝土等。

有机保温隔热材料，是由有机原料制成的保温隔热材料，包括软木、纤维板、刨花板、聚苯乙烯泡沫塑料、脲醛泡沫塑料、聚氨酯泡沫塑料、聚氯乙烯泡塑料等。泡沫型保温材料主要包括聚合物发泡型保温材料和泡沫石棉保温材料。

11.1.2 保温材料的特点

11.1.2.1 无机保温材料的特点

(1)适用范围广，阻止冷热桥产生

无机保温材料保温系统适用于各种墙体基层材质，各种形状复杂墙体的保温；全封闭、无接缝、无空腔,没有冷热桥产生。

(2)有极佳的温度稳定性和化学稳定性

无机保温材料保温系统系由纯无机材料制成,不存在老化问题,与建筑墙体同寿命。

(3)施工简便,综合造价低

无机保温材料保温系统可直接抹在毛坯墙上,其施工方法与水泥砂浆找平层相同。

(4)绿色环保无公害

无机保温材料保温系统无毒、无味、无放射性污染,对环境和人体无害,具有良好的环境保护效益。

(5)防火阻燃安全性好,用户放心

无机保温材料为防火A级不燃烧材料。可广泛用于对防火要求严格场所。还可作为放火隔离带施工,提高建筑防火标准。

(6)热工性能好

无机保温材料保温系统蓄热性能远大于有机保温材料,可用于南方的夏季隔热。

(7)防霉效果好

可以防止冷热桥传导,防止室内结露后产生的霉斑。

11.1.2.2 有机保温材料的特点

聚合物发泡型保温材料吸收率小、保温效果稳定、导热系数低、在施工中没有粉尘飞扬、易于施工,正处于推广应用时期;泡沫石棉保温材料密度小、保温性能好、施工方便,推广发展较为稳定,应用效果也较好,但同时也存在一定的缺陷:如泡沫棉容易受潮,浸于水中易溶解,弹性恢复系数小,不能接触火焰和在穿墙管部位使用等。目前在市面上应用较少。

11.1.3 保温材料的发展趋势

(1)轻质化材料

在同种材质下,保温隔热材料的密度越小,隔热效果越好。此外,轻质化材料不会增加建筑围护结构的额外负担,降低了由于结构负荷过大而造成渗漏的可能性。

(2)憎水性材料

憎水性以制品抵抗环境中水分的能力为指标,反映材料耐水渗透的能力。除少数有机泡沫塑料,大部分保温隔热材料吸水后导热系数大大提高,隔热效果降低。为避免材料吸水,需要利用高效憎水剂来改变硅酸盐材料的表面特性,目前使用广泛的是改性有机硅憎水剂。在今后保温隔热材料的研发中,开发具有高效憎水性能的材料,将是一大发展趋势。

(3)超效绝热材料

目前,超效绝热材料主要分真空绝热材料和纳米孔材料两种。使用真空材料或者将材料固体部分的厚度降低,甚至将孔隙大小限制在纳米级,就可以消除空气的对流和透红外线性能,减小热传导和对流的发生,提高材料的隔热效果。

11.2 保温板

11.2.1 绝热用模塑聚苯乙烯泡沫塑料(EPS)

11.2.1.1 分类

绝热用模塑聚苯乙烯塑料按密度分为Ⅰ、Ⅱ、Ⅲ、Ⅳ、Ⅴ、Ⅵ类,根据燃烧性能,分为阻燃型和普通型。

11.2.1.2 特点及应用

绝热用模塑聚苯乙烯塑料具有质轻、价廉、导热率低、吸水性小、电绝缘性能好、隔音、防震、防潮、成型工艺简单等。广泛用于建筑、保温、包装、冷冻、日用品,工业铸造等领域。也可用于展示会场、商品 橱、广告招牌及玩具之制造。为适应国家建筑节能要求主要应用于墙体外墙外保温、外墙内保温、地暖。

绝热用模塑聚苯乙烯泡沫塑料

不同类别产品的推荐用途:第Ⅰ类产品应用时不承受负荷,如夹芯材料,墙体保温材料;第Ⅱ类产品承受较小负荷,如地板下面隔热材料;第Ⅲ类产品承受较大负荷,如停车平台隔热材料;第Ⅳ、Ⅴ、Ⅵ类产品用于冷库铺地材料、公路地基材料及需要较高压缩强度的材料。

11.2.2 绝热用挤塑聚苯乙烯泡沫塑料(XPS)

绝热用挤塑聚苯乙烯泡沫塑料

绝热用挤塑聚苯乙烯泡沫塑料是以聚苯乙烯树脂为原料,通过挤塑压出成型而制得的高密度硬质泡沫塑料板。

建筑物屋面保温、钢结构屋面、建筑物墙体保温、建筑物地面保湿、广场地面、地面冻胀控制、中央空调通风管道、机场跑道隔热层、高速铁路路基等。

11.2.3 绝热用岩棉、矿渣棉及其制品

岩矿棉吸声板不仅吸声性能优良,具有优异的保温和装饰效果,并且轻质、不燃、不霉、不蛀、吸水率低,故是一种多功能的新型装饰材料,广泛用于建筑墙体、屋顶的保温隔音;建筑隔墙、防火墙、防火门和电梯井的防火和降噪。

11.3 网格布

建筑外墙外保温用岩棉制品

网格布是以中碱或无碱玻璃纤维机织物为基础,经耐碱涂层处理而成。该产品强度高、耐碱性好,在保温系统中起着重要的结构作用,主要防止裂缝的产生。由于其优良的抗酸、碱等化学物质腐蚀的性能以及经纬向抗拉强度高,能使外墙保温系统所受的应力均匀分散,能避免由于外冲力的碰撞、挤压所造成的整个保温结构的变形,使保温层有很高的抗冲力强度,并且易于施工和质量控制,在保温系统中起到"软钢筋"的作用。

网格布应使用防潮材料密封,确保产品在储存于运输过程中避免受潮和损坏。每一

包装中应放入同一种类产品，特殊包装由供需双方商定。应采用干燥有遮篷的运输工具运输，运输过程中应避免受潮和机械损伤。应放置在干燥、通风的室内贮存。

11.4　锚栓

耐碱玻璃纤维网布

外墙保温锚栓，由膨胀件和膨胀套管组成，或仅由膨胀套管组成，依靠膨胀产生的摩擦力或机械锁定作用链接保温系统与基层墙体的机械固定件。见图 11.1。

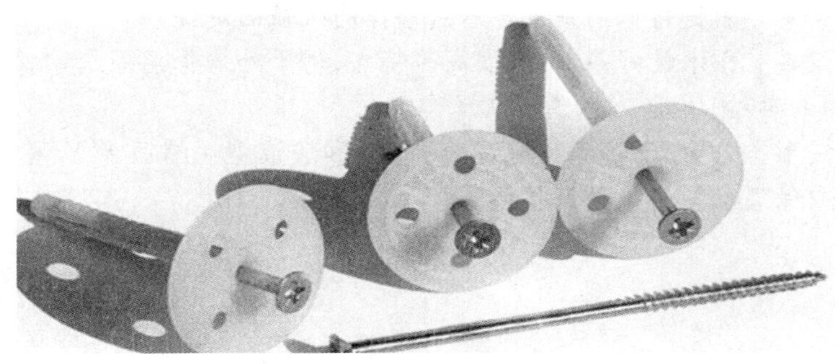

图 11.1　锚栓

在外墙外保温板材安装中，为达到系统更安全，根据保温板材质或饰面类型等，常采用多种类型外墙保温锚栓、金属托架（或角钢金属托架）或连接件等措施来辅助加强。

外墙保温用锚栓

通过螺栓的扩张部分被压入钻孔壁内产生的摩擦力以及几何形状的螺栓口与外墙保温锚栓基础和钻孔形状相互配合产生的共同作用来承受荷载。

11.5　胶黏剂

黏结砂浆由水泥、石英砂、聚合物胶结料配以多种添加剂经机械混合均匀而成。主要用于黏结保温板的黏结剂，亦被称为聚合物保温板黏结砂浆。

墙体保温用膨胀聚苯乙烯板胶黏剂

黏结砂浆采用优质改性特制水泥及多种高分子材料、填料经独特工艺复合而成，保水性好，粘贴强度高；同基层墙体和聚苯板等保温板均有较强的黏接作用；且耐水耐冻融，耐老化性能好；施工中不滑坠。具有优良的耐候、抗冲击和防裂性能。主要用于外墙保温系统中保温材料（EPS、XPS 板）与墙面的黏结。

11.6　抹面剂

外墙外保温用聚苯乙烯板抹面胶浆

抹面砂浆是由水泥、石英砂、聚合物胶结料配以多种添加剂经机械混合均匀而成。抹面剂主要用于薄抹灰保温系统中保温层外的抗裂保护层，亦称为聚合物抗裂抹面剂。主要施工于各种墙体保温面层，形成优异抗裂防渗面层，有利于保护保温基层的综合性能，提高保温面层的亲和性；抹面层不承受荷载。

章后小结

1. 保温板分为:绝热用模塑聚苯乙烯泡沫塑料(EPS)板、绝热用挤塑聚苯乙烯泡沫塑料(XPS)板、绝热用岩棉、矿渣棉板。

2. 网格布具有强度高、耐碱性好等特点,在保温系统中起到“软钢筋”的作用。

3. 外墙保温锚栓,由膨胀件和膨胀套管组成,或仅由膨胀套管组成,依靠膨胀产生的摩擦力或机械锁定作用链接保温系统与基层墙体的机械固定件。

4. 黏结砂浆具有保水性好,粘贴强度高等特点,用于外墙保温系统中保温材料(EPS、XPS 板)与墙面的黏结。

5. 抹面剂按形态分为:干粉型(缩写为 F 型)和胶液型(缩写为 Y 型),主要用于薄抹灰保温系统中保温层外的抗裂保护层。

习 题

1. 保温材料的发展趋势为________、__________、__________。

2. 绝热用模塑聚苯乙烯塑料按密度分为______、____、____、____、____、____类。根据燃烧性能,分为______和______。

3. 绝热用模塑聚苯乙烯塑料主要用于________、________、________等。

4. 绝热用挤塑聚苯乙烯泡沫塑料主要用于________、__________、__________等。

5. 胶黏剂具有________、______和______性能。

6. 抹面砂浆是由______、______、________配以多种添加剂经机械混合均匀而成。

第12章 吸声隔声材料

学习要求 通过本章学习，了解吸声隔声原理、常用吸声隔声材料的种类及应用。

【引入案例】

韩其购买了某公司开发的一处住房，未发现房屋地下一层竟是给全楼供水的水泵房。水泵运行时发出的噪声严重影响了韩家的生活休息，韩其委托环境保护监测站进行了噪声检测，实测噪声值为59分贝。国家标准城市区域环境噪声标准中一类标准适用于以居住为主的区域，其夜间标准为45分贝，室内噪声限值应低于所在区域标准10分贝，即不得超过35分贝。韩其遂要求该公司退房并赔偿精神损害费等合计60多万元。

目前，我国对建筑吸声隔声设计要求有哪些？

12.1 吸声与隔声

吸声处理所解决的目标是减弱声音在室内的反复反射，也即减弱室内的混响声，缩短混响声的延续时间即混响时间；在连续噪声的情况下，这种减弱表现为室内噪声级的降低，此点是对声源与吸声材料同处一个建筑空间而言。

隔声处理则着眼于隔绝噪声自声源房间向相邻房间的传播，以使相邻房间免受噪声的干扰。由此可以看出，利用隔声材料或隔声构造隔绝噪声的效果比采用吸声材料的降噪效果要高得多。这说明，当一个房间内的噪声源可以被分隔时，应首先采用隔声措施；当声源无法隔开又需要降低室内噪声时才采用吸声措施。

12.2 吸声材料

建筑吸声与隔声

吸声材料是指多细孔、柔软的材料，当声音透过多孔时，在吸声材料中多次反射而使声能衰减，达到吸声的功能（见图12.1）。吸声材料依据吸声原理可分为：

多孔吸声材料:纤维状吸声材料、颗粒状吸声材料、泡沫状吸声材料;

共振吸声材料:单个共振器、穿孔板共振吸声结构、薄板(膜)共振吸声结构等。

(a)共振吸声材料

(b)泡沫状吸声材料

图 12.1 吸声材料

12.2.1 多孔纤维吸声材料

常用多孔吸声材料见表 12.1。

表 12.1 常用多孔纤维吸声材料

主要种类		常用材料举例	使用情况
纤维材料	有机纤维材料	动物纤维:毛毡	价格贵,不常用
		植物纤维:麻绒、海草	原料来源广,防火、防潮性能差
	无机纤维材料	玻璃纤维:中粗棉、超细棉、玻璃棉毡	吸声性能好,防腐防潮,不自燃,应用广泛
		岩矿棉:散棉、矿棉毡	吸声性能好,松散材料易自重下沉,施工扎手
	纤维材料制品	矿棉吸声板、岩棉吸声板、玻璃棉吸声板、植物纤维软木板	装配式施工,多用于室内吸声装饰工程
颗粒材料	板材	膨胀珍珠岩吸声装饰板	轻质、不燃、保温、隔热、强度低
	砌块	矿渣吸声砖、膨胀珍珠岩吸声砖	多用于砌筑截面较大的消声器
泡沫材料	泡沫塑料	聚氨酯泡沫塑料、脲醛泡沫塑料	吸声性能稳定,吸声系数使用前需实测
	其他	泡沫玻璃	强度高、防水、不燃、耐腐蚀、价格高、应用少
		加气混凝土	微孔不贯通,应用较少
		吸声剂	多用于不易施工的墙面粉刷

12.2.2 柔性吸声材料

具有密闭气孔和一定弹性的材料，声波引起的空气振动使材料产生相应振动克服内部的摩擦而消耗了声能，引起声波衰减。常见品种有乙烯基海绵、酚醛泡沫塑料、聚氨酯泡沫塑料等。

12.2.3 帘幕吸声体

用具有通气性能的纺织品，安装在离墙面或窗洞一定距离处，背后设置空气层。对中、高频都有一定吸声效果。

12.2.4 薄板振动吸声结构

将薄板（如胶合板、薄木板、纤维板、石膏板等）钉在墙或顶棚的龙骨上，背后留有空气层。该结构主要用于吸收低频声波。

12.2.5 共振吸声结构

共振吸声结构是一个内部为硬表面的较大封闭空腔，当声源振动时，空腔内的空气会按一定共振频率振动，此时开口颈部的空气分子在声波作用下像活塞一样往复运动，因摩擦而消耗声能。

12.2.6 穿孔板组合共振吸声结构

各种材质的穿孔薄板周边固定在龙骨上，并在背后设置空气层。该吸声结构适合吸收中频声波，在建筑中使用比较普遍。

12.3 隔声材料

建筑上把主要起隔绝声音作用的材料成为隔声材料（见图12.2）。隔声可分为隔绝空气声和隔绝固体声两种：

(a)隔音板

（b）隔音墙

图12.2 隔音材料

(1)空气声(通过空气传播的声音)的隔绝

隔绝空气声,主要服从声学中的“质量定律”,即材料的体积密度越大,质量越大,越不易振动,则隔声效果越好。因此应选用密实、沉重的材料,如砖、混凝土、钢板等。

(2)固体声(通过固体的撞击或振动传播的声音)的隔绝

采用不连续的机构处理,隔断声波传递的途径,即在结构层中(如在墙壁和承重梁之间、房屋的框架和隔墙及楼板之间)加入具有一定弹性的衬垫材料,如毛毡、软木、橡胶等,或在楼板上加弹性地毯。

章后小结

吸声隔声材料:
- 基本知识:原理、区别、使用要求
- 吸声材料:多孔吸声材料–纤维材料、颗粒材料、泡沫材料
- 共振吸声材料–单个共振器、穿孔板共振吸声结构、薄板(膜)共振吸声结构等
- 隔声材料:空气声隔绝、固体声隔绝

习　题

一、选择题

1. 下列(　　)种面层材料对多孔材料的吸声性能影响最小。

A. 铝板网　　B. 帆布

C. 皮革　　D. 石膏板

2. 下列构造中属于低频吸声构造的是(　　)。

A. 50 mm 厚玻璃棉实贴在墙上,外敷透声织物面

B. 穿孔板(穿孔率为 30%)后贴 25 mm 厚玻璃棉

C. 帘幕,打褶率 100%

D. 七孔板后填 50 mm 厚玻璃棉,固定在墙上,龙骨间距 500 mm×450 mm。

3. 织物帘幕具有(　　)的吸声性能。

A. 多孔材料　　B. 穿孔板空腔共振吸声构造

C. 薄膜共振吸声构造　　D. 薄板共振吸声构造

4. 下列材料厚度相同,空气隔声能力最好的是(　　)。

A. 石膏板　　B. 铝板

C. 钢板　　D. 玻璃棉板

二、填空题

1. 描述声波基本的物理量有________、________和________。

2. 影响多孔吸声材料吸声特性的主要因素有材料的________、________和________三种。

3. 常见的隔声设施主要有________、________、________等。

第13章 建筑塑料

学习要求 了解常用建筑塑料制品的种类、特点、应用。

【引入案例】

模板是建筑行业现浇混凝土工程必须用到的一种材料。目前我国建筑行业出现了一种新型模板材料:绿色生态中空塑料建筑模板。该材料造价低、质量轻、刚性大、韧性好,可全部回收再生,是一种绿色生态材料,既保护了森林,又减少了白色污染,是"以塑代钢、以塑代木、以塑代竹"和降低工程造价的理想建材。

在本案例中,绿色生态中空塑料模板作为一种新型绿色建筑材料,代替传统钢模板、木模板、竹模板在工程中得到了应用。建筑工程中还有哪些材料可以由塑料来代替?对工程质量和造价方面会产生怎样的影响?

建筑上常用的塑料制品绝大多数是以合成树脂为主要成分,加入各种填充料和添加剂,在一定的温度、压力条件下塑制而成的材料;是由高分子聚合物加入一些辅助材料,加工形成的塑性材料或固化交联形成的刚性材料。塑料是一种可替代木材、混凝土、钢材的新型材料,在建筑中有着广泛的应用,已成为继水泥、钢材、木材之后的第四种建筑材料。可作为装修装饰材料、防水工程材料,也可制成各种类型的水暖设备,还可作为工程材料,如土工布、塑料模板、聚合物混凝土等。

13.1 建筑塑料的特点

与传统建筑材料相比,建筑塑料具有以下特点:

(1)质量轻、比强度高。塑料的密度为0.9~2.2 g/cm^3,是铝的1/2,是混凝土的1/3,是钢材的1/8~1/4,使用建筑塑料可以大大减轻建筑物的自重。

(2)优良的耐化学腐蚀性。塑料对酸、碱、盐及水等都有较高的化学稳定性,经过适当配方的建筑塑料的使用寿命也高于传统材料。

(3)电绝缘性能好。

(4)优良的加工性能。塑料可以采用各种方法加工成各种形状的制品,如薄膜、板材、管材以及一些复杂的异型材。

(5)优异的装饰性能。塑料着色后可以得到色泽鲜艳的塑料制品,表面还可以进行印花和压花处理。

(6)减振、吸声和隔热性好。

(7)耐老化性差。塑料在外界环境条件(空气、阳光等)的影响下会引起老化,变硬、变脆、变色乃至破损,丧失使用功能。

(8)可燃性差别大。绝大多数塑料能燃烧,所以建筑中的塑料应采取防火措施,如在塑料中加入阻燃剂或添加大量的无机材料等。另外,塑料在燃烧时有毒,容易使人窒息,应特别引起注意。

【知识链接】

建筑塑料的组成

建筑塑料由合成树脂、填料和增塑剂、着色剂、稳定剂、固化剂等添加剂组成。

1. 合成树脂是塑料中的基本组分,是决定塑料基本性质的主要因素。

2. 填料又称填充料,可改善和增强塑料的物理力学性能,如提高机械强度、硬度、耐热性、耐磨性,增加化学稳定性等,并可降低塑料的成本。填料可分为有填机料和无机填料两类。

3. 增塑剂可增加塑料的可塑性,减小脆性,以便于加工,并能使制品具有柔软性。增塑剂会降低塑料制品的机械性能和耐热性等,所以在选择增塑剂的种类和加入量时应根据塑料的使用性能来决定。

4. 在塑料中加入着色剂后,可使其具有鲜艳的色彩和美丽的光泽。所选用的着色剂应色泽鲜明、分散性好、着色力强、耐热耐晒,在塑料加工过程中稳定性良好,与塑料中的其他组分不起化学反应,同时,还应不降低塑料的性能。

5. 为防止塑料过早老化,延长塑料的使用寿命,常加入少量稳定剂。稳定剂应耐水、耐油、耐化学侵蚀,并能与树脂相溶。

6. 为使塑料具有某种特定的性能或满足某种特定的要求,还可掺入其他添加剂。如:掺入固化剂,可使树脂具有热固性;掺入抗静电剂,可使塑料不易吸尘;掺入发泡剂,可制得泡沫塑料;掺入阻燃剂,可阻滞塑料制品的燃烧,并使之具有自熄性。

13.2 常用建筑塑料特性与用途

13.2.1 热塑性塑料

(1)聚乙烯塑料(PE)

聚乙烯是最常用的塑料之一,它是由单体乙烯在催化剂作用下聚合而成的,有良好的耐低温性(-70 ℃),有很高的化学稳定性、耐水性和电绝缘性,但机械强度不高,质地较软;易燃烧,并有严重的熔融滴落现象,会导致火焰蔓延。因此必须对建筑用聚乙烯进行阻燃改性。

聚乙烯塑料产量大,用途广。在建筑工程中主要用作防水材料、给排水管道、防渗薄膜、混凝土建筑物的防水层等。

(2)聚氯乙烯塑料(PVC)

聚氯乙烯树脂主要由氯乙烯单体经聚合而成,聚氯乙烯是无色、半透明、坚硬的脆性材料。是目前建筑中用量最大的塑料之一。

硬质聚氯乙烯塑料机械强度高、抗腐蚀性强、耐风化性能好,在建筑工程中可用于百叶窗、天窗、屋面采光板、水管和排水管等,制成泡沫塑料,也可作隔声、保温材料。

软质聚氯乙烯塑料材质较软,耐摩擦,具有一定弹性,易加工成型,可挤压成板、片、型材做地面材料和装修材料等。软质聚氯乙烯由于有增塑剂,故可燃烧,燃烧时有烟并放出氯化氢气体。

(3)聚苯乙烯塑料(PS)

聚苯乙烯是由苯乙烯单体经聚合而成,具有高绝热性、高透明性,电绝缘性较好,化学稳定性高,耐水、耐光,成型加工方便,价格较低;但聚苯乙烯脆性大,敲击时有金属脆声,抗冲击韧性差,耐热性差,易燃,燃烧时会放出黑烟,使其应用受到一定限制。其主要制品是聚苯乙烯泡沫塑料,做复合板材的芯材以获得良好的绝热性能。

(4)聚丙烯塑料(PP)

聚丙烯树脂由丙烯单体聚合而成,其刚性、延性好,耐蚀,不耐磨,无毒、易燃,有一定的脆性。耐低温冲击性较差,抗大气性差,故适用于室内。主要用于生产管材、卫生洁具、耐腐蚀衬板等。

近年来,聚丙烯的生产发展较迅速,聚丙烯已与聚乙烯、聚氯乙烯等共同成为建筑塑料的主要品种。

(5)聚甲基丙烯酸甲酯

聚甲基丙烯酸甲酯,俗称"有机玻璃",是透光性最好的一种塑料。它质轻、坚韧并具有弹性,在低温时仍具有较高的冲击强度,有优良的耐水性和耐热性,易加工成型,在建筑工程中可制作板材、管材、室内隔断等。板材、管材、浴缸、室内隔断、穹形天窗等。

13.2.2 热固性塑料

(1)酚醛树脂塑料(PF)

酚醛树脂通常以苯酚与甲醛在酸性或碱性催化剂作用下缩聚而成。在酚醛树脂中掺加填料、固化剂等可制成酚醛塑料制品,这种制品表面光洁,坚固耐用,成本低,是最常用的塑料品种之一。在建筑上主要用来生产各种层压板、玻璃钢制品、涂料和胶黏剂等。

(2)有机硅塑料(SI)

有机硅树脂由一种或多种有机硅单体水解而成。有机硅树脂是一种憎水、透明的树脂,主要优点是耐高温、耐水,可用作防水及防潮涂层,并在许多防水材料中作为憎水剂;具有良好的电绝缘性能,可用作绝缘涂层;具有优良的耐候性,可做耐大气涂层。有机硅机械性能不好,黏结力不强,常用玻璃纤维、石棉、云母或二氧化硅等增强。

(3)聚碳酸酯塑料(PC)

聚碳酸酯塑料是一种工程塑料,透光率高,3 mm 的透光率为 60%,有极高的抗冲击强度,是玻璃的 250 倍,是有机玻璃的 150 倍,故有"不碎玻璃"之称。它质轻,密度仅为玻璃的 50%左右,隔热性好,使用温度范围广(-130 ~ 130 ℃),抗紫外线能力强,且具有自熄性、阻燃等特点。它常做成板材,用于办公楼、体育馆、娱乐中心、工业厂房等的采光。

(4)玻璃纤维增强塑料(GRP)

玻璃纤维增强塑料俗称"玻璃钢",是采用合成树脂胶结玻璃纤维或玻璃布而制成的轻质高强复合材料。玻璃钢成型性能好,可以制成各种结构形式和形状的构件,也可以现场制作;轻质高强(比强度超过钢材),可以在满足设计要求的条件下,大大减轻建筑物的自重;具有良好的耐化学腐蚀性能;具有一定的透光性能,可以同时作为结构和采光材料使用。但刚度较低,使用时会产生较大的徐变。

13.3 常用的建筑塑料制品

13.3.1 塑料门窗

塑料门窗是以聚氯乙烯(PVC)主要原料,加入一定比例的各种添加剂,经混炼、挤出成型为内部带有空腔的异形材,以此塑料为门窗框材,经切割、组装而成的。

随着建筑塑料工业的发展,全塑料门窗、喷塑钢门窗和钢塑门窗将逐步取代木门窗、金属门窗,得到越来越广泛的应用。与其他门窗相比,塑料门窗具有耐水、耐腐蚀、气密性、水密性、绝热性、隔声性、耐燃性、尺寸稳定性、装饰性好,而且不需要粉刷油漆,维修保养方便,节能效果显著,节约木材、钢材、铝材等优点。

13.3.2 塑料管材

建筑塑料管材及管件制品应用极为广泛,正在逐步取代陶瓷管和金属管。塑料管材与金属管材相比,具有生产成本低,容易模制;质量轻,运输和施工方便;表面光滑,流体阻力小;不生锈,耐腐蚀,适应性强;韧性好,强度高,使用寿命长,能回收加工再利用等优点,所以被公认为是目前建筑塑料中重要的品种之一,被大量用于建筑工程中。

工程中常用类型有:硬质聚氯乙烯(UPVC)管、聚乙烯(PE)管、三型聚丙烯(PP-R)管、交联聚乙烯(PEX)管、塑复合(PAP)管等。

13.3.3 其他塑料制品

(1)塑料地板

塑料地板是发展最早、最快的建筑装修塑料制品,其装饰效果好,色彩图案不受限制,仿真,施工维护方便,耐磨性好,使用寿命长,具有隔热、隔声、隔潮的功能,脚感舒适。目前,我国塑料地板大都采用 PVC (聚氯乙烯)树脂,使用年限 20 年左右。按材性分硬质、半硬质和软质。软质塑料卷材地板俗称地板革。塑料地板表面压成凹凸花纹,吸收冲击力好,防滑,耐磨。在使用过程中要注意定期打蜡;避免用大量的水拖地,特别是要避免热水、碱水和底板接触，以免影响黏结强度或引起变色、翘曲等；避免硬质刻划；脏污后用稀的肥皂水和用布擦洗痕迹，还可用少量汽油擦洗；不能接触物体；家具要垫脚；避免长期阳光照射。

(2)塑料壁纸

塑料壁纸是由基底材料(纸、麻、棉布、丝织物、玻璃纤维)涂以各种塑料，加入颜料经配色印花而成的。塑料壁纸强度较好，耐水可洗，装饰效果好，施工方便，成本低。目前，广泛用做内墙、天花板等的贴面材料。

塑料壁纸的种类有普通壁纸(单色压花壁纸、印花压花壁纸、有光印花墙纸和平光印花墙纸)、发泡墙纸、特种墙纸(如防水、耐水、彩色砂粒等品种)。

(3)建筑塑料板材

建筑用塑料装饰板材主要用作护墙板、层面板和平顶板，此外有夹芯层的夹芯板可用作非承重墙的墙体和隔断。

塑料装饰板材重量轻，能减轻建筑物的自重。塑料护墙板可以具有各种形状的断面和立面，并可任意着色，干法施工。有波形板、异形板、格子板和夹层墙板三种形式。

(4)塑料模板

塑料模板是一种节能型和绿色环保产品，是继木模板、组合钢模板、竹木胶合模板、全钢大模板之后又一新型换代产品。能完全取代传统的钢模板、木模板、方木，节能环保，摊销成本低。

塑料模板周转次数能达到30次以上，还能回收再造。温度适应范围大，规格适应性强，可锯、钻，使用方便。模板表面的平整度、光洁度超过了现有清水混凝土模板的技术要求，有阻燃、防腐、抗水及抗化学品腐蚀的功能，有较好的力学性能和电绝缘性能。能满足各种长方体、正方体、L形、U形的建筑支模的要求。

塑料在建筑中的应用

章后小结

1. 建筑塑料由于具有许多优良的性能，目前已成为继混凝土、钢材、木材之后的第四种主要建筑材料。

2. 塑料按照受热时变化不同，分为热塑性塑料和热固性塑料。热塑性塑料经受热成型、冷却硬化后，再经加热还具有可塑性；热固性塑料经初次加热或成型并冷却固化后，再经加热也不会软化和产生塑性。

习　题

一、选择题

1. 建筑塑料中最基本的组成是(　　)。

A. 增塑剂　　　　B. 稳定剂

C. 填充剂　　　　D. 合成树脂

2. 建筑工程中常用的PVC塑料是指(　　)。

A. 聚乙烯塑料　　B. 聚氯乙烯塑料

C. 酚醛塑料　　D. 聚苯乙烯塑料

3. “有机玻璃”的成分为(　　)。

A. 聚乙烯塑料　　B. 聚氯乙烯塑料

C. 聚甲基丙烯酸甲酯　　D. 聚苯乙烯塑料

二、简答题

1. 塑料的组成材料中，__________的加入可增加塑料的可塑性，减小脆性，以便于加工，并能使制品具有柔软性。

2. 为防止塑料过早老化，延长塑料的使用寿命，常加入少量____________。

3. 塑料可以采用各种方法加工成各种形状的制品，说明塑料具有____________________。

第14章 建筑装饰材料

学习要求 了解建筑工程中常用的建筑装饰材料(陶瓷、石材、玻璃、涂料、壁纸、壁布、木材等),熟悉常用装饰材料的选用原则,了解建筑装饰材料的主要污染物及来源。通过本章学习,会根据环境条件及建筑工程的具体要求,合理选用装饰材料。

【引入案例】

我国建筑装饰装修材料的现状及发展趋势

在行业内,建筑装修材料实际上指的是建筑饰面材料,是指房屋装修的结构工程以及水电暖气和空调管道安装基本完成后,铺设或涂装在建筑物表面起到装饰和美化作用的材料。其作用是功能性和艺术性的结合,不仅能美化建筑物,还能保护建筑面,增强其物理性能,调节室内环境。

我国的建筑装饰装修材料行业起步较晚,真正发展是从20世纪80年代开始的。到了现代,随着生活水平的提升,人们对家居装饰装修的要求也越来也高、越来越多元化,除了最基本的功能性之外,还增加了美观艺术性、绿色环保性和健康宜居性。这就使得人们对装修材料的选择越来越重视,使得我国建筑装饰材料市场蓬勃发展起来。

建筑装饰材料是指用于建筑物(墙、柱、顶棚、地、台等)表面的饰面材料,对建筑物起保护、装饰和美化的作用。

建筑装饰材料种类繁多,按材质分为陶瓷、石材、玻璃、涂料、木材、塑料、金属等种类;按功能分为吸声、隔热、防水、防火等种类;按材料来源分为天然装饰材料、人造装饰材料;按化学成分分为无机装饰材料、有机装饰材料和复合材料三大类;按装饰部位分为墙面装饰材料、顶棚装饰材料、地面装饰材料等。

14.1 建筑装饰陶瓷

建筑装饰陶瓷是指用于建筑装饰工程的陶瓷制品，包括各类陶瓷釉面砖、墙地砖、陶瓷锦砖、卫生陶瓷、园林陶瓷、琉璃制品和陶瓷壁画等。其中应用最为广泛的是釉面砖和墙地砖。

14.1.1 陶瓷的分类

陶瓷制品按其坯体材质不同，分为陶器、炻器和瓷器三大类。

陶器烧结程度较低，坯体孔隙较多，吸水率高（大于10%），断面粗糙无光、不透明，敲之声音粗哑，可施釉或不施釉。陶器分粗陶和精陶两种。建筑上常用的砖、瓦及陶罐等均属粗陶，而釉面砖属于精陶。

瓷器烧结程度高，坯体致密，基本不吸水（吸水率小于1%），强度高、耐磨、半透明，敲击时声音清脆，一般都施釉。建筑上常用的玻化砖和陶瓷锦砖属于粗瓷。

炻器介于陶器与瓷器之间。炻器按其坯体的细密性、均匀程度及粗糙程度分为粗炻器和细炻器两类。建筑上常用的外墙砖、地砖等均属于粗炻器。

14.1.2 陶瓷制品的应用

14.1.2.1 釉面砖

釉面砖常称瓷砖、瓷片，表面烧有釉层，一般为正方形或长方形，颜色以浅色为主，常用规格有300 mm×300 mm、300 mm×450 mm、300 mm×600 mm 等。

釉面砖热稳定性好，且防火、防潮、耐腐蚀、表面光滑、易清洗。主要用作厨房、浴室、卫生间、医院等室内墙面，也可作为台面的饰面材料。但釉面砖不宜用于室外，用于室外会导致釉层发生裂纹或剥落，严重影响建筑物的饰面效果。

14.1.2.2 墙地砖

墙地砖包括陶瓷外墙面砖和室内、室外陶瓷铺地砖，主要有彩色釉面陶瓷墙地砖、无釉陶瓷墙地砖、劈离砖、麻面砖、渗花砖、陶瓷锦砖等；具有强度高、致密坚实、耐磨、吸水率小、抗冻、耐污染、易清洗、耐腐蚀、经久耐用等特点，且色彩和形状各种各样，可广泛应用于各类建筑物的外墙、柱的饰面及地面装饰。

14.2 建筑装饰石材

家居装修，玻化砖、抛光砖、釉面砖、通体砖怎么选？

建筑装饰石材主要包括天然装饰石材和人造石材。天然石材是天然岩石经简单的物理加工而成，是古老的建筑材料之一，具有较高的强度、耐磨性、耐久性及优良的装饰效果。天然装饰石材主要品种有天然大理石和花岗岩。人造石材是人工配制而成的仿天然石材制品，具有强度大、装饰性好、耐腐蚀、耐污染、便于施工、价格低的优点，具有良好的发展前景。人造装饰石材主要有聚酯型、水泥型、复合型、烧结型的各种人造石材。

14.2.1 天然装饰石材

14.2.1.1 天然大理石

天然大理石是大理岩的俗称,因云南大理盛产而得名。其主要成分为碳酸钙及碳酸镁,质地较软,属中硬石材。

我国大理石矿产资源十分丰富,储量大、品种多,总储量居世界前列。据不完全统计,我国大理石约有 400 种以上,依其抛光面的基本颜色,大致可分为白、黄、绿、灰、红、咖啡、黑色七个系列。目前开采利用最多的主要有云灰、白色和彩色大理石。

天然大理石板材为高级饰面材料,主要用于建筑装饰等级要求高的建筑物。一般用于纪念性建筑、大型公共建筑,如宾馆、展览馆、剧院等建筑物的室内墙面、柱面等部位,也可用于制作大理石壁画、工艺品等。

大理石属碱性石材,在大气中受酸雨长期作用,容易发生腐蚀,造成表面强度降低、变色掉粉,失去光泽,影响其装饰效果,所以除少数稳定、耐久的品种(如汉白玉、艾叶青)外,绝大多数大理石品种只宜用于室内装饰。此外,大多数大理石耐磨性较差,虽可用于室内地面,但不宜用于人流较多场所的地面,同时,大理石耐酸腐蚀能力较差,也不大适合卫生间场所的应用。

14.2.1.2 天然花岗岩

天然花岗岩泛指各种以石英、长石为主要的组成矿物,并含有少量云母和有色矿物的火成岩和与其有关的变质岩,主要成分为 SiO_2,约占 65% ~75% 。天然花岗石结构致密、强度高、密度大、吸水率极低、质地坚硬、耐磨、耐久、抗风化、化学稳定性好、不耐火,具有一定的放射性,属酸性硬石材。

我国天然花岗石矿产资源极为丰富,储量大,品种多。据不完全统计,我国天然花岗石的花色品种约有 300 多种。按色彩大致可分为红、黑、白、灰、绿、黄、蓝七个系列。

花岗石属高级装饰材料,造价较高,因其不易风化,外观色泽可保持百年以上,因而主要应用于纪念碑、影剧院、纪念馆、宾馆、礼堂等大型公共建筑或装饰等级要求较高的室内外装饰工程。

14.2.2 人造石材

人造石材是采用无机、有机胶凝材料作为胶黏剂,以天然砂、碎石、石粉或工业渣等为粗、细填充料,以及适量的稳定剂、颜料等,经成型、固化、表面处理而成的一种人造材料。加工、施工方便,可直接制成弧形、曲面等天然石材较难加工的几何形状。人造石材分为水泥型人造石材、树脂型人造石材、复合型人造石材和烧结型人造石材四类。

14.2.2.1 水泥型人造石材

水泥型人造石材是以各种水泥为胶结材料,砂为细骨料,天然碎石为粗骨料,经配料、搅拌、成型、加压蒸养、磨光、抛光而制成。水泥型人造石材的主要品种是水磨石、人造花岗石、人造大理石装饰板材等。

水泥型人造石材生产取材方便,价格低廉,其中以铝酸盐水泥作为胶凝材料的性能最为优良,其结构致密、表面光亮,呈半透明状,同时花纹耐久、抗风化,耐火性、抗冻性、防火性能优良。水泥型人造石材的缺点是耐腐蚀性能较差,且表面容易出现龟裂和泛霜,因此不宜用作卫生洁具,也不宜用于外墙装饰。

水泥型人造石材适用于建筑物的地面、墙面、柱面、窗台、踢脚、台面、楼梯踏步等处,还可以制成桌面、水池、花盆、茶几等。

14.2.2.2 树脂型人造石材

树脂型人造石材多是以不饱和聚酯树脂为胶结材料,与天然碎石、石粉等搅拌混合,经浇捣成型,在固化剂作用下产生固化作用,再经脱模、烘干、表面抛光等工序加工而成。主要包括聚酯型人造大理石、聚酯型人造花岗岩、玉石合成饰面板等。

聚酯型人造石材的特性是易于成型,且可在常温下快速固化、光泽度高、质地高雅、强度较高、密度小、厚度薄、耐水、耐污染、基色浅,可调制成各种鲜艳的颜色。缺点是耐刻划性较差且填料级配若不合理,产品易出现翘曲变形。

聚酯型人造石材可用于室内外墙面、柱面、楼梯面板、服务台面等部位的装饰装修。

14.2.2.3 复合型人造石材

复合型人造石材的黏结剂中既有无机材料,又有有机高分子材料。先将无机填料用无机胶黏剂胶结成型。养护后,再将坯体浸渍于有机单体中,使其在一定条件下聚合。复合型人造石材的综合了上述两类人造石材的特点,但受变温作用后聚酯面容易开裂和剥落。复合型人造石材适用于建筑物的地面、墙面、柱面等。

14.2.2.4 烧结型人造石材

烧结型人造石材是将斜长石、石英、辉石、方解石粉等粉料与赤铁矿粉以及部分高岭土按比例混合,制备坯料,用半干压法成型,经窑炉 1000 ℃左右的高温焙烧而成。其性能稳定、装饰性好,但因采用高温焙烧,生产能耗大,造价较高,故实际应用较少。

14.3 建筑装饰玻璃

在现代建筑装饰工程中,玻璃是应用最为广泛的一类装饰材料。随着现代化建筑的发展,玻璃已由最初的采光、装饰功能,逐步向安全、环保、节能、隔音、降噪、防辐射、防爆、降低建筑物自重、改善建筑环境、提高建筑艺术装饰等方面综合发展。

建筑玻璃品种繁多,按其在建筑工程中的功能分为平板玻璃、装饰玻璃、安全玻璃、节能玻璃等。

14.3.1 平板玻璃

平板玻璃是建筑玻璃中用量最大的一类,目前普遍采用浮法生产,其特点是表面光滑平整、厚度均匀、不变形、规格大,宽度可达 2.4 ~4.6 m,厚度可达 20 mm。包括普通平板玻璃、磨光玻璃、浮法玻璃、花纹玻璃和有色玻璃等。主要用作建筑物的门窗、橱窗及屏风等装饰,也是钢化、夹层、镀膜、中空等玻璃加工的原片。

14.3.2　装饰玻璃

14.3.2.1　彩色平板玻璃

彩色平板玻璃又称有色玻璃，有透明和不透明两种。彩色平板玻璃的颜色有茶色、海洋蓝色、宝石蓝色和翡翠绿等，可拼成各种图案，并有耐腐蚀、抗冲刷和易清洗等特点，主要用于建筑物的内外墙、门窗装饰及对光线有特殊要求的部位。

14.3.2.2　磨砂玻璃

磨砂玻璃又称毛玻璃、漫反射玻璃，是经研磨、喷砂加工，表面均匀粗糙的平板玻璃。由于表面粗糙，使透过的光线产生漫射，只透光而不透视，一般用于建筑物的卫生间、浴室、办公室等需要隐秘和不受干扰的房间，也可用于室内隔断和作为灯箱透光片使用，还可用作黑板的板面。但使用中要注意一点，当磨砂玻璃作为浴室、卫生间门窗玻璃时，应将其毛面朝外。

14.3.2.3　花纹玻璃

花纹玻璃（图 14.1）是将玻璃依设计图案加以雕刻、印刻或局部喷砂等无颜色处理，使表面呈现各式图案、花样及质感，具有透光不透视的特点，包括压花玻璃、喷花玻璃、刻花玻璃、热熔玻璃，多用于办公室、会议室、浴室以及公共场所分离室的门窗和隔断等。

（a）压花玻璃

（b）刻花玻璃

图 14.1　花纹玻璃

14.3.2.4　冰花玻璃

冰花玻璃（图 14.2）是一种利用平板玻璃经特殊处理形成具有自然冰花纹理的玻璃。它具有花纹自然、质感柔和、透光不透明、视感舒适的特点。其装饰效果优于压花玻璃，给人以典维清新之感，是一种新型的室内装饰玻璃。可用于建筑物的门、窗、隔断、屏风、浴室隔断、吊顶、壁挂等的装饰。

14.3.2.5 玻璃锦砖

玻璃锦砖(图 14.3)又称玻璃马赛克,是一种小规格的彩色方形饰面玻璃,一般尺寸为 20 mm×20 mm、30 mm×30 mm、40 mm×40 mm,厚 4 ~6 mm,背面有槽纹,以利于与基面黏结。玻璃锦砖具有色调柔和、朴实、典雅、美观大方、化学稳定性、冷热稳定性好等优点。而且还有不变色、不积尘、容重轻、黏结牢等特性,多用于室内局部、阳台外侧装饰,也可用于壁画装饰。

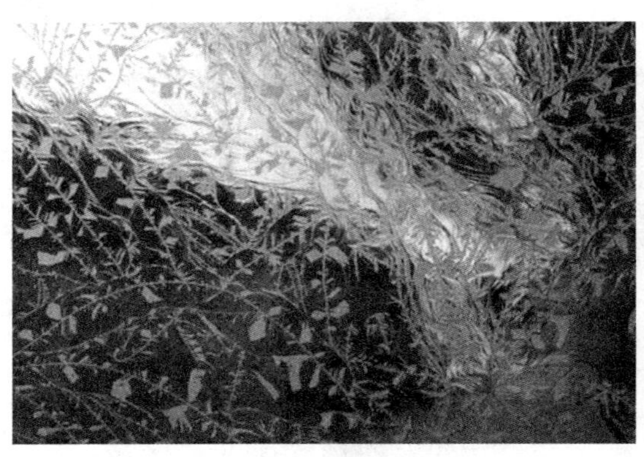

图 14.2 冰花玻璃

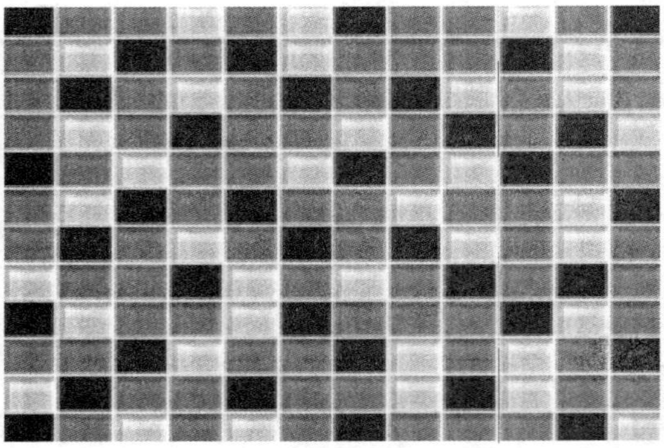

图 14.3 玻璃锦砖

14.3.2.6 玻璃幕墙

玻璃幕墙是一种美观新颖的建筑墙体装饰方法,它是以铝合金型材为边框,玻璃为外敷面,内衬以绝热材料的复合墙体,并用结构胶进行密封。玻璃多采用热反射玻璃。

14.3.3 安全玻璃

14.3.3.1 钢化玻璃

钢化玻璃也称强化玻璃,是平板玻璃经物理或化学方法强化处理后所得的玻璃制品。钢化玻璃的抗冲击强度是普通玻璃的 3 ~5 倍,抗弯强度是普通玻璃的 2 ~5 倍,在受到外力作用时能产生较大的变形而不破坏。即使遭受破坏,也会破碎成无尖锐棱角的小块,不易伤人,安全性较好。钢化玻璃还有较好的热稳定性,一般可承受 200 ℃以上的温差变化,在受急冷急热作用时不易发生炸裂。但钢化玻璃在使用时不能再进行切割、磨削,边角也不能碰击挤压,且温差变化大时,面积过大的钢化玻璃可能会发生自爆,因此,大面积玻璃幕墙宜选择半钢化玻璃。钢化玻璃广泛应用于高层建筑门窗、玻璃幕墙、室内隔断玻璃、采光顶棚、观光电梯通道、家具、玻璃护栏等。

14.3.3.2 夹丝玻璃

夹丝玻璃也称防碎玻璃或钢丝玻璃,是用压延法生产的内部夹有金属丝或网的平板玻璃,颜色可以是无色透明或彩色的。夹丝玻璃遭受冲击或温度剧变时破而不缺,裂而不散,整体性能保持完好。同时,夹丝玻璃耐冲击性、耐热性、抗震性也得到大幅提高,具有一定的安全、防火、防震性能。但夹丝玻璃也有一定缺点,如耐急冷急热性能差,玻璃边部裸露的金属丝易锈蚀，引起玻璃“锈裂”，透视性不好等。夹丝玻璃常用作建筑物的防火门窗、天窗、采光屋顶等。

14.3.3.3　夹层玻璃

夹层玻璃（图 14.4）是在两片或多片玻璃原片之间夹入高韧性胶黏透明材料而制成的一种复合玻璃制品。用多层普通玻璃或钢化玻璃复合起来，可制成防弹玻璃。通过采用不同的原片玻璃，夹层玻璃还可具有耐久、耐热、耐湿、耐寒、隔声、防紫外线等性能。夹层玻璃常用作高层建筑物的门窗、天窗，商店的展台、橱窗等，也用作汽车、飞机的挡风玻璃。

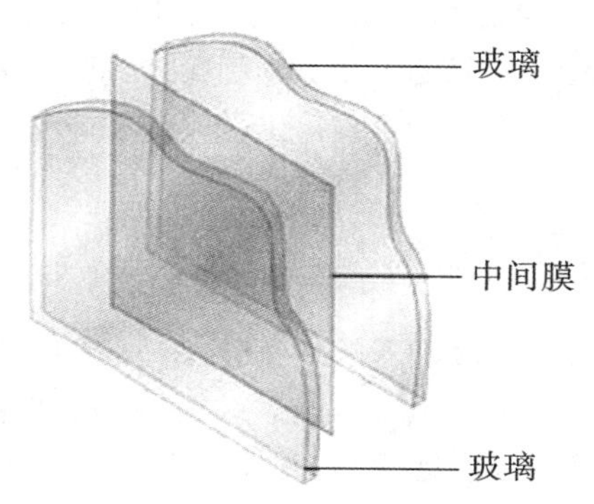

图 14.4　夹层玻璃

14.3.4　节能玻璃

14.3.4.1　吸热玻璃

吸热玻璃是在普通玻璃中加入有着色作用的氧化物，或在玻璃表面喷涂有色氧化物薄膜而制得的平板玻璃，它既能吸收大量红外辐射能，又能保持良好的光透过率，还能减少紫外线的射入。吸热玻璃在建筑装修工程中应用广泛，凡既需采光又需隔热之处均可采用，一般多用做建筑物的门窗或玻璃幕墙。

14.3.4.2　热反射玻璃

热反射玻璃是由无色透明的平板玻璃镀覆金属膜或金属氧化物膜而制得，又称为镀膜玻璃或阳光控制膜玻璃。它既具有较高的热反射能力，又保持了平板玻璃良好透光性能，可用作建筑门窗玻璃、幕墙玻璃，还可以用于制作高性能的中空玻璃。

14.3.4.3　中空玻璃

中空玻璃是由两片或多片平板玻璃用边框隔开，中间充以干燥的空气，四周边缘部分用密封胶密封而成。中空玻璃按玻璃层数有双层和多层之分，多采用双层结构。中空玻璃的性能特点是隔热、隔声、节能、抗风压，并能有效防止结露，主要用于大型公共建筑的门窗及对温度控制、防噪音、防结露、节能环保有较高要求的建筑。

【例 14.1】工程实例分析

玻璃幕墙爆裂事故频发 如何解除“玻璃炸弹”威胁

现象:近年来,外形精美、透光性好的玻璃幕墙深受开发商青睐,在超高层建筑中更是成为许多建筑师的“不二选择”。我国现已成为世界第一玻璃幕墙出产和使用大国,但是危险也随之而来,随着使用年限的增长,玻璃幕墙的隐患逐渐暴露出来,除了光污染,玻璃幕墙的自爆、脱落事件时有发生,已成为城市的安全隐患,威胁人身及财产安全。

分析原因:玻璃自爆的主要原因是玻璃自身的质量问题,行业内有“钢化玻璃千分之三自爆率”的说法,因此即便是合格的钢化玻璃,仍存在千分之三的自爆概率。除此之外,安装过程中玻璃幕墙的打胶、与框架的契合等工序施工不当、固定件锈蚀、框架变形、硅胶老化、玻璃幕墙内有气泡夹杂等也会带来风险。一旦遇到台风、飓风、地震、冰雹、温差遽然变化等,均有可能会导致安全事件。

14.4 建筑装饰涂料

建筑装饰涂料是指涂覆在建筑物表面,并能形成牢固附着的连续保护薄膜,对建筑物起到保护、装饰、改善建筑使用功能(如防霉、防火、防水、保温隔热、防静电等)的材料。建筑装饰涂料按其在建筑物中使用部位的不同,可分为内墙涂料、外墙涂料和地面涂料。

14.4.1 内墙涂料

内墙涂料主要包括水溶性涂料、合成树脂乳胶漆和溶剂型涂料三类。常用内墙涂料的性能特点及应用见表 14.1。

表 14.1 常用内墙涂料的性能特点及应用

品种	名称	性能特点及应用
水溶性涂料	聚乙烯醇内墙涂料	价格便宜,不耐水、不耐碱,涂层受潮后容易剥落,属低档内墙涂料,多用于低档或临时住房装修
合成树脂乳胶漆	醋酸乙烯乳胶漆	无毒、无味,涂膜细腻、平滑、透气性好,附着力强,色彩多样,施工方便,装饰效果良好,但耐水、耐碱、耐候性较差,属中档内墙涂料
	丙烯酸乳胶漆	光泽柔和,保光保色性优异,遮盖力强,附着力高,易于清洗,施工方便,属高档内墙涂料,应用最多
	苯-丙乳胶漆	耐候性、耐水性、耐洗刷性、抗粉化性良好,色泽鲜艳、质感好,属中高档内墙涂料,可用于潮气较大的部位
溶剂型涂料	多彩内墙涂料	涂层色泽优雅、富有立体感、装饰效果好;涂膜质地较厚,弹性、整体性、耐久性好,耐油、耐腐、耐洗刷,是一种较常用的墙面、顶棚装饰材料

14.4.2　外墙涂料

建筑装饰工程上常用的外墙涂料有乳液型涂料、溶剂型涂料和无机硅酸盐涂料三类。常用外墙涂料的性能特点及应用见表 14.2。

表 14.2　常用外墙涂料的性能特点及应用

品种	名称	性能特点及应用
乳液型外墙涂料	丙烯酸酯乳胶漆	较其他乳液涂料的涂膜光泽柔和，耐候性与保光性、保色性优异，涂膜耐久性可达 10 年以上
	水乳型聚氨酯外墙涂料	耐候性优异，无污染，是一种优良的环境友好型外墙涂料
	交联型高弹性乳胶漆	具有良好的耐候性、耐沾污性、耐水性、耐碱性及耐洗刷性，同时漆膜具有高弹性，能遮盖细微裂缝，主要用于旧房外墙渗漏维修，房屋建筑外墙面的保护与装饰
	彩砂外墙涂料	无毒、无溶剂污染，快干、不燃、耐强光、不褪色，取得类似天然石材的质感和装饰效果
溶剂型外墙涂料	过氯乙烯外墙涂料	色彩丰富、涂膜平滑、干燥快，且具有良好的耐候性和耐水性。施工时基层含水率不宜大于 8%
	氯化橡胶外墙涂料	对水泥混凝土和钢铁表面具有较好的附着力；耐水、耐碱、耐酸及耐候性好；涂料重涂性好
	丙烯酸酯有机硅外墙涂料	具有优良的耐候性、耐沾污性和耐化学腐蚀性，可广泛用于混凝土、钢结构、铝板、塑料等基面的装饰
无机外墙涂料	硅溶胶涂料	既保持无机涂料的硬度和快干性，又具有一定的柔性和较好的耐洗刷性
其他外墙涂料	复层涂料	可用于水泥砂浆抹面、混凝土预制板、石膏板、木结构等基面，一般作为内外墙、顶棚的中、高档装饰使用

14.4.3　地面涂料

常用地面涂料的性能特点及应用见表 14.3。

表 14.3　常用地面涂料的性能特点及应用

品种	名称	性能特点及应用
溶剂性地坪涂料	过氯乙烯地面涂料	干燥快、与水泥地面黏结好、耐水、耐磨、耐化学腐蚀。由于含有大量易挥发、易燃的有机溶剂,使用时应注意防火、通风
	聚氨酯-丙烯酸酯地面涂料	涂膜外观光亮平滑、有瓷质感、耐磨性、耐水性、耐酸碱和耐化学腐蚀。适用于图书馆、厂房、卫生间等水泥地面的装饰
乳液型地坪涂料	聚醋酸乙烯地面涂料	适用于民用住宅室内地面的装饰,亦可取代塑料地板或水磨石地坪,用于实验室、仪器装配车间等地面涂饰
合成树脂厚质地坪涂料	环氧树脂地面涂料	黏结力强、膜层坚硬耐磨且有一定韧性、耐久、耐酸碱、耐有机溶剂、耐火、可涂饰各种图案。适用于机场、车库、实验室、化工车间等室内外水泥地面的涂饰

14.5　壁纸与壁布

壁纸与壁布均为家庭中常用的装饰装修材料。壁纸分为普通壁纸和发泡壁纸。普通墙纸包括单色压花、印花压花、有光压花和平光压花等,是目前使用最多的墙纸。发泡墙纸有高发泡印花、低发泡印花和发泡印花压花等。高发泡墙纸表面有弹性凹凸花纹,是具有装饰和吸音等多功能的壁纸。低发泡墙纸表面有同色彩的凹凸花纹图,有仿木纹、拼花、仿瓷砖等效果,图案逼真,立体感强,装饰效果好,适于室内墙裙、客厅和楼内走廊等装饰。

壁布是壁纸的升级产品,它同样有着变幻多彩的图案、瑰丽无比的色泽。由于使用的是丝、毛、麻等纤维原料,档次比壁纸要高。壁布表层材料的基层多为天然物质,无论是提花壁布、纱线壁布,还是无纺布壁布、浮雕壁布,经过特殊处理的表面,其质地都较柔软舒适,而且纹理都更加自然,色彩也更显柔和,极具艺术效果和高贵气质,给人一种温馨浪漫的感觉。

壁布与壁纸相比,有以下优势:

(1)质感上比壁纸更胜一筹。

(2)壁纸色牢度差,长时间铺贴会褪色、变黄,而壁布由于是纺织而成,棉、麻、丝具有较好的固色能力,能长久保持铺贴效果。

(3)壁纸在空气湿度大的环境容易滋生霉菌,而壁布防潮透气性明显强于壁纸,一旦污染极易清洗,且不留痕迹。

(4)壁布具有很强的抗拉性,对于墙面因腻子原因造成的裂缝问题起到了遮盖、保护、凝聚的作用。

(5)壁布采用的棉、麻、丝纺织工艺有对声波产生漫散、浸透和软反射的作用,故其吸音、消音、隔音效果更强于壁纸。

14.6 木材

木材是最古老的建筑材料之一,历来与钢材、水泥并列为建筑工程的三大材料。木材具有很多优点,如质量轻,强度高,弹性、韧性较好,耐冲击和振动;对热、声、电的传导性小;耐久性较高;木质较软,易于加工和连接;具有美丽的天然纹理和良好的装饰效果,且易于着色和油漆。木材也有缺点,如内部构造不均匀,导致各向异性,干缩湿胀变形大;易腐朽、虫蛀;易燃烧;天然疵病较多等。目前虽然在承重结构中被钢材和混凝土等取代,但木材作为装饰装修材料,具有独特的魅力和价值,木质装饰制品在建筑装饰领域始终保持着重要的地位。

14.6.1 木材的主要性能

14.6.1.1 密度与体积密度

各种绝干木材的密度相差不大,平均约为1.55 g/cm^3,但体积密度则差异很大。大多数木材的体积密度在400 ~600 kg/m^3范围内,平均为500 kg/m^3。木材的体积密度随其含水率的提高而增大,通常以含水率15%(标准含水率)时的体积密度为准。

14.6.1.2 含水率

木材的含水率是指木材中所含水的质量与木材干燥后质量的百分比。

木材中的水分可分为三种,即自由水、吸附水和化合水。自由水存在于组成木材的细胞间隙中,影响木材的表观密度、燃烧性、干燥性及渗透性。吸附水被物理吸附于细胞壁内的细纤维中,是影响木材强度和胀缩变形的主要因素。化合水是组成细胞化合成分的水分,对木材的性能无影响。

(1)纤维饱和点

潮湿的木材干燥时,当自由水蒸发完毕而吸附水尚在饱和状态时的含水率称为纤维饱和点。纤维饱和点随树种不同而有所差异,通常为25% ~35%,平均值约为30%,它是木材物理力学性能转变的转折点。

(2)平衡含水率

木材与周围空气的相对湿度达到平衡时的含水率称为平衡含水率。新伐木材含水率通常在35%以上,长期处于水中的木材则更高。为了避免木材在使用过程中含水率变化太大而引起变形和开裂,须在使用前将其风干至使用环境长年平均的平衡含水率。我国平衡含水率北方约为12%,南方约为18%。

(3)湿胀干缩

木材具有显著的湿胀干缩性。由于构造的不均匀,木材各方向胀缩也不一致。同一树种木材,其弦向最大,径向次之,纵向(顺纤维方向)最小。湿材干燥后,因其各向收缩不同,其截面形状和尺寸也会发生一定的改变。

14.6.1.3 强度

木材的强度主要有抗压强度、抗拉强度、抗弯强度和抗剪强度。每种强度根据施力方向不同又有顺纹与横纹之分。顺纹受力是指作用力方向平行于纤维方向。横纹受力是指作用力方向垂直于纤维方向。木材的顺纹强度和横纹强度差别很大,见表14.4。

表14.4 木材无缺陷时各强度之间关系

抗压强度		抗拉强度		抗弯强度	抗剪强度	
顺纹	横纹	顺纹	横纹		顺纹	横纹
1	1/10～1/3	2～3	1/20～1/3	1.5～2	1/7～1/3	1/2～1

14.6.2 木材的应用

14.6.2.1 木地板

常用木地板的生产工艺、特点及应用见表14.5。

表14.5 木地板的生产工艺、特点及应用

品种	生产工艺	特点及应用
实木地板	天然木材经烘干、加工后形成的地面装饰材料	具有木材自然生长的纹理,质感自然,色泽丰富,绝热绝缘,冬暖夏凉,脚感舒适,使用安全,是卧室、客厅、书房等地面装修的理想材料。但木材本身不耐水、不耐火,易产生开裂变形,因而保护和维护要求较高
实木复合地板	由优质阔叶材或其他装饰性很强的合适材料作表层,以材质软的速生材或人造材作基材,经高温高压制成	保留了实木地板的自然纹理和舒适的脚感,且不易变形、不易翘曲、尺寸稳定性好、阻燃、绝缘、隔潮、耐腐蚀。但生产时所用的胶黏剂含有一定的甲醛,必须严格控制
强化木地板	以一层或多层专用纸浸渍热固性氨基树脂,铺装在人造板基材表面,背面加平衡层,正面加耐磨层,经热压而成	环保、耐磨、防潮、阻燃、抗冲击、防腐蚀、防虫蛀、抗日晒、安装便捷、迅速、整体感强、易打理、清洁维护十分方便。但脚感或质感不如实木地板,水泡损坏后无法修复。此外,地板中所含胶黏剂较多,必须严格控制

14.6.2.2 木装饰线条

一张图教你选对木地板

木装饰线条简称木线,是选用质硬、纹理细腻、材质较好的木材,经干燥处理后加工而成。它在室内装饰中起着固定、连接、加强装饰饰面的作用。

木线种类繁多,从材质上分,有硬质杂木线、水曲柳木线、樟木线、核桃木线等;从功能上分,有压边线、压角线、墙腰线、封边线、天花角线、上楣线、柱角线等;从款式上分,有外凸线、内凹线、凸凹结合式、嵌槽式等;从外形上分,有半圆线、直角线、斜角线、指甲线等。

木线条具有耐磨、耐腐蚀、不劈裂、切面光滑、加工性质好、油漆色性好、黏结性好等特点,在室内装饰中应用广泛,主要用作室内墙面的墙腰饰线、墙面洞口装饰线、护壁板和勒脚的压条装饰线等。

14.6.2.3　人造板材

常用人造板材(图14.5)的生产工艺、特点及应用见表14.6。

表14.6　常用人造板材的生产工艺、特点及应用

品种	生产工艺	特点及应用
胶合板	将原木沿年轮旋切成大张薄片,经过干燥、涂胶,以各层纤维互相垂直的方向黏合热压而成	层数为奇数,常用的为三层和五层,俗称三合板和五合板,常用于家具制作、护墙间墙的基层板、天棚吊顶基层板等
纤维板	以木质纤维或植物纤维为主要原料,经破碎浸泡、热压成型、干燥等工序制成	分为硬质纤维板(体积密度>800 kg/m^3)、软质纤维板(体积密度<500 kg/m^3)和中密度纤维板(体积密度500~800 kg/m^3)。中密度纤维板应用最为广泛,主要用于隔断、隔墙、地面、家具等
细木工板(大芯板)	由木条或木块组成板芯,两面粘贴单板或胶合板	加工简单,成本低,有一定的强度和硬度,是制作家具、各种装修基层的主要材料
刨花板	将木碎料(如刨花、碎木片、锯屑等)或木材削片粉碎后与胶黏剂混合,再经热压制成	密度较小,强度较低,价格便宜,属于中低档次装饰材料,可用于吊顶、隔墙、家具等

(a)胶合板

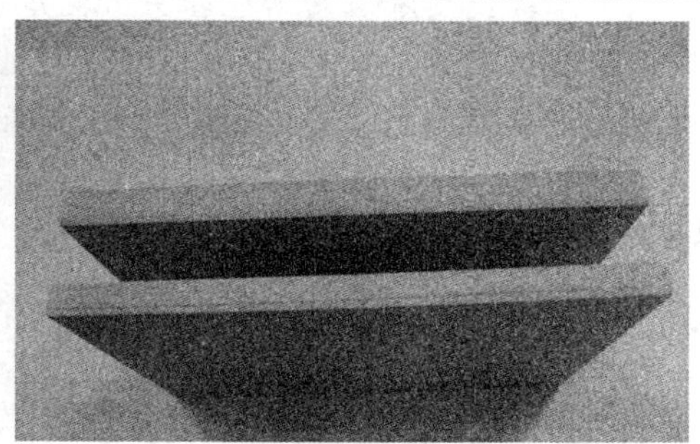

(b)纤维板

(c)细木工板

(d)刨花板

图14.5　常用人造板材

14.6.3 木材的防腐与防火

木材的腐朽是由真菌侵害,或白蚁、天牛等昆虫蛀蚀所致。木材防腐有两种方法,一是将木材干燥至含水率20%以下,并保持其通风干燥,必要时采取防潮或表面涂刷油漆等措施;二是采用表面喷涂、浸渍或压力渗透防腐剂法。

木材防火处理是将防火涂料采用涂敷或浸渍的方法施以木材的表面。木材防火处理前应基本加工成型,以免处理后再进行锯、刨等加工,使防火涂料部分被去除。

【例 14.2】工程实例分析

实木家具开裂问题

现象:有人说“不劈不裂,不叫实木”,在现实生活中实木家具多多少少都会出现一些开裂或者变形现象,很多用户就会认为家具坏了,它的质量有问题。那么实木家具开裂是什么原因呢?

原因分析:(1)含水率问题。实木家具开裂的最基本原因就是木材在制作过程中含水率没有掌控好,主要家具板材的含水率控制平衡,后期一般不会出现开裂、变形等问题。(2)气候所致。气候不同,实木的含水率也是有不同的,这与地理上的差异相关,在北京实木的含水率一般是11.4%左右,它的家具含水率在10.4%、9.4%;南方木材的含水率就更高,有14%。所以,在南方的实木家具运送北方后使用,就会出现开裂。(3)使用不当。实木家具使用不当的话也容易出现开裂、变形,靠窗放置的家具、经常用湿毛巾擦洗的家具还有随意挪动家具,都比较容易出现问题。(4)运输受损。如果在运输中,出现磕碰或者气候出现很大的变化时,实木家具开裂也是比较普遍的。

14.7 建筑装饰材料的污染

装修在使居室变得舒适与美观的同时,也给室内环境造成了污染。室内空气污染主要来自建筑材料、室内装修材料及家具所造成的污染,主要污染物有苯、甲醛、总挥发性有机物、氡、氨等,见表14.7。

表 14.7 室内主要污染物及来源

主要污染物	危害	来源
苯	有一种特殊的香味,却是强致癌物,长期吸入过量苯会破坏人体循环系统和造血机能,导致白血病	涂料、油漆、胶合剂、壁纸、地毯、合成纤维和清洁剂、溶剂等
甲醛	具有刺激性气味,超标可能引起鼻咽癌、鼻窦癌,还有可能引起白血病	板材、胶水、墙面装饰材料、床垫、窗帘等

续表 14.7

主要污染物	危害	来源
总挥发性有机物(TVOC)	吸入过量会影响中枢神经系统,让人出现头晕、头痛、嗜睡、胸闷等症状;还可能影响消化系统,让人食欲不振、犯恶心,严重时可损伤肝脏和造血系统	家具、壁纸等
氡	一种天然放射性气体,无色无味,就像"无形烟",它已成为仅次于吸烟的肺癌第二大诱因	花岗岩、瓷砖、洁具等陶瓷产品
氨	氨气极易溶于水,对眼、喉、上呼吸道作用快,刺激性强。短期吸入大量氨气后会出现流泪、咽痛、咳嗽、胸闷、呼吸困难、头晕、呕吐、乏力等症状	混凝土外加剂、室内装饰材料等,尤其在冬季施工时,大量存在于防冻液中

章后小结

1. 常用的建筑装饰材料有陶瓷、石材、玻璃、涂料、壁纸、壁布、木材等。

2. 建筑装饰陶瓷中应用最为广泛的是釉面砖和墙地砖。

3. 建筑装饰石材主要包括天然装饰石材和人造石材。天然装饰石材三要品种有天然大理石和花岗岩。绝大多数大理石品种只宜用于室内(汉白玉、艾叶青外),花岗岩既可用于室内,也可用于室外。人造装饰石材主要有聚酯型、水泥型、复合型、烧结型的各种人造石材。

4. 建筑玻璃按功能分为平板玻璃、装饰玻璃、安全玻璃、节能玻璃等。平板玻璃包括普通平板玻璃、磨光玻璃、浮法玻璃、花纹玻璃和有色玻璃等。装饰玻璃包括彩色平板玻璃、磨砂玻璃、花纹玻璃、冰花玻璃、玻璃锦砖及玻璃幕墙。安全玻璃包括钢化玻璃、夹丝玻璃及夹层玻璃。节能玻璃包括吸热玻璃、热反射玻璃和中空玻璃。

5. 建筑装饰涂料可分为内墙涂料、外墙涂料和地面涂料。

6. 壁纸分为普通壁纸和发泡壁纸。普通墙纸包括单色压花、印花压花、有光压花和平光压花等,是目前使用最多的墙纸。发泡墙纸有高发泡印花、低发泡印花和发泡印花压花等。壁布是壁纸的升级产品,比壁纸更具有优势。

7. 木材是最古老的建筑材料之一,木材的主要性能包括密度与体积密度、含水率及强度。木材可用来制作木地板、木装饰线条、人造板材等,但使用前应进行腐朽及防火处理。

8. 室内空气主要污染物有苯、甲醛、总挥发性有机物、氡、氨等,主要来自涂料、油漆、胶合剂、板材、家具、石材、陶瓷产品、墙纸、地毯、合成纤维和清洁剂、溶剂等。

习 题

一、单选题

1. 下列玻璃中,属于安全玻璃的是(　　)。

A. 钢化玻璃　　B. 磨砂玻璃

C. 冰花玻璃　　D. 中空玻璃

2. 下列玻璃中,属于节能玻璃的是(　　)。

A. 钢化玻璃　　B. 磨砂玻璃

C. 冰花玻璃　　D. 中空玻璃

3. 在木材的各种强度中,最大的是(　　)。

A. 顺纹抗压强度　　B. 顺纹抗拉强度

C. 横纹抗拉强度　　D. 横纹抗剪强度

二、填空

1. 常用的天然装饰石材有__________和__________。

2. 安全玻璃包括__________、__________及__________。

3. 节能玻璃包括__________、__________和__________。

4. 室内空气主要污染物有__________、__________、__________、__________和__________。

第四篇

建筑材料性能检测

第15章 建筑材料性能检测

学习要求 通过本章的学习了解常用建筑材料的技术性能标准和检测方法标准;熟悉骨料的检测方法、结果计算及其评定,防水卷材的性能检测及其结果评定;掌握水泥技术性能的检测方法及结果评定,混凝土各项性能的检测方法及结果评定,砂浆技术性能检测方法及结果评定,墙体材料的技术性能检测及其强度评定,钢筋的拉伸、弯曲检测。

15.1 水泥性能检测

15.1.1 采用标准

《通用硅酸盐水泥》GB 175—2007

《水泥细度检验方法(筛析法)》GB/T 1345—2005

《水泥标准稠度用水量、凝结时间、安定性检验方法》GB/T 1346—2011

《水泥胶砂流动度测定方法》GB/T 2419—2005

《水泥胶砂强度检验方法(ISO 法)》GB/T 17671—1999

15.1.2 取样方法与数量

(1)检验批的确定

依据《混凝土结构工程施工质量验收规范》(GB 50204—2002)规定,水泥进场时按同一生产厂家、同一强度等级、同一品种、同一批号且连续进场的水泥,袋装水泥不超过 200 t 为一检验批;散装水泥不超过 500 t 为一检验批,每批抽样不少于一次。

(2)取样

按《水泥取样方法》(GB 12573—2008)规定进行。对于建筑工程原材料进场检验,取样应有代表性。袋装水泥取样时，应在袋装水泥料场进行取样，随机不少于 20 个水泥袋中取等量样品，将所取样品充分混合均匀后，至少称取 12 kg 作为送检样品；散袋水泥取样时，随机从不少于 3 个车罐中，取等量水泥并混合均匀后，至少称取 12 kg 作为送检样品。

(3)水泥复试

用于承重结构和用于使用部位有强度等级要求的混凝土用水泥，或水泥出厂超过三个月(快硬硅酸盐水泥为一个月)和进口水泥，在使用前必须进行复试，并提供检测报告。通常水泥复试项目只做安定性、凝结时间和胶砂强度三个项目。

(4)水泥检测环境

要求检测室温度为(20±2)℃，相对湿度≥50%；湿气养护箱的温度为(20±1)℃，相对湿度≥90%；试体养护池水温度应在(20±1)℃范围内。

15.1.3 水泥细度检测(负压筛析法)

水泥细度检测分为比表面积法和筛分析法。硅酸盐水泥、普通水泥用比表面积法测定，其他四种通用水泥均采用筛分析法测定。筛分析法又分为负压筛法、水筛法和手工干筛法。如对以上方法检测结果有争议时，以负压筛法为准。下面介绍负压筛法。

(1)试验目的

为判定水泥质量提供依据。

(2)主要仪器设备

试验筛、负压筛析仪、天平等。

(3)试验步骤

试验前，水泥样品应充分拌匀，通过 0.9 mm 方孔筛，记录筛余百分率及筛余物情况。

1)把负压筛放在筛座上，盖上筛盖，接通电源，检查控制系统，调节负压至 4000 ~ 6000 Pa 范围内。

2)称量试样 25 g，置于洁净的负压筛中，盖上筛盖，放在筛座上。

3)开动筛析仪并连续筛析 2 min，在此期间如有试样附着在筛盖上，可轻轻地敲击筛盖，使试样落下。

4)筛毕，用天平称量筛余物质量，精确至 0.1 g。当工作负压小于 4000 Pa 时，应清理吸尘器内水泥，使负压恢复正常。

(4)结果计算与评定

1)水泥试样筛余百分数按下式计算，精确至 0.1%：

$$F = Rs/W \times 100\%$$

式中 F——水泥试样的筛余百分数，%；

Rs——水泥筛余物的质量，g；

W——水泥试样的质量，g。

2)当筛余百分数 $F \leqslant 10\%$ 时为合格。

15.1.4　水泥标准稠度用水量检测(标准法)

GB/T 1346—2011 规定水泥标准稠度用水量的测定有标准法和代用法两种,发生矛盾时以标准法为准。本方法适用于通用水泥及指定采用本方法的其他品种水泥。

(1)试验目的

测定水泥净浆达到标准稠度时的用水量,为检测水泥的凝结时间和体积安定性做好准备。

(2)主要仪器设备

水泥净浆搅拌机、标准法维卡仪(如图 15.1 所示)、代用法维卡仪、量水器、天平等。

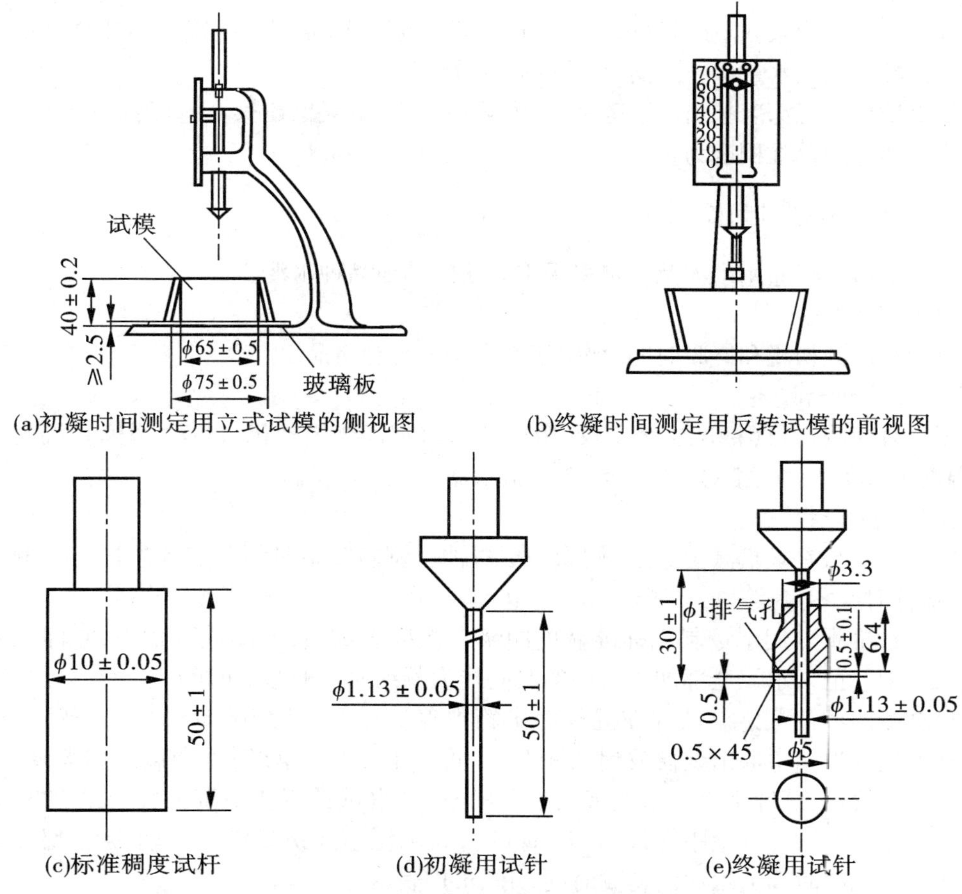

图 15.1　测定水泥标准稠度和凝结时间用的维卡仪(单位:mm)

(3)试验步骤

1)准备工作。将维卡仪调整至试杆接触玻璃板时,指针对准零点,其金属棒能自由滑动,同时,搅拌机正常运转。

2)取水泥试样 500 g,拌合水量按经验加水。

3)用湿布将搅拌锅和搅拌叶片擦干净,将拌合水倒入搅拌锅内,然后在5~10 s内小心地将500 g水泥加入水中,防止水和水泥溅出。

4)将锅放在搅拌机的锅座上,升至搅拌位置,启动搅拌机,低速搅拌120 s,停15 s,同时将叶片和锅壁上的水泥浆刮入锅中,接着高速搅拌120 s停机。

5)将拌制好的水泥净浆装入已置于玻璃底板上的试模中,用小刀插捣,轻轻振动数次,使气泡排出并刮平,再放到试杆下面固定的位置上。

6)试杆降至净浆表面,指针对准零点,拧紧螺丝1~2 s后,突然放松,使试杆垂直自由地沉入水泥净浆中。在试杆停止沉入或释放试杆30 s时,记录试杆距底板的距离,升起试杆后,立即擦净。整个操作应在搅拌后1.5 min内完成。

(4)结果评定

以试杆沉入净浆并距底板(6±1)mm的水泥净浆为标准稠度净浆。其拌合水量为该水泥的标准稠度用水量(P),按水泥质量的百分比计。

如果试杆下沉深度超出上述范围,应增减用水量,重复上述操作,直到达到(6±1)mm时为止。即达到标准稠度为止。

15.1.5 水泥凝结时间检测

本方法适用于通用水泥及指定采用本方法的其他品种水泥。

(1)试验目的

检测水泥的初凝和终凝时间,评定该水泥是否为合格品。

(2)主要仪器设备

凝结时间测定仪(标准法维卡仪,用试针)、水泥净浆搅拌机、试模(圆模)、湿气养护箱[温度为(20±1)℃、相对湿度≥90%]、量水器、天平等。

(3)试验步骤

1)将圆模放在玻璃板上,在内侧涂一层机油。调整凝结时间测定仪的试针接触玻璃板时,指针对准零点。

2)用标准稠度用水量制成标准稠度净浆一次装满试模,振动数次刮平,立即放入湿气养护箱中。记录水泥全部加入水中的时间作为凝结时间的起始时间。

3)初凝时间的测定。试件在湿气养护箱中养护至加水后30 min时,进行第一次测定。从湿气养护箱中取出试模放到试针下,降低试针与水泥净浆表面接触。拧紧螺丝1~2 s后,突然放松,试针垂直自由地沉入水泥净浆,观察试针停止下沉或释放试针30 s时指针的读数。当试针沉至距底板(4±1)mm时,为水泥达到初凝状态,即水泥全部加入水中至初凝状态的时间为水泥的初凝时间,用“min”表示。

4)终凝时间的测定。为准确观测试针沉入的状况,在终凝针上安装了一个环形附件(见图15.1),在完成初凝时间测定后,立即将试模连同浆体以平移的方式从玻璃板取下,翻转180°,径大端向上、小端向下放在玻璃板上,再放入湿气养护箱中继续养护,临终凝时间时,每隔15 min测定一次,当试针沉入试体0.5 mm时,即环形附件开始不能在试体上留下痕迹时,为水泥达到终凝状态,即水泥全部加入水中至终凝状态的时间为水泥的终凝时间。单位用“min”表示。

(4)结果评定

凡初凝时间、终凝时间有一项不合格者为不合格品。

(5)注意事项

1)在最初测定的操作时,应轻扶金属柱,使其慢慢下落,以防试针撞弯,但结果以自由下落为准。

2)在整个测试过程中,试针沉入的位置至少要距试模内壁 10 mm。

3)临近初凝时,每隔 5 mim 测定一次,临近终凝时,每隔 15 min 测定一次,到达初凝或终凝时,应立即重复多测一次,当两次结论相同时,才能定为达到初凝或终凝状态。

4)每次测定不能让试针落入原针孔。

5)每次测试完毕须将试针擦净,并将试模放回湿气养护箱,整个测试过程要防止试模受振。

15.1.6　水泥安定性检测

本方法适用于通用水泥及指定采用本方法的其他品种水泥。测定方法有标准法(雷氏法)和代用法(试饼法)两种。有争议时以雷氏法为准。

(1)试验目的

检测水泥浆在硬化时体积变化的均匀性,评定该水泥是否为合格品。

(2)仪器设备

沸煮箱:有效容积约为 410 mm×240 mm×310 mm,能在(30±5)min 内将箱内试验用水由室温升至沸腾状态,并恒沸 3 h 以上,整个过程不需要补充水量。

雷氏夹:如图 15.2 所示,由铜质材料制成,当用 300 g 砝码校正时,两根指针的针尖距离增加应在(17.5±2.5)mm 范围内,去掉砝码后针尖的距离应恢复原状,雷氏夹受力示意图如图 15.3 所示。

雷氏夹膨胀值测定仪(如图 15.4 所示,标尺最小刻度为 0.5 mm)、水泥净浆搅拌机、量水器、湿气养护箱、天平等。

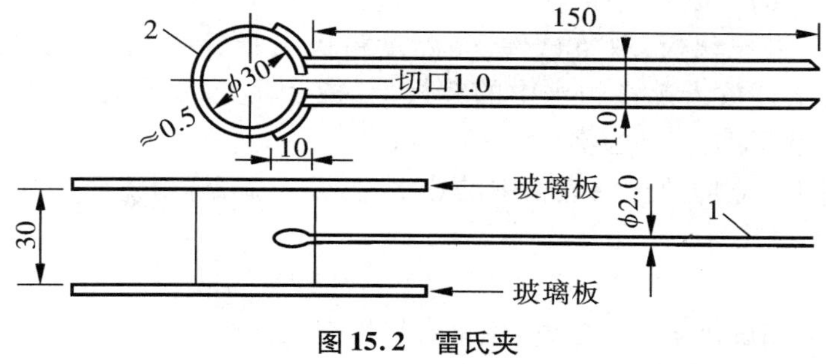

图 15.2　雷氏夹

(3)测定检测步骤

1)称取水泥试样 500 g(精确至 1 g),以标准稠度用水量搅拌成标准稠度的水泥净浆。将与水泥净浆接触的玻璃板和雷氏夹内侧涂一薄层机油。

2）成型方法。

①试饼法：将制好的标准稠度水泥净浆取出约 150 g，分成两等份，使之成球形，放在涂过油的玻璃板上，轻轻振动玻璃板并用湿布擦过的小刀，由边缘向中央抹，做成直径 70～80 mm，中心厚约 10 mm，边缘渐薄、表面光滑的试饼。

②雷氏法：将预先准备好的雷氏夹放在擦过油的玻璃板上，立即将已制好的标准稠度净浆一次装满雷氏夹，装浆时一只手轻轻扶持雷氏夹，另一只手用宽约 10 mm 的小刀插捣数次，然后抹平，盖上稍涂油的玻璃板。

3）养护。成型后立即放入湿气养护箱内养护(24±2)h。

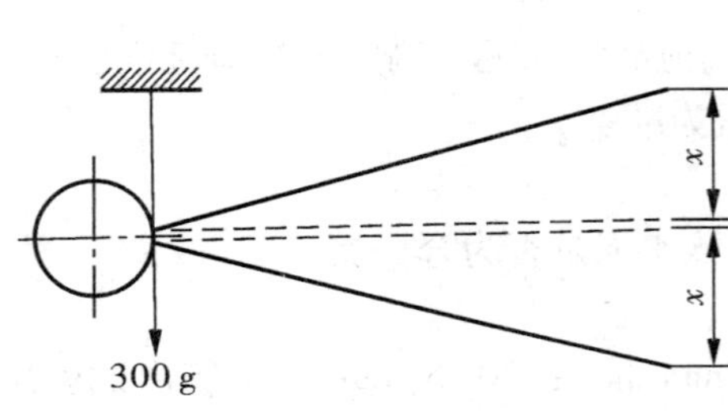

图 15.3 雷氏夹受力示意图

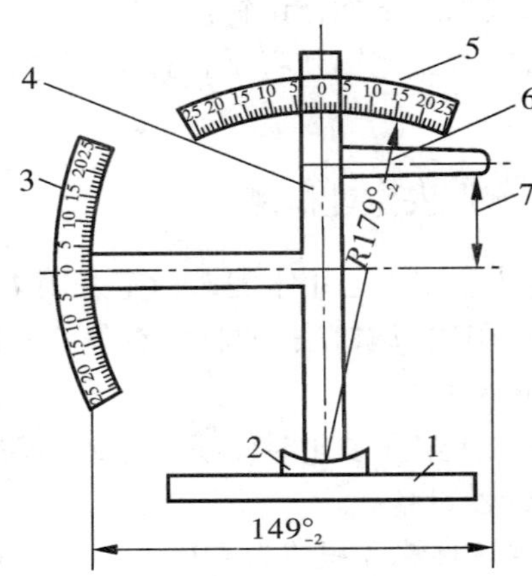

图 15.4 雷氏夹膨胀测量仪

1–底座；2–模子座；3–测弹性标尺；4–立柱；5–测膨胀值标尺；6–悬臂；7–悬丝

4）沸煮。调整好沸煮箱内的水位，能保证在整个沸煮过程中都超过试件，不需中途加水，同时又能保证在(30±5)min 内升至沸腾。

①试饼法：脱去玻璃板取下试饼，先检查试饼是否完整，在试饼无缺陷的情况下，将试饼放在沸煮箱水中的箅板上，然后在(30±5)min 内加热至沸腾，并恒沸(180±5)min。

②雷氏法：脱去玻璃板，取下试件，先测量雷氏夹指针尖端间的距离(*A*)，精确到 0.5 mm，接着将试件放入沸煮箱水中的箅板上，指针朝上，试件之间互不交叉，然后在(30±5)min 内加热至沸腾，并恒沸(180±5)min。

5）沸煮结束后，立即放掉沸煮箱中的热水，打开箱盖，将箱体冷却至室温，取出试件进行判别。

(4)结果评定

1）试饼法：目测试饼未发现裂缝，用钢直尺检查也没有弯曲（使钢直尺和试饼底部紧靠，以两者间不透光为不弯曲）的试饼为安定性合格，反之为不合格。当两个试饼判别结果有矛盾时，该水泥的安定性为不合格。

2）雷氏法：测量雷氏夹指针尖端的距离(*C*)，精确至 0.5 mm，当两个试件煮后增加距离(*C*—*A*)的平均值不超过 5.0 mm 时，即认为该水泥安定性合格，反之为不合格。当两个试件的(*C*—*A*)值相差超过 4.0 mm 时，应用同一样品立即重做一次检测。再如此，则认为该水泥为安定性不合格。

3）评定：安定性不合格的水泥属不合格品，严禁用于工程中。

15.1.7 水泥胶砂强度检测

本方法适用于通用硅酸盐水泥。但对火山灰水泥、粉煤灰水泥、复合水泥和掺火山灰混合材料的普通水泥在进行胶砂强度检测时，其用水量按0.50水灰比和胶砂流动度不小于180 mm来确定。当流动度小于180 mm时，应以0.01的整倍数递增的方法将水灰比调整至胶砂流动度不小于180 mm。

（1）试验目的

测定水泥胶砂的强度，评定水泥的强度等级。

（2）主要仪器设备

行星式水泥胶砂搅拌机、胶砂振实台、试模（如图15.5），三联模的三个内腔尺寸均为40 mm×40 mm×160 mm）、模套、抗折试验机、抗压试验机、夹具、刮平直尺、下料漏斗、天平、标准养护箱等。

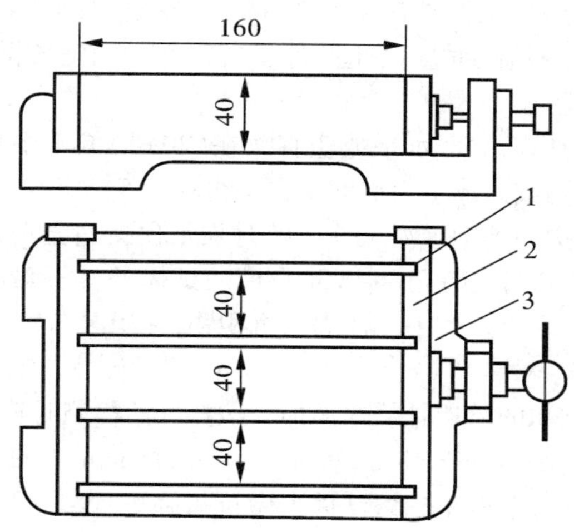

1-隔板；2-端板；3-底座

图15.5 水泥试模

（3）试验步骤

1）成型。

①将试模擦净，四周的模板与底座的接触面上应涂黄油，紧密装配，防止漏浆，内壁均匀刷一层薄机油。

②水泥与ISO标准砂的质量比为1：3，水灰比为0.5。一锅胶砂成三条试体，每锅材料需要量：水泥（450±2）g、标准砂（1350±5）g、水（225±1）g。

③胶砂搅拌：把水加入锅里，再加入水泥，把锅放在固定架上，上升至固定位置。立即启动搅拌机，低速搅拌30 s后，在第二个30 s开始均匀地将砂子加入。高速搅拌30 s，停

拌 90 s,在第一个 15 s 内用一胶皮刮具将叶片和锅壁上的胶砂刮入锅中间。在高速下继续搅拌 60 s。各个搅拌阶段时间误差应在±1 s 以内。

④成型:将空试模和模套固定在振实台上,用料勺直接从搅拌锅里将胶砂分两层装入试模,装第一层时,每个槽里约放 300 g 胶砂,用大播料器垂直架在模套顶部沿每个模槽来回一次将料层播平,振实 60 次。接着装入第二层胶砂,用小播料器播平,振实 60 次。移走模套,从振实台上取下试模,用直尺以近似垂直的角度架在试模模顶的一端,然后沿试模长度方向以横向锯割动作慢慢向另一端移动,一次将超过试模部分的胶砂刮去,同时水平地将试体表面抹平。

成型后在试模上做标记或用字条标明试件编号。

2)养护。

①带模养护:成型后立即将做好标记的试模放入雾室或湿气养护箱的水平架上养护,在温度为(20±1)℃、相对湿度≥90%的条件下养护,养护时不应将试模放在其他试模上,到规定的脱模时间时取出脱模。脱模前,用防水墨汁或颜料笔对试体进行编号和做标记。两个龄期以上的试体,在编号时应将同一试模中的三条试体分在两个以上龄期内。

②脱模:对于 24 h 龄期的,应在破型前 20 min 内脱模,对于 24 h 以上龄期的,应在成型后 20～24 h 之间脱模。脱模时应防止试件受到损伤。硬化较慢的水泥允许延长脱模时间,但需记录脱模时间。

③水中养护:试件脱模后立即水平或竖直放在(20±1)℃水中养护,水平放置时刮平面应朝上。试件之间间隔或试体上表面的水深不得小于 5 mm。

每个养护池只能养护同类型水泥试件。随时加水保持适当恒定水位,不允许在养护期间全部换水。除 24 h 龄期或延迟至 48 h 脱模的试体外,任何到龄期的试体应在检测(破型)前 15 min 从水中取出。擦去试体表面沉积物,并用湿布覆盖至检测为止。

3)强度测定。

①龄期:强度检测试体的龄期是从水泥加水搅拌开始检测时算起,不同龄期强度检测在下列时间里进行。24 h±15 min、48 h±30 min、72 h±45 min、7 d±2 h、28 d±8 h。

②抗折强度检测:每龄期取出三条试件先做抗折强度检测,检测前擦拭试体表面,把试体放入抗折夹具内,应使侧面与圆柱接触,试体放入前应使杠杆成平衡状态,试体放入后,调整夹具,使杠杆在试件折断时尽可能地接近平衡状态。以 50±10 N/s 的速率均匀地将荷载垂直地加在棱柱体相对侧面上,直至折断(保持两个半截棱柱体处于潮湿状态直至抗压检测),记录折断时荷载 F_f。

③抗压强度检测:抗折强度检测后的六个断块应立即进行抗压强度检测。抗压强度检测需用抗压夹具进行,以试件的侧面作为受压面,并使夹具对准压力机压板中心。以(2400±200)N/s 的速率均匀地加荷至破坏,记录破坏荷载 F_c。

(4)结果计算与评定

1)抗折强度。按下式计算,精确至 0.1 MPa:

$$R_f = 1.5F_fL/b^3 = 0.00234\ F_f$$

式中 R_f——抗折强度,MPa;

F_f——折断时荷载,N;

L——支撑圆柱之间的距离，取 L=100 mm；

b——棱柱体正方形截面的边长，取 b=40 mm。

抗折强度以一组三个棱柱体抗折结果的平均值作为检测结果，当三个强度值中有超出平均值±10%时，应剔除后再取平均值作为抗折强度检测结果。

2）抗压强度。按下式计算，精确至0.1MPa：

$$R_c = F_c/A = 0.000625F_c$$

式中　R_c——抗压强度，MPa（N/mm^2）；

F_c——破坏时的最大荷载，N；

A——受压面积，mm^2（40 mm×40 mm×1600 mm）。

抗压强度以一组三个棱柱体上得到的六个抗压强度测定值的算术平均值为检测结果。如6个测定值中有1个超出平均值的±10%，就应剔除这个结果，而以剩下5个值的平均值为检测结果。如果5个测定值中再有超出它们平均值的±10%，则此组结果作废。

3）评定。根据该组水泥的抗折、抗压强度检测结果，评定该水泥的强度等级。

15.1.8　水泥胶砂流动度检测

（1）试验目的

通过测量一定配比的水泥胶砂在规定振动状态下的扩展范围来衡量其流动性。

（2）主要仪器设备

水泥胶砂流动度测定仪（简称跳桌）、水泥胶砂搅拌机、试模（由截锥圆模和模套组成）、捣棒[由金属材料制成，直径为（20±0.5）mm，长度约为200 mm]、卡尺（量程≥300 mm，分度值≤0.5 mm）、小刀、天平等。水泥胶砂流动度测定仪和截锥圆模及捣棒如图15.6所示。

图15.6　水泥胶砂流动度测定仪和截锥圆模及捣棒

（3）检测步骤

1）如跳桌在24 h内未被使用，先空跳一个周期25次。

2）胶砂制备按15.1.6规定进行。在制备胶砂的同时，用潮湿棉布擦拭跳桌台面、试模内壁、捣棒以及与胶砂接触的用具，将试模放在跳桌台面中央并用潮湿棉布覆盖。

3）将拌好的胶砂分两层迅速装入试模，第一层装至截锥圆模高度约三分之二处，用小刀在相互垂直两个方向各划5次，用捣棒由边缘至中心均匀捣压15次，随后装第二层胶砂，装至高出截锥圆模约20 mm，用小刀在相互垂直两个方向各划5次，再用捣棒由边缘至中心均匀捣压10次。捣压后胶砂应略高于试模。捣压深度，第一层捣至胶砂高度的二分之一，第二层捣实不超过已捣实底层表面。装胶砂和捣压时，用手扶稳试模，不要使其移动。

4）捣压完毕，取下模套，将小刀倾斜，从中间向边缘分两次以近水平的角度抹去高出截锥圆模的胶砂，并擦去落在桌面上的胶砂。将截锥圆模垂直向上轻轻提起。立刻开动跳桌，以每秒钟一次的频率，在（25±1）s 内完成25次跳动。

5）流动度检测，从胶砂加水开始到测量扩散直径结束，应在6 min内完成。

（4）结果评定

跳动完毕，用卡尺测量胶砂底面相互垂直的两个方向直径，计算平均值，取整数，单位为mm。该平均值即为该水量的水泥胶砂流动度。

15.2 混凝土用骨料检测

15.2.1 采用标准

《建筑用砂》GB/T 14684—2011

《建筑用卵石、碎石》GB/T 14685—2011

15.2.2 取样方法与数量

（1）细骨料

1）检验批的确定：同一产地、同一规格、同一进厂（场）时间，每400 m^3或600 t为一检验批；不足400 m^3或600 t也为一检验批。

每一检验批取样一组，天然砂每组22 kg，人工砂每组52 kg。

2）取样方法：在料堆上取样时，取样部位应均匀分布。取样前先将取样部位表层铲除，然后从不同部位抽取大致相等的砂8份（天然砂每份11 kg以上，人工砂每份26 kg以上），搅拌均匀后用四分法缩分至22 kg或52 kg，组成一组试样；从皮带运输机上取样时，应用接料器在皮带运输机机尾的出料处定时抽取大致相等的砂4份（天然砂每份22 kg以上，人工砂每份52 kg以上），搅拌均匀后用四分法缩分至22 kg或52 kg，组成一组试样；从火车、汽车、轮船上取样时，从不同部位和深度抽取大致等量的砂8份，组成一组试样。

3）取样数量：取样时，对每一单项检测的最少取样数量应符合表15.1的规定。

表 15.1 单项检测所需骨料的最少取样数量(GB/T 14684—2011、GB/T 14685—2011)

检测项目	细骨料质量/kg	粗骨料不同最大粒径(mm)下的最少取样量/kg							
		9.5	16.0	19.0	26.5	31.5	37.5	63.0	75.0
筛分析	4.4	9.5	16.0	19.0	25.0	31.5	37.5	63.0	80.0
含泥量	4.4	8.0	8.0	24.0	24.0	40.0	40.0	80.0	80.0
泥块含量	20.0	8.0	8.0	24.0	24.0	40.0	40.0	80.0	80.0
表观密度	2.6	8.0	8.0	8.0	8.0	12.0	16.0	24.0	24.0
堆积密度	5.0	40.0	40.0	40.0	40.0	80.0	80.0	120.0	120.0

4)试样缩分。

人工四分法缩分是将所取样品置于平板上,在潮湿状态下拌和均匀,并堆成厚度约20 mm的圆饼,然后沿互相垂直两条直径把圆饼分成大致相等的四份,取其中对角线的两份重新拌匀,再堆成圆饼。重复上述过程,直到把样品缩分到检测所需量为止。

5)砂的必检项目。

天然砂:筛分析、含泥量、泥块含量。

人工砂:筛分析、石粉含量(含亚甲蓝试验)、泥块含量、压碎指标。

若检验不合格时,应重新取样。对不合格项,进行加倍复检。若仍不能满足标准要求,应按不合格品处理。

(2)粗骨料

1)检验批的确定:按同品种、同规格、同适用等级及日产量每600 t为一检验批,不足600 t也为一检验批;日产量超过2000 t,按1000 t为一检验批,不足1000 t亦为一检验批;日产量超过5000 t,按2000 t为一检验批,不足2000 t亦为一检验批。

2)取样方法:在料堆上取样时,取样部位应均匀分布,取样前先将取样部位表层铲除,然后从不同部位抽取大致等量的石子15份组成一组试样;从皮带运输机上取样时,应用接料器在皮带运输机机尾的出料处定时抽取大致相等的石子8份组成一组试样;从火车、汽车、轮船上取样时,从不同部位和深度抽取大致等量的石子16份组戍一组试样。

3)取样数量:单项检测的最少取样数量应符合表15.1的规定。

4)试样缩分:除堆积密度检测所用试样不经缩分,在拌匀后直接进行检测外,其他检测用试样均应进行缩分。先将所取样品置于平板上,在自然状态下拌和均匀,并堆成锥体,然后沿互相垂直的两条直径把锥体分成大致相等的四份,取其中对角线的两份重新拌匀,再堆成锥体。重复上述过程,直至把样品缩分到检测所需量为止。

5)石子必检项目:筛分析、含泥量、泥块含量、针片状颗粒含量、压碎指标。若检验不合格,应重新取样,对不合格项进行加倍复检,若仍不能满足标准要求,应按不合格品处理。下面主要介绍筛分析、含泥量、泥块含量、压碎指标等检测。

15.2.3 砂筛分析检测

(1)试验目的

评定砂的颗粒级配和粗细程度。

(2)仪器设备

标准筛:孔径为150 μm、300 μm、600 μm、1.18 mm、2.36 mm、4.75 mm 及 9.50 mm 的方孔筛、烘箱、天平、摇筛机、搪瓷盘、毛刷等。

(3)检测步骤

1)按规定方法取样,并缩分至约1100 g。放在(105±5)℃的烘箱中烘至恒重(指试样在烘干1~3 h的情况下,其前后质量之差不大于该项试验所要求的称量精度时的质量),冷却至室温后,先筛除大于9.50 mm的颗粒并算出其筛余百分率,再分成大致相等的两份备用。

2)称取试样500 g,精确至1 g。将试样倒入按孔径大小从上到下组合的套筛(附筛底)上,然后进行筛分。

3)先在摇筛机上筛分10 min,再按筛孔大小顺序逐个手筛,筛至每分钟通过量小于试样总量0.1%为止。通过的试样并入下一筛中,并和下一号筛中的试样一起过筛,按这样顺序进行,直至各号筛全部筛完为止。

4)称量各号筛的筛余量,精确至1 g。如每号筛的筛余量与筛底的剩余量之和同原试样质量之差超过1%时,须重做。

(4)结果计算与评定

1)计算分计筛余百分率:各号筛的筛余量与试样总量之比,精确至0.1%。

2)计算累计筛余百分率:该号筛的筛余百分率加上该号筛以上各筛的筛余百分率之和,精确至0.1%。

3)按下式计算细度模数,精确至0.01:

$$M_x = \frac{(A_2 + A_3 + A_4 + A_5 + A_6) - 5A_1}{100 - A_1}$$

4)累计筛余百分率取两次检测结果的算术平均值,精确至1%。

5)细度模数取两次检测结果的算术平均值,精确至0.1;如两次检测的细度模数之差超过0.20时,须重做检测。根据细度模数评定该试样的粗细程度。

6)根据各号筛的累计筛余百分率,查前文中表4.10,评定该试样的颗粒级配。

15.2.4 砂的含泥量与泥块含量检测

(1)砂的含泥量检测

1)试验目的。评定砂是否达到技术要求,能否用于指定工程中。

2)仪器设备。烘箱、天平、方孔筛(孔径为75 μm及1.18 mm的筛各一只)、容器(深度大于250 mm)、搪瓷盘、毛刷等。

3)检测步骤。

①按规定方法取样后,最少取样数量为4400 g并缩分至约1100 g,放在烘箱中于

(105±5)℃下烘干至恒重,待冷却至室温后,分为大致相等的两份备用。

②称取试样500 g,精确至0.1 g。将试样倒入淘洗容器中,注入清水,使水面高于试样面约150 mm,充分搅拌均匀后,浸泡2 h。然后用手在水中淘洗试样,使尘屑、淤泥和黏土与砂粒分离,把浑水缓缓倒入1.18 mm及75 μm的套筛上(1.18 mm筛放在75 μm筛上面),滤去小于75 μm颗粒。试验前筛子的两面应先用水润湿,在整个过程中应小心,防止砂粒流失。

③再向容器中注入清水,重复上述操作,直至容器内的水目测清澈为止。

④用水淋洗剩余在筛上的细粒,并将75 μm筛放在水中(使水面略高出筛中砂粒的上表面)来回摇动,以充分洗掉小于75 μm的颗粒,然后将两只筛的筛余颗粒和清洗容器中已经洗净的试样一并倒入搪瓷盘,放在烘箱中于(105±5)℃下烘干至恒重,待冷却至室温后,称出其质量,精确至0.1 g。

4)结果计算与评定。按下式计算含泥量,精确至0.1%:

$$Q_a = \frac{G_0 - G_1}{G_0} \times 100$$

式中 Q_a——含泥量,%;

G_0——检测前烘干试样的质量,g;

G_1——检测后烘干试样的质量,g。

含泥量取两个试样检测结果的算术平均值。根据计算结果查表4.12,进行评定。

(2)砂的泥块含量检测

1)试验目的。评定砂是否达到技术要求,能否用于指定工程中。

2)仪器设备。烘箱、天平、方孔筛(孔径为600 μm及1.18 mm的筛各一只)、容器(深度大于250 mm)、搪瓷盘、毛刷等。

3)检测步骤。①按规定方法取样,最少取样数量为20.0 kg并缩分至约5 kg,放在烘箱中于(105±5)℃下烘干至恒重,待冷却至室温后,筛除小于1.18 mm的颗粒,分为大致相等的两份备用。

②称取试样200 g,精确至0.1 g。将试样倒入淘洗容器中,注入清水,使水面高于试样面约150 mm,充分搅拌均匀后,浸泡24 h,然后用手在水中碾碎泥块,再把试样放在600 μm筛上,淘洗试样,直至容器内的水目测清澈为止。

③保留下来的试样小心地从筛中取出,装入搪瓷盘,放在烘箱中于(105±5)℃下烘干至恒重,待冷却至室温后,称出其质量,精确至0.1 g。

4)结果计算与评定。按下式计算泥块含量,精确至0.1%:

$$Q_b = \frac{G_1 - G_2}{G_1} \times 100$$

式中 Q_b——泥块含量,%;

G_1——1.18 mm筛筛余试样的质量,g;

G_2——试验后烘干试样的质量,g。

泥块含量取两个试样检测结果的算术平均值。根据计算结果查表4.12,进行评定。

15.2.5 砂的密度检测

(1)表观密度检测

1)试验目的。为计算砂的空隙率和进行混凝土配合比设计提供数据。

2)仪器设备。烘箱、天平、容量瓶、干燥器、搪瓷盘、滴管、毛刷等。

3)检测步骤。

①按规定方法取样,最少取样数量为 2600 g,缩分至约 660 g,在烘箱中烘至恒重,待冷却至室温后,分成大致相等的两份备用。

②称取试样 300 g,精确至 1 g。将试样装入容量瓶,注入冷开水至接近 500 mL 的刻度处,用手旋转摇动容量瓶,使砂样充分摇动,排除气泡,塞紧瓶盖,静止 24 h。然后用滴管小心加水至容量瓶 500 mL 刻度处,塞紧瓶盖,擦干瓶外水分,称出其质量,精确至 1 g。

③倒出瓶内水和试样,洗净容量瓶,再向容量瓶内注入与上述水温相差不超过 2℃的冷开水(15~25)℃至 500 mL 刻度处,塞紧瓶盖,擦干瓶外水分,称出其质量,精确至 1 g。

4)结果计算与评定

①砂的表观密度按下式计算,精确至 10 kg/m³:

$$\rho_0 = \left(\frac{G_0}{G_0 + G_2 - G_1}\right) \times \rho_{水}$$

式中 ρ_0——表观密度,kg/m³;

$\rho_{水}$——水的密度,1000 kg/m³;

G_0——烘干试样的质量,g;

G_1——试样、水及容量瓶的总质量,g;

G_2——水及容量瓶的总质量,g。

②表观密度取两次检测结果的算术平均值,精确至 10 kg/m³;如两次检测结果之差大于 20 kg/m³,须重做检测。

③表观密度的计算结果应大于 2500 kg/m³。

(2)堆积密度与空隙率检测

1)目的。为计算砂的空隙率和进行混凝土配合比设计提供数据。

2)仪器设备。烘箱、天平、容量筒(圆柱形金属筒,内径 108 mm,净高 109 mm,壁厚 2 mm,筒底厚 5 mm,容积为 1 L)、方孔筛(孔径为 4.75 mm)、垫棒(直径为 10 mm,长 500 mm 的圆钢)、直尺、漏斗、料勺、搪瓷盘、毛刷等。

3)检测步骤。按规定方法取样,最少取样数量为 5000 g,用搪瓷盘装取试样约 3 L,在烘箱中烘至恒重,待冷却至室温后,筛除大于 4.75 mm 的颗粒,分为大致相等的两份备用。

①松散堆积密度:取试样一份,用漏斗或料勺将试样从容量筒中心上方 50 mm 处徐徐倒入,让试样以自由落体落下,当容量筒上部试样呈堆体,且容量筒四周溢满时,即停止加料。然后用直尺沿筒口中心线向两边刮平(试验过程应防止触动容量筒),称出试样和容量筒总质量,精确至 1 g。

②紧密堆积密度:取一份试样分两次装入容量筒。装完第一层后,在筒底垫放一根直

径为 10 mm 的圆钢,将筒按住,左右交替击地面各 25 次。然后装入第二层,第二层装满后用同样方法颠实(但筒底所垫钢筋的方向与第一层时的方向垂直)后,再加试样直至超过筒口,然后用直尺沿筒口中心线向两边刮平,称出试样和容量筒总质量,精确至 1 g。

4)结果计算与评定。

①松散或紧堆积密度按下式计算,精确至 10 kg/m³:

$$\rho_1 = \frac{G_1 - G_2}{V}$$

式中 ρ_1——松散堆积密度或紧密堆积密度,kg/m³;

G_1——容器筒和试样总质量,g;

G_2——容器筒质量,g;

V——容器筒的容积,L。

②空隙率按下式计算,精确 1%:

$$V_0 = \left(1 - \frac{\rho_1}{\rho_0}\right) \times 100$$

式中 V_0——空隙率,%;

ρ_1——试样的松散(或紧密)堆积密度,kg/m³;

ρ_0——试样的表观密度,kg/m³。

③堆积密度取两次检测结果的算术平均值,精确至 10 kg/m³;空隙率取两次检测结果的算术平均值,精确至 1%。

④松散堆积密度计算结果应大于 1400 kg/m³,空隙率应小于 44%。

15.2.6 石子筛分析检测

(1)试验目的

评定石子的颗粒级配。

(2)仪器设备

方孔筛(孔径为 2.36 mm、4.75 mm、9.50 mm、16.0 mm、19.0 mm、26.5 mm、31.5 mm、37.5 mm、53.0 mm、63.0 mm、75.0 mm 及 90.0 mm 的筛各一只,并附有筛底和筛盖)、烘箱、台秤、摇筛机、搪瓷盘、毛刷等。

(3)试验步骤

1)按规定方法取样后,将试样缩分至略大于表 15.2 规定的数量,烘干或风干后备用。

表 15.2 颗粒级配试验所需试样数量

最大粒径/mm	9.5	16.0	19.0	26.5	31.5	37.5	63.0	75.0
最少试样质量/kg	1.9	3.2	3.8	5.0	6.3	7.5	12.6	16.0

2)称取按表 15.2 规定数量的试样一份,精确至 1 g。将试样倒入按孔径大小从上到下组合的套筛(附筛底)上,然后进行筛分。

3)将套筛置于摇筛机上,摇 10 min,取下套筛,按筛孔大小顺序再逐个用手筛,筛至每分钟通过量小于试样总量 0.1% 为止。通过的颗粒并入下一号筛中,并和下一号筛中的试样一起过筛,这样顺序进行,直至各号筛全部筛完为止。

4)称出各号筛的筛余量,精确至 1 g。如每号筛的筛余量与筛底的筛余量之和同原试样质量之差超过 1% 时,应重做。

(4)结果计算与评定

1)计算分计筛余百分率:各号筛的筛余量与试样总质量之比,计算精确至 0.1%。

2)计算累计筛余百分率:该号筛的筛余百分率加上该号筛以上各分计筛余百分率之和,精确至 1%。

3)根据各号筛的累计筛余百分率,查表 4.17,评定该试样的颗粒级配。

15.2.7 石子含泥量检测

(1)目的

评定石子是否达到技术要求,能否用于指定工程中。

(2)仪器设备

烘箱、天平、方孔筛(孔径为 75 μm 及 1.18 mm 的筛各一只)、容器、搪瓷盘、毛刷等。

(3)检测步骤

1)按规定方法取样后,将试样缩分至略大于表 15.3 规定的数量,在烘箱中烘至恒重,待冷却至室温后,分为大致相等的两份备用。

2)称取按表 15.3 规定数量的试样一份,精确至 1 g,将试样放入淘洗容器中,注入清水,使水面高于试样上表面 150 mm,充分搅拌均匀后,浸泡 2 h,然后用手在水中淘洗试样,使尘屑、淤泥和黏土与石子颗粒分离,把浑水缓缓倒入 1.18 mm 及 75 μm 的套筛上(1.18 mm 筛放在 75 μm 筛上面),滤去小于 75 μm 的颗粒。试验前筛子的两面应先用水润湿。在整个试验过程中应小心防止大于 75 μm 颗粒流失。

表 15.3 含泥量测试所需试样数量

最大粒径/mm	9.5	16.0	19.0	26.5	31.5	37.5	63.0	75.0
最少试样质量/kg	2.0	2.0	6.0	6.0	10.0	10.0	20.0	20.0

3)再向容器中注入清水,重复上述操作,直至容器内的水目测清澈为止。

4)用水淋洗剩余在筛上的细粒,并将 75 μm 筛放在水中(使水面略高出筛中石子颗粒的上表面)来回摇动,以充分洗掉小于 75 μm 的颗粒,然后将两只筛上筛余的颗粒和清洗容器中已经洗净的试样一并倒入搪瓷盘中,置于烘箱中烘至恒量,待冷却至室温后,称出其质量,精确至 1 g。

(4)结果计算与评定

1)含泥量按下式计算,精确至 0.1%:

$$Q_a = \frac{G_0 - G_1}{G_0} \times 100$$

式中 Q_a——含泥量,%;

G_0——检测前烘干试样的质量,g;

G_1——检测后烘干试样的质量,g。

2)含泥量取两次检测结果的算术平均值,精确至0.1%。

3)根据含泥量计算结果和表4.18对照,进行评定。

15.2.8 石子密度检测

(1)表观密度检测

《建筑用卵石、碎石》(GB/T 14685—2011)中表观密度的检测方法,有液体比重天平法与广口瓶法两种。这里介绍广口瓶法,此法不宜用于测定最大粒径大于37.5 mm的碎石或卵石的表观密度。

1)试验目的。为计算石子的空隙率和进行混凝土配合比设计提供依据。

2)仪器设备。烘箱、天平、广口瓶、方孔筛(孔径为4.75 mm的筛一只)、温度计、玻璃片、搪瓷盘、毛巾等。

3)检测步骤。

①按规定方法取样,最少取样数量见表15.4,并将试样缩分至略大于表15.4规定的数量,风干后筛除小于4.75 mm的颗粒,然后洗刷干净,分为大致相等的两份备用。

表15.4 表观密度检测所需试样数量

最大粒径/mm	小于26.5	31.5	37.5	63.0	75.0
最少试样质量/kg	2.0	3.0	4.0	6.0	6.0

②将试样浸水饱和,然后装入广口瓶中。装试样时,广口瓶应倾斜放置,注入饮用水,用玻璃片覆盖瓶口,上下左右摇晃排除气泡。

③气泡排尽后,向瓶中添加饮用水至水面凸出瓶口边缘。然后用玻璃片沿瓶口迅速滑行,使其紧贴瓶口水面。擦干瓶外水分后,称出试样、水、瓶和玻璃片总质量,精确至1 g。

④将瓶中试样倒入浅盘,放在烘箱中烘干至恒重,待冷却至室温后,称出其质量,精确至1 g。

⑤将瓶洗净,重新注入饮用水,用玻璃片紧贴瓶口水面,擦干瓶外水分后,称出水、瓶和玻璃片总质量,精确至1 g。

注意:检测时各项称量可以在15~25 ℃范围内进行,但从试样加水静止的2 h起至检测结束,其温度变化不应超过2 ℃。

4)结果计算与评定。表观密度按下式计算,精确至10 kg/m³:

$$\rho_0 = \left(\frac{G_0}{G_0 + G_2 - G_1}\right) \times \rho_{水}$$

式中 ρ_0——表观密度,kg/m³;

$\rho_{水}$——水的密度,1000 kg/m^3;

G_0——烘干试样的质量,g;

G_1——试样、水、容量瓶和玻璃片的总质量,g;

G_2——水、容量瓶和玻璃片的总质量,g。

表观密度取两次检测结果的算术平均值。如两次测试结果之差大于 20 kg/m^3,须重做试验。对颗粒材质不均匀的试样,可取 4 次检测结果的算术平均值。表观密度计算结果应不小于 2600 kg/m^3。

(2)堆积密度与空隙率检测

1)试验目的。为计算石子的空隙率和进行混凝土配合比设计提供依据。

2)仪器设备。台秤、磅秤、容量筒(容量筒规格根据石子最大粒径确定)、垫棒(直径为 16 mm,长 600 mm 的圆钢)、直尺、小铲等。

3)检测步骤。按规定方法取样后,烘干或风干试样,拌匀并把试样分为大致相等两份备用。

①松散堆积密度:取试样一份,用小铲将试样从容量筒口中心上方 50 mm 处徐徐倒入(自由落体落下),当容量筒上部试样呈椎体,且容量筒四周溢满时,停止加料。除去凸出容量筒口表面的颗粒,并以合适的颗粒填入凹陷部分,使表面稍凸起部分和凹陷部分的体积大致相等(试验过程应防止触动容量筒),称出试样和容量筒总质量。

②紧密堆积密度:取试样一份分三次装入容量筒。装完第一层后,在筒底垫放一根直径为 16 mm 的圆钢,将筒按住,左右交替颠击地面各 25 次,再装入第二层,第二层装满后用同样方法颠实(但筒底所垫钢筋的方向与第一层时的方向垂直),然后装入第三层,按上述方法颠实。称出试样和容量筒总质量,精确至 10 g。

4)结果计算与评定。松散或紧密堆积密度按下式计算,精确至 10 kg/m^3:

$$\rho_1 = \frac{G_1 - G_2}{V}$$

式中 ρ_1——松散堆积密度或紧密堆积密度,kg/m^3;

G_1——容量筒和试样的总质量,g;

G_2——容量筒质量,g;

V——容量筒的容积,L。

空隙率按下式计算,精确至 1%:

$$V_0 = \left(1 - \frac{\rho_1}{\rho_0}\right) \times 100$$

式中 V_0——空隙率,%;

ρ_1——试样的松散(或紧密)堆积密度,kg/m^3;

ρ_0——试样的表观密度,kg/m^3。

堆积密度取两次检测结果的算术平均值,精确至 10 kg/m^3;空隙率取两次检测结果的算术平均值,精确至 1%。松散堆积计算结果和表 4.20 对照,进行评定。

15.2.9 石子针状和片状颗粒的总含量检测

(1)试验目的

测定碎石或卵石中针状和片状颗粒的总含量,作为评定石子质量的依据。

(2)主要仪器

针状规准仪(见图15.7)和片状规准仪(见图15.8),或游标卡尺;天平和称(天平称量2 kg,感量2g;称称量20 kg,感量20 g);试验筛(筛孔公称直径分别为5.00、10.0、20.0、25.0、31.5、40.0、63.0、80.0 mm,根据需要选用)。

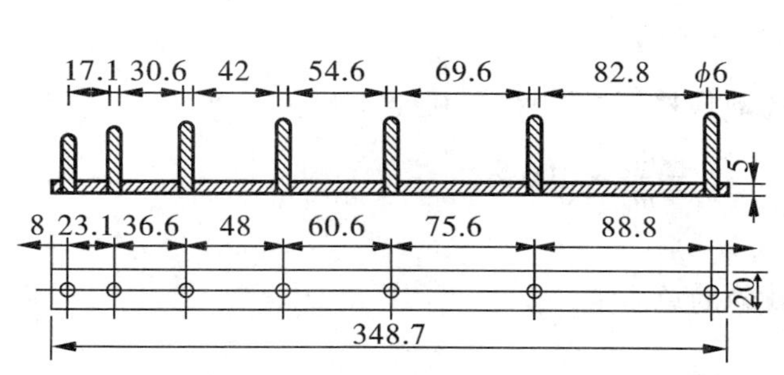

图15.7 针状规准仪(单位:mm)

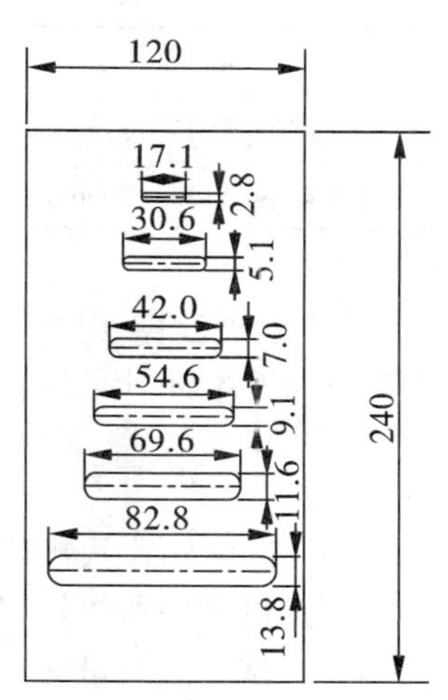

图15.8 片状规准仪(单位:mm)

(3)试验步骤

1)试验前,将样品在室内风干至表面干燥,并用四分法缩分至表15.5规定的数量,称量(m_0),然后筛分成表15.6所规定的粒级备用。

2)按表15.5所规定的粒级用规准仪逐粒对试样进行鉴定,凡颗粒长度大于针状规准仪上相对应间距者,为针状颗粒。厚度小于片状规准仪上相应孔宽者,为片状颗粒。

3)粒径大于40 mm的碎石或卵石可用卡尺鉴定其针片状颗粒,卡尺卡口的设定宽度应符合表15.7的规定。

4)称量由各粒级挑出的针状和片状颗粒的总质量(m_1)。

表15.5 针、片状试验所需的试样最少质量

最大粒径/mm	10.0	16.0	20.0	25.0	31.5	40.0以上
试样最少重量/kg	0.3	1	2	3	5	10

表 15.6 针、片状试验的粒级划分及其相应的规准仪孔宽或间距

公称粒级/mm	5～10.	10～16	16～20	20～25	25～31.5	31.5～40
片状规准仪上相对应的孔宽/mm	2.8	5.1	7.0	9.1	11.6	13.8
针状规准仪上相对应的间距/mm	17.1	30.6	42.0	54.6	69.6	82.8

表 15.7 大于 40 mm 粒级颗粒卡尺卡口的设定宽度

粒级/mm	40～63	63～80
鉴定片状颗粒的卡口宽度/mm	18.1	27.6
鉴定针状颗粒的卡口宽度/mm	108.6	165.6

(4)试验结果计算

碎石或卵石中针、片状颗粒含量 w_p 应按下式计算(精确至 1%):

$$w_p = \frac{m_1}{m_0} \times 100\%$$

式中 w_p——针状和片状颗粒的总含量,%;

m_1——试样中所含针、片状颗粒的总质量,g;

m_0——试样总质量,g。

根据针、片状颗粒含量检测结果查表 4.18,进行评定。

15.2.10 石子压碎指标值检测

(1)试验目的

测定石子抵抗压碎的能力,推测石子的强度。

(2)仪器设备

压力试验机、台秤、天平、方孔筛(孔径为 2.36 mm、9.50 mm 及 19.0 mm)、垫棒(直径为 10 mm,长 500 mm 的圆钢)、压碎值测定仪、卡尺。

(3)检测步骤

1)按规定方法取样,最少取样数量见表 15.1,风干后筛除大于 19.0 mm 及小于 9.50 mm的颗粒,并除去针、片状颗粒,分成大致相等的三份备用。

2)称取试样 3000 g,精确至 1 g。

3)将试样分两层装入圆模(置于底盘上)内,每装完一层试样后,在底盘下面垫放 Φ10 垫棒,将筒按住,左右交替颠击地面各 25 次,两层颠实后,平整模内试样表面,盖上压头。当圆模装不下 3000 g 试样时,以装至距圆模上口 10 mm 为准。

4)将装有石子的压碎值测定仪放在压力机上,开动试验机,按 1 kN/s 速度均匀加荷至 200 kN 并稳荷 5 s,然后卸荷。

5)取下加压头,倒出试样,用孔径 2.36 mm 的筛筛除被压碎的细粒,称出留在筛上的

试样质量，精确至 1 g。

(4) 结果计算与评定

1) 压碎指标值按下式计算，精确至 0.1%：

$$Q_e = \frac{G_1 - G_2}{G_1} \times 100$$

式中　Q_e——压碎指标值，%；

G_1——试样的质量，g；

G_2——压碎检测后筛余的试样质量，g。

2) 指标值取三次检测结果的算术平均值，精确至 1%。

3) 根据压碎指标计算结果，查表 4.19 进行评定。

15.3　混凝土性能检测

15.3.1　采用标准

《普通混凝土配合比设计规程》JGJ 55—2011；

《普通混凝土拌合物性能试验方法标准》GB/T 50080—2016；

《普通混凝土力学性能试验方法标准》GB/T 50081—2002；

《混凝土结构工程施工质量验收规范》GB 50204—2015；

《混凝土强度检验评定标准》GB/T 50107—2010。

15.3.2　取样方法与数量

(1) 取样

1) 同一组混凝土拌合物的取样应从同一盘混凝土或同一车混凝土中取样。取样量应多于试验所需量的 1.5 倍，且宜不小于 20 L。

2) 取样应具有代表性，一般在同一盘混凝土或同一车混凝土中的约 1/4 处、1/2 处和 3/4 处之间分别取样，从第一次取样到最后一次取样不宜超过 15 min，然后人工搅拌均匀。

3) 从取样完毕到开始做各项性能检测不宜超过 5 min。

(2) 试样制备

1) 检测用原材料和检测室温度应保持(20±5) ℃，或与施工现场保持一致。

2) 拌和混凝土时，材料用量以质量计。称量精度：水、水泥、掺合料、外加剂均为 ±0.5%；骨料为 ±1%。

3) 从试样制备完毕到开始做各项性能试验不宜超过 5 min。

4) 主要仪器设备。混凝土搅拌机、磅秤、天平、量筒、拌板、拌铲等。

5) 拌和方法

①人工拌和。

a. 按所定配合比称取各材料用量，以干燥状态为准。

b. 将拌板和拌铲用湿布润湿后，将砂倒在拌板上，然后加入水泥，用拌铲自拌板一端翻拌至另一端，如此反复，直至充分混合，颜色均匀，再加入石子翻拌混合均匀。

c. 将干混合料堆成锥形，在中间作一凹槽，将已量好的水，倒入一半左右（勿使水流出），仔细翻拌，然后徐徐加入剩余的水，继续翻拌，每翻拌一次，用铲在混合料上铲切一次，至拌和均匀为止。

d. 拌和时力求动作敏捷，拌和时间自加水时算起，应符合标准规定：拌和体积为 30 L 以下时为 4 ~5 min；拌和体积为 30 ~50 L 时为 5 ~9 min；拌和体积为 51 ~75 L 时为 9 ~12 min。

e. 拌好后，应立即做和易性检测或试件成型。从开始加水时起，全部操作须在 30 min 内完成。

②机械搅拌。

a. 按所定配合比称取各材料用量，以干燥状态为准。

b. 用按配合比称量的水泥、砂、水及少量石子预拌一次，使水泥砂浆先粘附满搅拌机的筒壁，倒出多余的砂浆，以免影响正式搅拌时的配合比。

c. 依次将称好的石子、砂和水泥倒入搅拌机内，干拌均匀，再将水徐徐加入，全部加料时间不得超过 2 min，加完水后，继续搅拌 2 分钟。

d. 卸出拌合物，倒在拌板上，再经人工拌和 2 ~3 次，

e. 拌好后，应立即做和易性检测或试件成型。从开始加水时起，全部操作须在 30 min 内完成。

15.3.3 混凝土拌合物和易性检测（GB/T 50080—2016）

15.3.3.1 坍落度检测

本方法适用于坍落度≥10 mm，骨料最大粒径≤40 mm 的混凝土拌合物稠度测定。

（1）试验目的

确定混凝土拌合物和易性是否满足施工要求。

（2）仪器设备

坍落度筒、捣棒（图 15.9）、搅拌机、台秤、量筒、天平、拌铲、底板（平面尺寸不小于 1500 mm×1500 mm，厚度不小于 3 mm，挠度不大于 3 mm）、钢尺、装料漏斗、抹刀等。

图 15.9 坍落度筒及捣棒

（3）检测步骤

1）润湿坍落度筒及其他用具，在筒顶部加上漏斗，放在拌板上，双脚踩住脚踏板。使坍落度筒在装料时保持固定。

2）把混凝土试样用小铲分三层均匀地装入筒内，使捣实后每层高度为筒高的三分之一左右。每层插捣 25 次，插捣应沿螺旋方向由外向中心进行，均匀分布。插捣筒边混凝

土时，捣棒可以稍稍倾斜。插捣底层时，捣棒应贯穿整个深度，插捣第二层和顶层时，捣棒应插透本层至下一层的表面；浇灌顶层时，混凝土应灌到高出筒口。插捣过程中，如混凝土沉落到低于筒口，则应随时添加。顶层插捣完后，刮去多余的混凝土，并用抹刀抹平。

3）清除筒边底板上的混凝土后，垂直平稳地提起坍落度筒。坍落度筒的提离过程应在3～7 s内完成；从开始装料到提坍落度筒的整个过程应不间断地进行，并应在150 s内完成。

（4）结果评定

1）提起坍落度筒后，测量筒高与坍落后混凝土试体最高点之间的高度差，即为该混凝土拌合物的坍落度值；坍落度筒提离后，如混凝土发生崩坍或一边剪坏现象，则应重新取样另行测定；如第二次检测仍出现上述现象，则表示该混凝土和易性不好，应予记录备查。

2）观察坍落后混凝土试体的黏聚性及保水性。黏聚性的检查方法是用捣棒在已坍落的混凝土锥体侧面轻轻敲打，如果锥体逐渐下沉，则表示黏聚性良好，如果锥体倒塌、部分崩裂或出现离析现象，则表示黏聚性不好。保水性的检查方法是坍落度筒提起后，如有较多的稀浆从底部析出，锥体部分的混凝土也因失浆而骨料外露，则表示保水性不好；如无稀浆或仅有少量稀浆自底部析出，则表示保水性良好。如果发现粗骨料在中央集堆或边缘有水泥浆析出，表示此混凝土拌合物抗离析性不好，应予记录。

3）混凝土拌合物坍落度测量应精确至1 mm，结果应修约至5 mm。

15.3.3.2　坍落扩展度检测

本方法适用于坍落度≥160 mm，骨料最大粒径≤40 mm的混凝土拌合物稠度测定。

（1）试验目的

确定混凝土拌合物和易性是否满足施工要求。

（2）仪器设备

同混凝土坍落度检测所用仪器。

（3）试验步骤

1）检测混凝土拌合物的坍落度值。

2）当混凝土拌合物不再扩散或扩散持续时间已达到50 s，用钢尺测量混凝土扩展后最终的最大直径和最小直径，在两直径之差小于50 mm的条件下，用其算术平均值作为坍落扩展度值；否则，此次检测无效，需另行取样检测。

4）扩展度试验从开始装料到测得混凝土扩展度值的整个过程应连续进行，并应在4 min完成。

（4）结果评定

1）发现粗骨料在中间堆积或边缘有浆体析出时，应记录说明。

2）混凝土拌合物坍落度和坍落扩展度以mm为单位，测量精确至1 mm，结果表达修约至5 mm。

15.3.3.3 坍落度和坍落扩展度经时损失检测

(1)试验目的

测定混凝土坍落度随静置时间的变化。

(2)仪器设备

同混凝土坍落度检测所用仪器。

(3)试验步骤

1)检测混凝土拌合物的初始坍落度值 H_0和坍落扩展度值 L_0。

2)将混凝土拌合物全部放入塑料桶或不被水泥腐蚀的金属桶中,并用桶盖或塑料布进行封闭静置。

3)自加水拌和开始计时,混凝土拌合物静置 60 min 后,将拌合物全部加入搅拌机中搅拌 20 s,进行坍落度和坍落扩展度检测,得出 60 min 坍落度值 H_{60}和 L_{60}。

(4)结果评定

计算初始坍落度和 60 min 坍落度的差值或初始坍落扩展度和 60 min 坍落扩展度的差值,可得出 60 min 混凝土坍落度或坍落扩展度经时损失检测结果。泵送混凝土的坍落度经时损失控制在 30 mm/h 较好。

15.3.4 混凝土抗压强度检测

(1)试验目的

测定混凝土立方体抗压强度,作为评定混凝土质量的主要依据。

(2)仪器设备

压力试验机、振动台、搅拌机、试模、捣棒、抹刀等。

(3)检测步骤

1)基本要求。混凝土立方体抗压试件以三个为一组,每组试件所用的拌合物应以同一盘混凝土或同一车混凝土中取样。试件的尺寸按粗骨料的最大粒径来确定,见表 15.8。

表 15.8 试件尺寸、插捣次数及抗压强度换算系数(GB/T 50081—2002)

试件横截面面积/mm	骨料最大粒径/mm	每层插捣次数	抗压强度换算系数(<C60)
100×100	31.5	≥12	0.95
150×150	40	≥27	1
200×200	63	≥48	1.05

注:当混凝土强度等级≥C60 时,宜采用标准试件;使用非标准试件时,尺寸换算系数由试验确定。

2)试件的制作。成型前,应检查试模,并在其内表面涂一薄层矿物油或脱模剂。

坍落度≤70 mm 的混凝土宜用振动台振实;坍落度>70 mm 的宜用捣棒人工捣实;检验现浇混凝土或预制构件的混凝土,试件成型方法宜与实际采用的方法相同。

取样或拌制好的混凝土拌合物应至少用铁锹再来回拌和三次。

①振动台振实:是将混凝土拌合物一次装入试模,装料时应用抹刀沿各试模壁插捣,并使混凝土拌合物高出试模,然后将试模放到振动台上并固定,开动振动台,至混凝土表面出浆为止。振动时试模不得有任何跳动,不得过振。最后沿试模边缘刮去多余的混凝土并抹平。

②人工捣实:是将混凝土拌合物分两层装入试模,每层的装料厚度大致相等,插捣应按螺旋方向从边缘向中心均匀进行。在插捣底层混凝土时,捣棒应达到试模底部;插捣上层时,捣棒应贯穿上层后插入下层 20 ~ 30 mm;插捣时捣棒应保持垂直,不得倾斜。然后用抹刀沿试模内壁插拨数次,每层插捣次数按在 10000 mm^2 截面积内不得少于 12 次,插捣后应用橡皮锤轻轻敲击试模四周,直至插捣棒留下的空洞消失。最后刮去多余的混凝土并抹平。

3)试件的养护。试件的养护方法有标准养护、与构件同条件养护两种方法。

①标准养护:试件成型后应立即用不透水的薄膜覆盖表面,在温度为(20±5)℃的环境中静止 1 ~2 昼夜,然后编号拆模。拆模后立即放入温度为(20±2)℃,相对湿度为 95% 以上的标准养护室中养护,试件应放在支架上,间隔 10 ~20 mm,表面应保持潮湿,不得被水直接冲淋,至试验龄期 28 d。试件也可在温度为(20±2)℃的不流动的 $Ca(OH)_2$ 饱和溶液中养护。

②同条件养护:试件拆模时间可与实际构件的拆模时间相同,拆模后,试件仍需保持同条件养护。

4)抗压强度检测。试件从养护地点取出后,应及时进行检测,并将试件表面与上下承压板面擦干净。

将试件安放在试验机的下压板或垫板上,试件的承压面应与成型时的顶面垂直。试件的中心应与试验机下压板中心对准,开动试验机,当上压板与试件或钢垫板接近时,调整球座,使接触均衡。

在检测过程中应连续均匀地加荷,混凝土强度等级<C30 时,加荷速度取每秒钟0.3 ~ 0.5 MPa;混凝土强度等级≥C30 且<C60 时,取每秒钟 0.5 ~0.8 MPa;混凝土强度等级≥C60 时,取每秒钟 0.8 ~1.0 MPa。

当试件接近破坏开始急剧变形时,应停止调整试验机油门,直至破坏,记录破坏荷载。

(4)结果计算与评定

1)混凝土立方体抗压强度按下式计算,精确至 0.1 MPa:

$$f_{cc} = F/A$$

式中 f_{cc}——混凝土立方体试件抗压强度,MPa;

F——试件破坏荷载,N;

A——试件承压面积,mm^2。

2)评定。

①以三个试件测值的算术平均值作为该组试件的强度值,精确至 0.1 MPa。

②当三个测定值的最大值或最小值中有一个与中间值的差值超过中间值的 15% 时,则把最大值及最小值一并舍去,取中间值作为该组试件的抗压强度值。

③当两个测值与中间值的差值均超过中间值的 15% 时,该组检测结果应为无效。

15.4 钢筋性能检测

本节主要介绍建筑工程中常用的热轧钢筋的性能检测。

15.4.1 采用标准

《钢筋混凝土用热轧光圆钢筋》GB 1499.1—2008

《钢筋混凝土用热轧带肋钢筋》GB 1499.2—2007

《金属材料 拉伸试验 第1部分:室温试验方法》GB/T 228.1—2010

《金属材料弯曲试验方法》GB/T 232—1999

15.4.2 检验批的确定

钢筋应按批进行检查与验收,每批由同一牌号、同一炉罐号、同一规格的钢筋组成。每批的质量通常不大于60 t。超过60 t的部分,每增加40 t(或不足40 t的余数),增加一个拉伸试验试样和一个弯曲试验试样。

允许由同一牌号、同一冶炼方法、同一浇注方法的不同炉罐号组成混合批,但各炉罐号含碳量之差不大于0.02%,含锰量之差不大于0.15%。混合批的质量不大于60 t。

15.4.3 检验项目

检验项目有质量偏差、拉伸及冷弯性能。一般先进行质量偏差检验,合格后可用其中的试件,进行拉伸和冷弯性能检验。

15.4.4 取样方法和数量

每个项目的试件应从不同钢筋上截取,试件不得进行车削加工,将每根钢筋端部的500 mm截去后,质量偏差试件取5根,拉伸试件、冷弯试件各取2根。

15.4.5 合格判定

质量偏差、拉伸及冷弯性能检测全部合格,则该批钢筋合格。若拉伸检测中,有一根试件的屈服强度、抗拉强度和伸长率中有一个不符合标准要求,或冷弯检测中有一根试件不符合标准要求,或质量偏差检测不符合标准要求,则在同一批钢筋中再抽取双倍试件进行该不合格项目的复检,复检结果中只要有一个指标不合格,则该检测项目判定不合格,整批钢筋不予验收。

15.4.6 质量偏差检测

(1)试验目的

为判定钢筋质量提供依据。

(2)仪器设备

钢直尺(精确到1 mm),天平。

(3)环境条件

应在室温10～35 ℃下进行，对温度要求严格的检测，检测温度应为(23±5)℃。

(4)检测步骤

1)从不同根钢筋上截取5支试样，每支长度≥500 mm。逐支测量长度(精确到1 mm)。

2)测量试样总质量，应精确到不大于总质量的1%。

3)按表15.9查出钢筋的理论质量。

表15.9　钢筋的公称横截面面积与理论质量(GB 1499.1—2008、GB 1499.2—2007)

公称直径/mm	公称横截面面积/mm^2	理论质量/(kg/m)
6(6.5)	28.27(33.18)	0.222(0.260)
8	50.27	0.395
10	78.54	0.617
12	113.1	0.888
14	153.9	1.21
16	201.1	1.58
18	254.5	2.00
20	314.2	2.47
22	380.1	2.98
25	490.9	3.85
28	615.8	4.83
32	804.2	6.31
36	1018	7.99
40	1257	9.87
50	1964	15.42

注：表中理论质量按密度为7.85 g/cm^3计算，公称直径6.5 mm的产品为过渡性产品。

(5)结果计算与评定

钢筋质量偏差按下式计算，精确到1%。

$$质量偏差=\frac{试样实际总质量-(试样总长度\times理论质量)}{试样总长度\times理论质量}\times100\%$$

钢筋实际质量与理论质量的质量的允许偏差见表15.10，符合标准要求为合格，否则为不合格。

表 15.10 钢筋实际质量与理论质量的允许偏差(GB 1499.1—2008、GB 1499.2—2007)

公称直径/mm	实际质量与理论质量的允许偏差/%
6 ~ 12	±7
14 ~ 20	±5
22 ~ 50	±4

15.4.7 拉伸性能检测

(1)目的

测定钢筋的屈服强度、抗拉强度和伸长率,评定钢筋质量。

(2)仪器设备

万能材料试验机(示值误差不大于 1%;试验达到最大负荷时,最好使指针停留在度盘的第三象限内或者数显破坏荷载在量程的 50% ~75% 之间)、钢筋打点机或划线机、游标卡尺(精度为 0.1 mm)等。万能材料试验机和钢筋打点机外型分别如图 15.10 和图 15.11 所示。

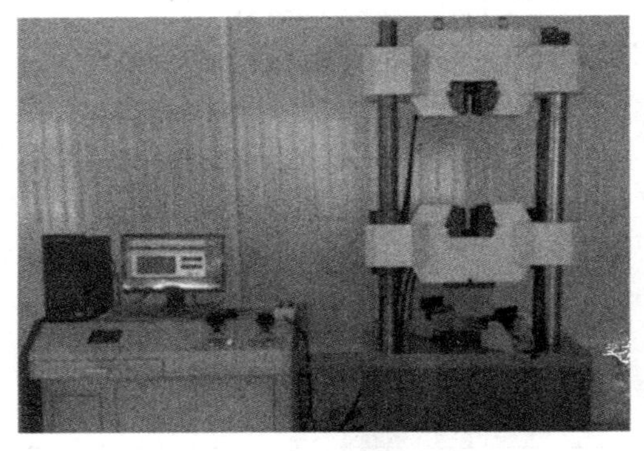

图 15.10 万能材料试验机

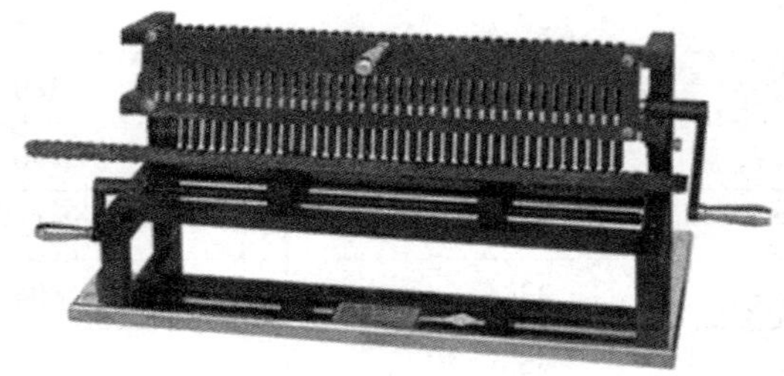

图 15.11 钢筋打点机

(3)环境条件

应在室温 10 ~ 35 ℃下进行,对温度要求严格的检测,检测温度应为(23±5)℃。

(4)试件制备

在两根拉伸试件上可以用两个或一系列等分小冲点或细划线标出试件原始标距 L_0,测量标距长度 L_0,精确至 0.1 mm,见图 15.12。根据钢筋的公称直径按表 15.9 选取公称横截面积(mm^2)。

(5)检测步骤

1)将试件上端固定在试验机上夹具内,调整试验机零点,装好描绘器等,再用下夹具固定试件下端。

2)开动试验机进行拉伸,拉伸速度:屈服前应力增加速度为 10 MPa/s;屈服后试验机活动夹头在荷载下移动速度不大于 0.5 L_C/min($L_C = L_0 + 2h_1$),直至试件拉断。

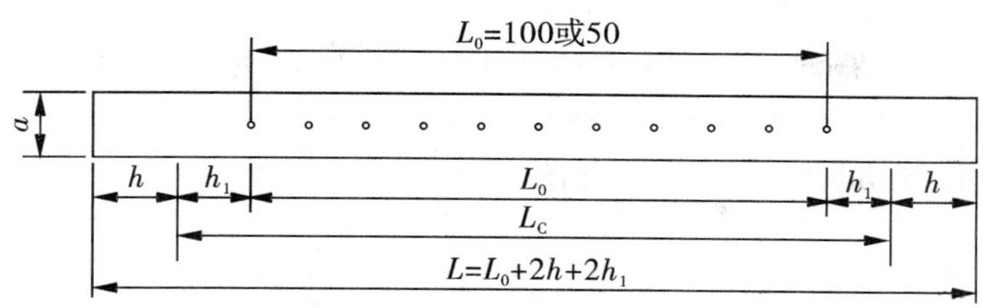

图 15.12　钢筋拉伸试验试样

a—试样原始直径；L_0—标距长度；h_1—取（0.5～1）*a*；*h*—夹具夹持长度；L_c—试样的平行长度

3）拉伸过程中，测力度盘指针停止转动时的恒定荷载，或第一次回转时的最小荷载，即为屈服荷载 F_S(N)。继续加荷直至试件拉断，读出最大荷载 F_b(N)。

4）测量试件拉断后的标距长度 L_1。将已拉断的试件两端在断裂处对齐，尽量使其轴线位于同一条直线上。如拉断处距离邻近标距端点大于 $L_0/3$ 时，可用游标卡尺直接量出 L_1。如拉断处距离邻近标距端点小于或等于 $L_0/3$ 时，可按下述移位法确定 L_1：在长段上自断点起，取等于短段格数得 *B* 点，再取等于长段所余格数［偶数见图 15.13(a)］之半，得 *C* 点；或者取所余格数［奇数见图 15.13(b)］减 1 与加 1 之半，得 *C* 与 C_1 点。则移位后的 L_1 分别为 $AB+2BC$ 或 $AB+BC+BC_1$。

如果直接测量所求得的伸长率能达到技术条件要求的规定值，则可不采用移位法。

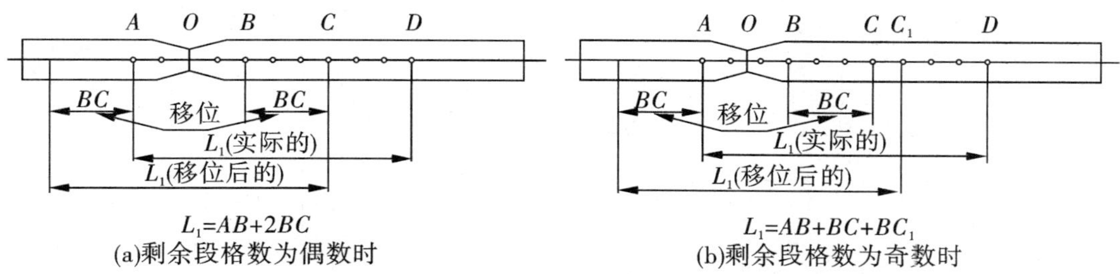

图 15.13　用移位法计算标距示意图

(6)结果计算与评定

1）屈服强度 σ_s、抗拉强度 σ_b 按下式计算：

$$\sigma_s = \frac{F_s}{A}$$

$$\sigma_b = \frac{F_b}{A}$$

式中　σ_s——屈服强度，MPa；

σ_b——抗拉强度，MPa；

F_s——下屈服点荷载，N；

F_b——试件拉断后最大荷载，N；

A ——试件的公称截面面积，mm^2。

当 σ_s、σ_b 小于 200 MPa 时，修约间隔为 1 MPa；σ_s、σ_b 为 200 ~ 1000 MPa 时，修约间隔为 5 MPa；σ_s、σ_b 大于 1000 MPa 时，修约间隔为 10 MPa。

2）伸长率 δ_5（或 δ_{10}）按下式计算，精确至 1%：

$$\delta_5(\text{或}\ \delta_{10}) = \frac{L_1 - L_0}{L_0} \times 100\%$$

式中 δ_5（或 δ_{10}）——分别为标距长度为 $L_0 = 5a$ 或 $L_0 = 10a$ 的断后伸长率（a 为钢筋公称直径），%；

L_0——试件原始标距长度（$L_0 = 5a$ 或 $L_0 = 10a$），mm；

L_1——试件断后标距长度，mm，精确到 0.1 mm。

当 δ_5（或 δ_{10}）≤10% 时，修约间隔为 0.5%；δ_5（或 δ_{10}）>10% 时，修约间隔为 1%。

如试件在标距端点上或标距处断裂，则试验结果无效，应重做试验。

当两个试件中，屈服强度、抗拉强度和伸长率 3 个指标 6 个值，分别大于表 15.11 的规定，判定该批钢筋的拉伸性能合格。

表 15.11 热轧钢筋的力学性能和工艺性能（GB 1499.1—2008，GB 1499.2—2007）

牌号	屈服强度/MPa	抗拉强度/MPa	断后伸长率/%	最大力总伸长率/%	冷弯试验 180°	
	≥				公称直径 a/mm	弯心直径/d
HPB300	300	420	25.0	10.0	a	$d=a$
HRB335 HRBF335	335	455	17	7.5	6 ~ 25	$d=3a$
					28 ~ 40	$d=4a$
					>40 ~ 50	$d=5a$
HRB400 HRBF400	400	540	16		6 ~ 25	$d=4a$
					28 ~ 40	$d=5a$
					>40 ~ 50	$d=6a$
HRB500 HRBF500	500	630	15		6 ~ 25	$d=6a$
					28 ~ 40	$d=7a$
					>40 ~ 50	$d=8a$

15.4.8　冷弯性能检测

(1)目的

检验钢筋承受弯曲变形的能力,间接检验钢筋内部的缺陷及可焊性,评定钢筋质量。

(2)仪器设备

万能试验机(附有两支辊,支辊间距离可以调节;还应有不同直径的弯曲压头,如图 15.14,其弯心直径符合有关标准规定)。

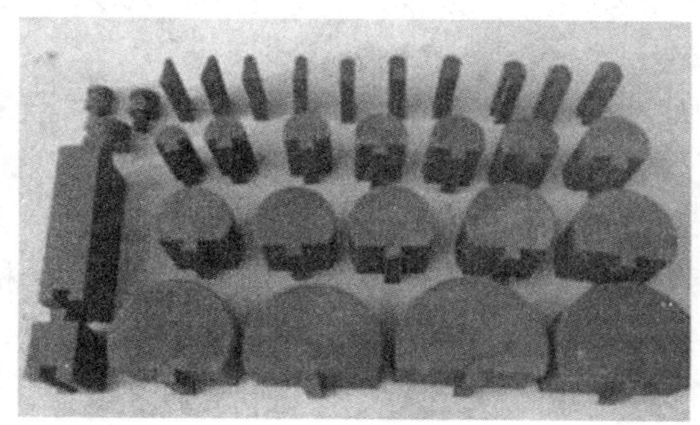

图 15.14　弯曲压头

(3)环境条件

应在室温 10 ~ 35℃下进行,对温度要求严格的检测,检测温度应为(23±5)℃。

(4)试件制备

钢筋冷弯试件不得进行车削加工,试件长度通常为 $5a$+150 mm(a 为钢筋公称直径)。

(5)检测步骤

1)按表 15.11 选择合适的弯心直径(弯曲压头直径),调整试验机两支辊间的距离。

2)将两根试件按图 15.15 安放好后,平稳加荷,让钢筋绕弯曲压头至规定的角度后终止弯曲,如图 15.16。其中母材要求弯曲至 180°,焊接接头试件要求弯曲至 90°。当有争议时,检测速率应为(1±0.2)mm/s。整个试验过程如图 15.17。

图 15.15　钢筋试件放置

图 15.16　钢筋弯曲过程

3)检查弯曲处的外面和侧面有无裂纹、断裂或起层现象。

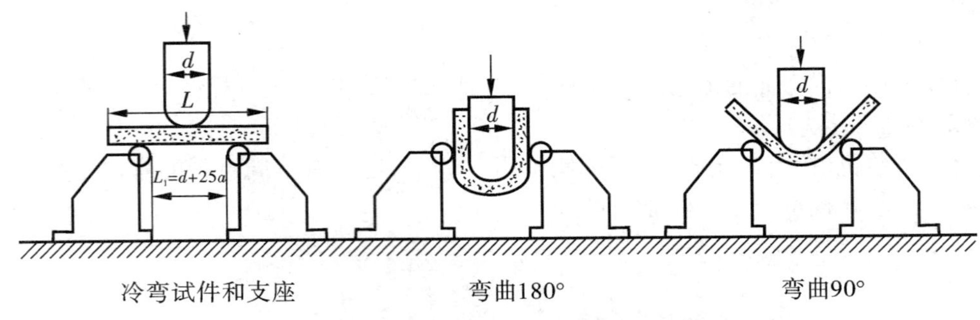

图 15.17 钢筋冷弯装置示意图

(6)结果评定

试件按规定弯曲后,弯曲处无裂纹、断裂或起层现象,可判定合格,两根试件必须全部合格,则该批钢筋冷弯性能检测合格。

15.5 砂浆性能检测

试验依据:《建筑砂浆基本性能试验方法》(JCJ/T 70—2009)。

15.5.1 取样及试样制备

15.5.1.1 现场取样

(1)建筑砂浆试验用料应从同一盘砂浆或同一车砂浆中取样。取样量应不少于试验所需量的 4 倍。

(2)施工中取样进行砂浆试验时,其取样方法和原则按相应的施工验收规范执行。一般在使用地点的砂浆槽、砂浆运送车或搅拌机出料口,至少从三个不同部位取样。现场取来的试样,试验前应人工搅拌均匀。

(3)从取样完毕到开始进行各项性能试验不宜超过 15 min。

15.5.1.2 试样制备

(1)试验室拌制砂浆进行试验时,所用材料要求提前 24 h 运入室内,拌和时试验室的温度应保持在(20±5)℃;

(2)试验用原材料应与现场使用材料一致,砂应通过公称粒径 5 mm 筛;

(3)拌制砂浆时,所用材料应称重计量。称量精度:水泥、外加剂、掺合料等为±0.5%;砂为±1%;

(4)在试验室搅拌砂浆时应采用机械搅拌,搅拌的用量宜为搅拌机容量的 30% ~ 70%,搅拌时间不应少于 120 s。掺有掺合料和外加剂的砂浆,其搅拌时间不应少于 180 s。

15.5.2　稠度检测

(1)试验原理及方法

通过测定一定质量的锥体自由沉入砂浆中的深度,反应砂浆抵抗阻力的大小。

(2)试验目的

用水量的目的确定配合比或施工过程中控制砂浆的稠度,达到控制。

(3)主要仪器设备

砂浆稠度测定仪(图15.18);钢制捣棒:直径10 mm、长350 mm,端部磨圆;台秤;秒表等。

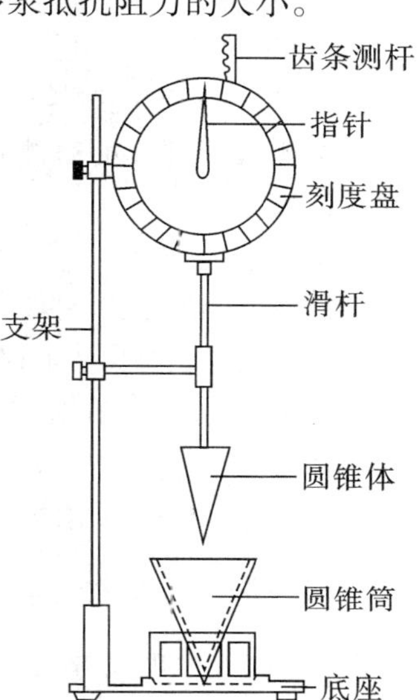

图15.18　砂浆稠度测定仪

(4)试验步骤及注意事项

1)用少量润滑油轻擦滑杆,再将滑杆上多余的油用吸油纸擦净,使滑杆能自由滑动;

2)用湿布擦净盛浆容器和试锥表面,将砂浆拌合物一次装入容器,使砂浆表面低于容器口约10 mm左右。用捣棒自容器中心向边缘均匀地插捣25次,然后轻轻地将容器摇动或敲击5~6下,使砂浆表面平整,然后将容器置于稠度测定仪的底座上;

3)拧松制动螺丝,向下移动滑杆,当试锥尖端与砂浆表面刚接触时,拧紧制动螺丝,使齿条侧杆下端刚接触滑杆上端,读出刻度盘上的读数(精确至1 mm);

4)拧松制动螺丝,同时计时间,10 s时立即拧紧螺丝,将齿条测杆下端接触滑杆上端,从刻度盘上读出下沉深度(精确至1 mm),两次读数的差值即为砂浆的稠度值。

注意事项:

盛样容器内的砂浆,只允许测定一次稠度,重复测定时,应重新取样。

(5)结果评定

1)取两次试验结果的算术平均值,精确至1 mm;

2)如两次试验值之差大于10 mm,应重新取样测定。

15.5.3　分层度测试(标准法)

(1)试验原理及方法

测定相隔一定时间后沉入度的损失,反映砂浆失水程度及内部组分的稳定性。

(2)试验目的

测定砂浆拌合物在运输及停放时内部组分的稳定性。

(3)主要仪器设备

分层度测定仪(即分层度筒,见图15.19);稠度仪;木棰等。

(4)试验步骤及注意事项

1)首先将砂浆拌合物按15.5.2稠度试验方法测定稠度;

2)将砂浆拌合物一次装入分层度筒内,待装满后,用木棰在容器周围距离大致相等的四个不同部位各轻轻敲击1~2下,如砂浆沉落到低于筒口,则应随时添加,然后刮去多余的砂浆并用抹刀抹平;

3)静置30 min后,去掉上层200 mm砂浆,剩余的100 mm砂浆倒出放在拌和锅内拌2 min,再按15.5.2稠度试验方法测其稠度。前后测得的稠度之差即为该砂浆的分层度值(mm)。

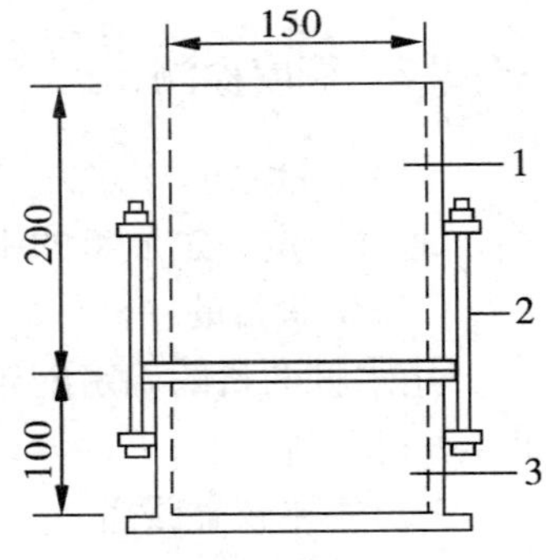

图15.19 砂浆分层度测定仪

1-无底圆筒;2-连接螺栓;3-有底圆筒

注意事项:

经稠度测定后的砂浆,重新拌和均匀后测定分层度。

(5)数据处理及结果评定

1)取两次试验结果的算术平均值作为该批砂浆的分层度值;

2)若两次分层度测试值之差大于10 mm,应重新取样测定。

15.5.4 保水性检测

(1)试验原理及方法

根据砂浆中部分水分被滤纸吸走后,砂浆中剩余的水分占原有水分的质量百分比测试砂浆的保水性。

(2)试验目的

通过测定砂浆的保水率,反映砂浆各组分的稳定性或保持水分的能力。

(3)主要仪器和材料

金属(或硬塑料)圆环试模:内径100,内部高25 mm;2 kg的重物;金属滤网:网格尺寸45 μm,圆形,直径为(110±1)mm;中速定性滤纸:直径110 mm,单位面积质量200 g/m^2;2片金属或玻璃的方形(或圆形)不透水片,边长(或直径)大于110 mm;天平:量程200 g,感量0.1 g;量程2000 g,感量1 g;烘箱。

(4)试验步骤及注意事项

1)称量底部不透水片与干燥试模质量 m_1,15片中速定性滤纸质量 m_2;

2)将砂浆拌合物一次性装入试模,并用抹刀插捣数次,当装入的砂浆略高于试模边缘时,用抹刀以45°角一次性将试模表面多余的砂浆刮去,然后用抹刀以较平的角度在试模表面反方向将砂浆刮平;

3)抹掉试模边的砂浆,称量试模、底部不透水片与砂浆总质量 m_3;

4)用金属滤网覆盖在砂浆表面,再在滤网表面放上15片滤纸,用上部不透水片盖在滤纸表面,以2 kg的重物把上部不透水片压住;

5)静置2 min后移走重物及上部不透水片,取出滤纸(不包括滤网),迅速称量滤纸质量 m_4;

6)按照砂浆的配比及加水量计算砂浆的含水率。

(5)数据处理及结果评定

砂浆保水率应按下式计算:

$$W = \left[1 - \frac{m_4 - m_2}{\alpha \times (m_3 - m_1)}\right] \times 100\%$$

式中　W——砂浆保水率,%;

m_1——底部不透水片与干燥试模质量,精确至1 g;

m_2——15片滤纸吸水前的质量,精确至0.1 g;

m_3——试模、底部不透水片与砂浆总质量,精确至1 g;

m_4——15片滤纸吸水后的质量,精确至0.1 g;

α——砂浆含水率,%。

取两次试验结果的算术平均值作为砂浆的保水率,精确至0.1%,且第二次试验应重新取样测定。砌筑砂浆的保水率应满足表7.2的规定。

当两个测定值之差超过2%时,此组试验结果应为无效。

15.5.5　立方抗压强度测定

(1)试验原理及方法

将流动性和保水性符合要求的砂浆拌合物按规定成形,制成标准的立方体试件,经28 d养护后,测其抗压破坏荷载,依此计算其抗压强度。

(2)试验目的

通过砂浆试件抗压强度的测定,检验砂浆质量,确定、校核配合比是否满足要求,并确定砂浆强度等级。

(3)主要仪器设备

试模:70.7 mm×70.7 mm×70.7 mm的带底试模;钢制捣棒:直径10 mm、长350 mm,端部磨圆;压力试验机:精度为1%,试件破坏荷载应不小于压力机量程的20%,且不大于全量程的80%;振动台:空载振幅0.5±0.05 mm,空载频率(50±3)Hz;垫板等。

(4)试验步骤及注意事项

1)试件成型及养护。

①采用立方体试件,每组试件3个;

②用黄油等密封材料涂抹试模的外接缝,试模内涂刷薄层机油或脱模剂,将拌制好的砂浆一次性装满砂浆试模,成型方法根据稠度而定。当稠度>50 mm时采用人工振捣成型,当稠度≤50 mm时采用振动台振实成型;

a. 人工振捣:用捣棒均匀地由边缘向中心按螺旋方式插捣25次,插捣过程中如砂浆沉落低于试模口,应随时添加砂浆,可用油灰刀插捣数次,并用手将试模一边抬高5～10 mm各振动5次,砂浆应高出试模顶面6～8 mm。

b. 机械振动:将砂浆一次装满试模,放置到振动台上,振动时试模不得跳动,振动5～10 s或持续到表面出浆为止;不得过振。

③待表面水分稍干后,将高出试模部分的砂浆沿试模顶面刮去并抹平。

④试件制作后应在室温为(20±5)℃的环境下静置(24±2)h,当气温较低时,可适当

延长时间,但不应超过两昼夜,然后对试件进行编号、拆模。试件拆模后应立即放入温度为(20±2)℃,相对湿度为90%以上的标准养护室中养护。养护期间,试件彼此间隔不小于10 mm,混合砂浆试件上面应覆盖,以防有水滴在试件上。

2)抗压强度测定。

①试验前将试件表面擦拭干净,测量尺寸,并据此计算试件的承压面积,若实测尺寸与公称尺寸之差不超过1 mm,可按公称尺寸进行计算;

②将试件安放在试验机的下压板(或下垫板)上,试件的承压面应与成型时的顶面垂直,试件中心应与试验机下压板(或下垫板)中心对准。开动试验机,当上压板与试件(或上垫板)接近时,调整球座,使接触面均衡受压。承压试验应连续而均匀地加荷,加荷速度应为(0.25~1.5)kN/s,当试件接近破坏而开始迅速变形时,停止调整试验机油门,直至试件破坏,然后记录破坏荷载 N_u。

注意事项:

①养护期间,试件彼此间隔不小于10 mm;

②试件从养护地点取出后应及时进行试验。

(5)数据处理及结果评定

砂浆立方抗压强度由下式计算(精确至0.1 MPa):

$$f_{m,cu} = K\frac{N_u}{A}$$

式中 $f_{m,cu}$ ——砂浆立方体抗压强度,应精确至0.1 MPa;

N_u—— 试件破坏荷载,N;

A—— 试件承压面积,mm^2;

K——换算系数,取1.35。

以三个试件测值的算术平均值作为该组试件的砂浆立方体试件抗压强度平均值(f_2),精确至0.1 MPa。

当三个测值的最大值或最小值中有一个与中间值的差值超过中间值的15%时,则把最大值及最小值一并舍除,取中间值作为该组试件的抗压强度值;如有两个测值与中间值的差值均超过中间值的15%时,则该组试件的试验结果无效。

15.6 墙体材料性能检测

15.6.1 烧结砖砖检测

本节主要介绍普通烧结砖、烧结多孔砖和多孔砌块、烧结空心砖和空心砌块相关工程指标检测方法及结果评定相关要求。

15.6.1.1 采用标准

《烧结普通砖》GB 5101—2017

《烧结多孔砖和多孔砌块》GB 13544—2011

《烧结空心砖和空心砌块》GB/T 13545—2014

《砌墙砖试验方法》GB/T 2542—2012

15.6.1.2 取样方法与数量

具体要求见表15.12所示。

表15.12 烧结砖取样方法与数量

序号	材料	取样批量	取样方法	取样数量	执行标准
1	烧结普通砖、烧结多孔砖	检验批的构成原则和批量大小按JC/T 466规定。通常3.5万~15万块为一批，不足3.5万块按一批计	外观质量在每一检验批的产品堆垛中随机抽样；尺寸偏差及其他从外观质量检验合格的样品中随机抽取	尺寸偏差从外观合格的砖样中随机抽取20块	《烧结普通砖》（GB 5101—2017）《烧结多孔砖和多孔砌块》（GB 13544—2011）《砌墙砖试验方法》（GB/T 2542—2012）
				强度等级10块	
2	烧结空心砖		尺寸偏差在每一检验批的产品堆垛中随机抽样；强度从外观质量检验合格的样品中随机抽取	尺寸偏差从外观合格的砖样中随机抽取20块	《烧结空心砖和空心砌块》（GB 13545—2014）《砌墙砖试验方法》（GB/T 2542—2012）
				强度等级10块	
				抗折、抗压强度各10块	

15.6.1.3 尺寸测量

(1)目的

检测砖试样的几何尺寸是否符合标准的要求。

(2)量具

砖用卡尺（分度值为0.5 mm）见图15.20。

(3)检测方法按GB/T 2542—2012规定，长度和宽度应在砖的两个大面的中间处分别测量两个尺寸；高度应在砖的两个条面的中间处分别测量两个尺寸，见图15.21。当被测处缺损或凸出时，可在其旁边测量，但应选择不利的一侧。精确至0.5 mm。

(4)结果表示。

每一个方向尺寸以两个测量值的算术平均值表示。

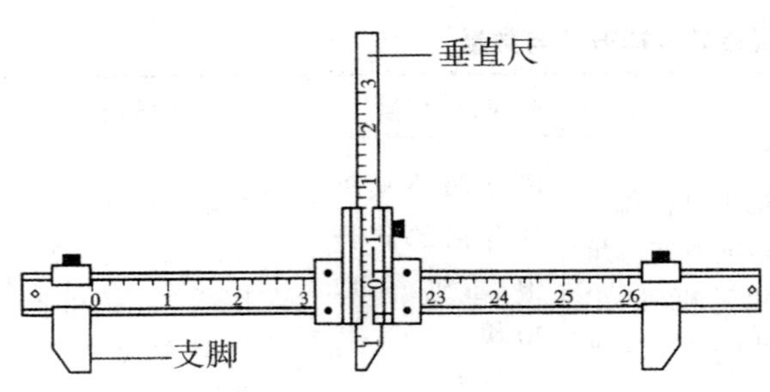

图 15.20 砖用卡尺示意图

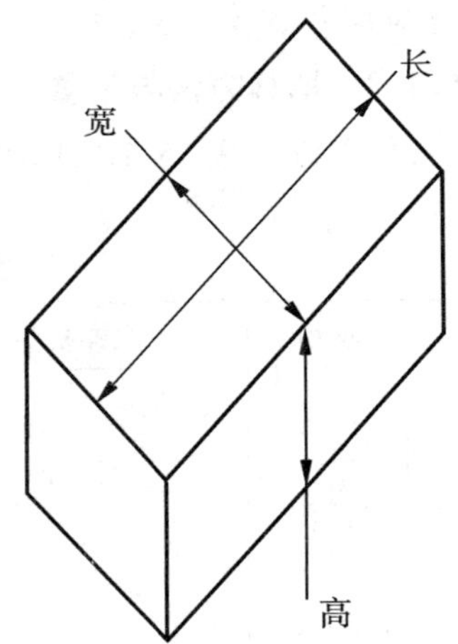

图 15.21 砖的尺寸量法示意图（单位:mm）

15.6.1.4 外观质量检测

(1)目的

检测砖试样的外观质量是否符合标准的要求。

(2)量具

砖的卡尺,分度值为 0.5 mm;钢直尺,分度值不应大于 1 mm。

(3)测量方法

1)缺损。

缺棱掉角在砖上造成的破损程度,以破损部分对长、宽、高三个棱边的投影尺寸来度量,称为破坏尺寸,如图 15.22。

缺损造成的破坏面,是指缺损部分对条、顶面(空心砖为条、大面)的投影面积,如图 15.23。空心砖内壁残缺及肋残缺尺寸,以长度方向的投影尺寸来度量。

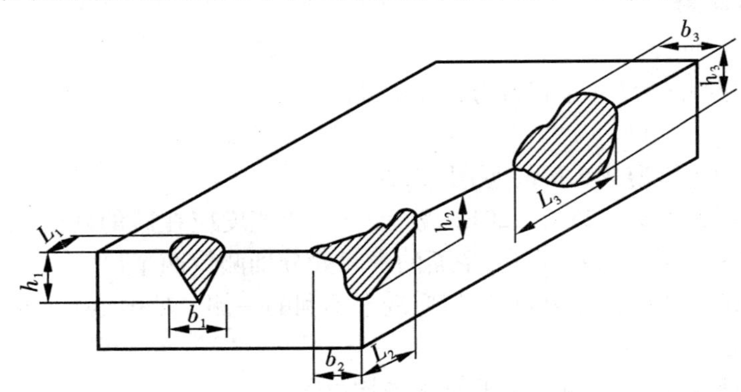

图 15.22 缺棱掉角破坏尺寸量法

L——长度方向的投影尺寸(mm);***b*** ——宽度方向的投影尺寸(mm);***h***——高度方向的投影尺寸(mm)

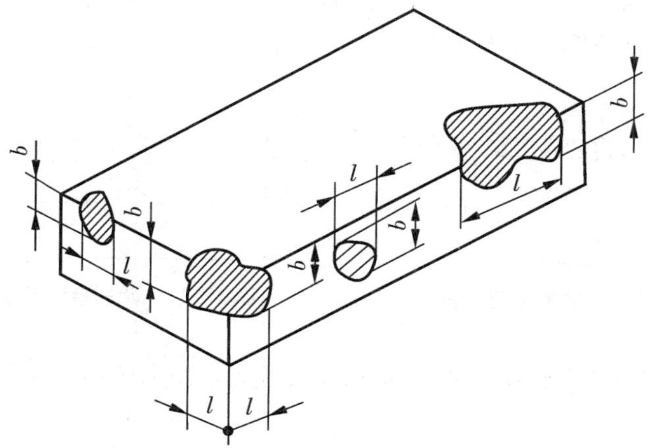

图15.23　缺损在条、顶面上造成破坏面量法

l–长度方向的投影尺寸(mm)；b–宽度方向的投影尺寸(mm)

2)裂纹。

①裂纹分为长度方向、宽度方向和水平方向三种,以被测量方向的投影长度表示。如果裂纹从一个面延伸至其他面上时,则累计其延伸的投影长度,如图15.24所示。

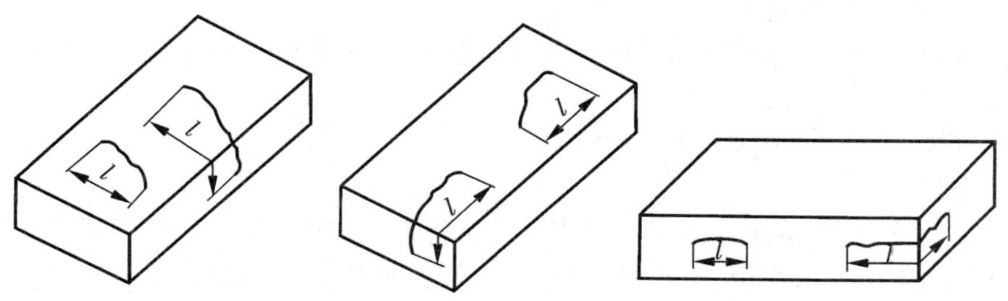

(a)宽度方向裂纹长度　(b)长度方向裂纹长度　(c)水平方向裂纹长度

图15.24　裂纹长度量法

②多孔砖的孔洞与裂纹相通时,则将孔洞包括在裂纹内一并测量,如图15.25所示。

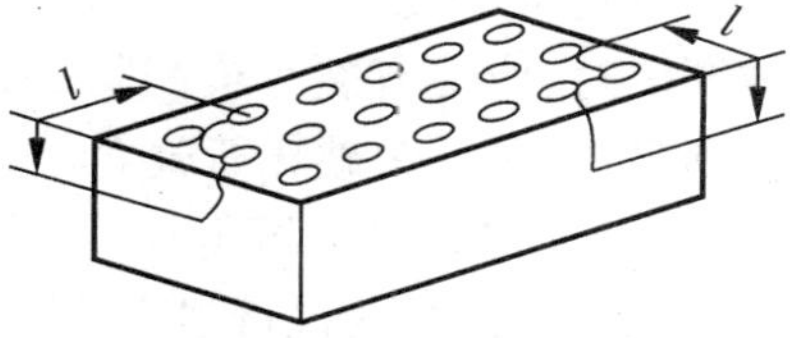

图15.25　多孔砖裂纹通过孔洞时的裂纹长度量法

③裂纹长度以在三个方向上分别测得的最长裂纹作为测量结果。

3)弯曲。弯曲分别在大面和条面上测量,测量时将砖用卡尺的两支脚沿棱边两端放置,择其弯曲最大处将垂直尺寸推至砖面,如图15.26所示。但不应将因杂质或碰伤造成的凹处计算在内。以弯曲中测得的较大者作为测量结果。

4）杂质凸出高度。杂质的砖面上造成的凸出高度，以杂质距砖面的最大距离表示。测量将砖用卡尺的两支脚置于凸出两边的砖平面上，以垂直尺测量，如图 15.27 所示。

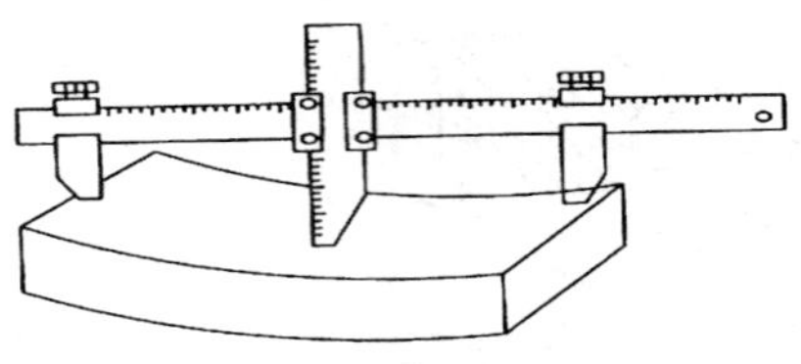

图 15.26 砖的弯曲度量法

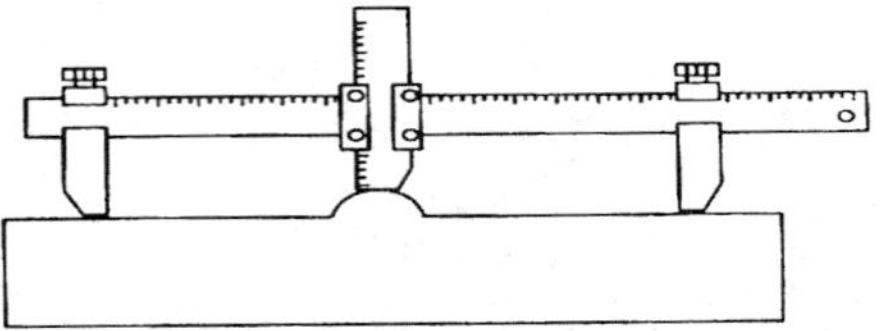

图 15.27 砖的杂物凸出量法

5）色差。装饰面朝上随机分两排并列，在自然光下距离砖样 2 m 处目测。

（4）结果处理

外观测量结果以 mm 为单位，不足 1 mm 者，按 1 mm 计。

15.6.1.5 抗折强度检测

（1）目的

测定蒸压粉煤灰砖抗折强度，为确定其强度等级提供依据。

（2）仪器设备

①压力试验机。试验机的示值相对误差不大于±1%，其下加压板应为球铰支座，预期最大破坏荷载应在量程的 20%～80%。

②抗折夹具。抗折试验的加荷形式为三点加荷，其上下压辊的曲率半径为 15 mm，下支辊应有一个为铰接固定。

③钢直尺。分度值不应大于 1 mm。

（3）试样制备

试样数量及处理：蒸压灰砂砖为 5 块，其他砖为 10 块。蒸压灰砂砖应放在温度为（20±5）℃的水中浸泡 24 h 后取出，用湿布拭去其表面水分进行抗折强度试验。

（4）检测步骤

①测量试样中间的宽度和高度尺寸各 2 个，分别取其算术平均值（精确至 1 mm）。

②调整抗折夹具下支辊的跨距（砖规格长度减去 40 mm）。但规格长度为 190 mm 的砖样其跨距为 160 mm。

③将试样大面平放在下支辊上，试样两端面与下支辊的距离应相同。当试样有裂纹或凹陷时，应使有裂纹或凹陷的大面朝下放置，以 50～150 N/s 的速度均匀加荷，直至试样断裂，记录最大破坏荷载 P。

（5）结果计算与评定

①每块试样的抗折强度 f_c 按下式计算，精确至 0.01 MPa。

$$f_c = \frac{3PL}{2bh^2}$$

式中 f_c—— 砖样试块的抗折强度，MPa；

P —— 最大破坏荷载，N；

L —— 跨距，mm；

b —— 试样宽度,mm;

h —— 试样高度,mm。

②抗折强度取其算术平均值和单块最小值表示。

15.6.1.6 抗压强度检测

(1)目的

测定砌墙砖抗压强度,为确定砖的强度等级提供依据。

(2)仪器设备

1)压力试验机。试验机的示值相对误差不大于±1%,其上、下加压板至少应有一个球铰支座,预期最大破坏荷载应在量程的20%~80%。

2)钢直尺。分度值不应大于1 mm。

3)振动台、制样模具、搅拌机(应符合GB/T 25044的要求)。

4)切割设备。

5)抗压强度试验用净浆材料(应符合GB/T 25183的要求)。

(3)试样制备

试样数量:蒸压灰砂砖为5块,其他砖为10块。

1)一次成型制样(适用于烧结普通砖)

①将试样锯成两个半截砖,两个半截砖用于叠合部分的长度不得小于100 mm,见图15.28。如果不足100 mm,应另取备用试样补足。

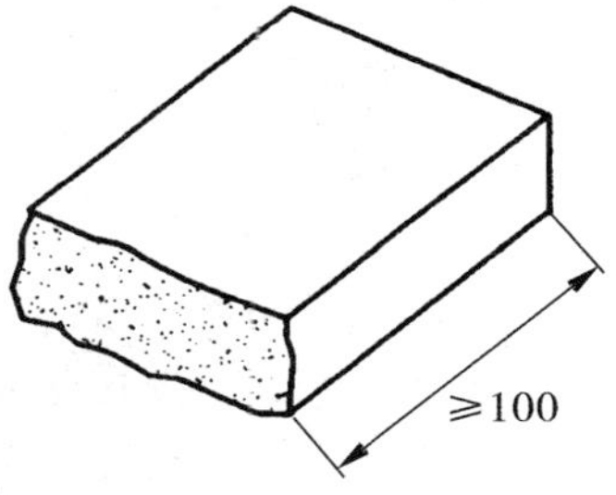

图15.28 半截砖长度示意图(单位:mm)

②将已断开的两个半截砖放入室温的净水中浸20~30 min后取出,在铁丝网架上滴水20~30 min,以断口相反方向装入制样模具中。用插板控制两个半砖间距不应大于5 mm,砖大面与模具间距不应大于3 mm,砖断面、顶面与模具间垫以橡胶垫或其他密封材料,模具内表面涂油或脱模剂。制样模具与插板如图15.29所示。

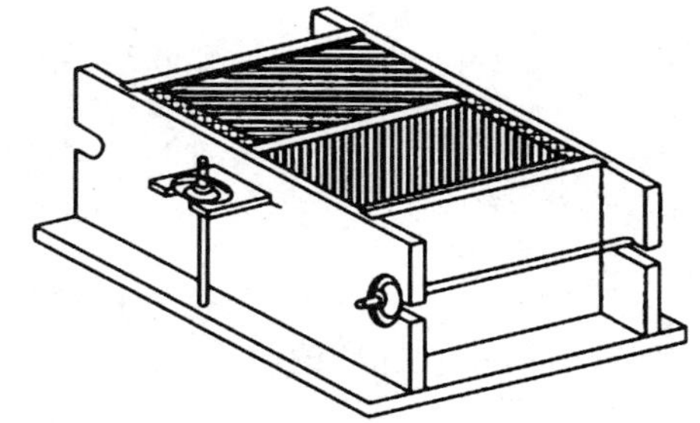
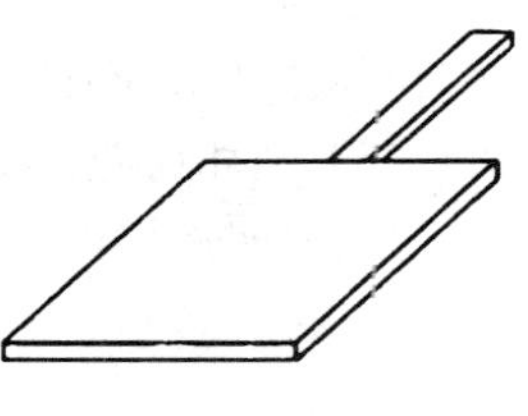

图15.29 一次成型制样模具及插板

③将净浆材料按照配制要求,置于搅拌机中搅拌均匀。

④将装好试样的模具置于振动台上,加入适量搅拌均匀的净浆材料,振动时间为

0.5～1 min，停止振动，静置至净浆材料达到初凝时间（约15～19 min）后拆模。

2）二次成型制样（适用于多孔砖、多孔砌块，空心砖、空心砌块）

多孔砖、多孔砌块以单块整砖沿竖孔方向加压。空心砖、空心砌块以单块整砖沿大面加压。

①将整块试样放入室温的净水中浸20～30 min后取出，在铁丝网架上滴水20～30 min。

②将净浆材料按照配制要求，置于搅拌机中搅拌均匀。

③模具内表面涂油或脱模剂，加入适量搅拌均匀的净浆材料，将整块试件一个承压面与净浆接触，装入制样模具中，承压面找平层厚度不应大于3 mm。接通振动台电源，振动0.5～1 min，停止振动，静置至净浆材料初凝（约15～19 min）后拆模。按同样方法完成整块试样另一承压面的找平。二次成型制样模具如图15.30所示。

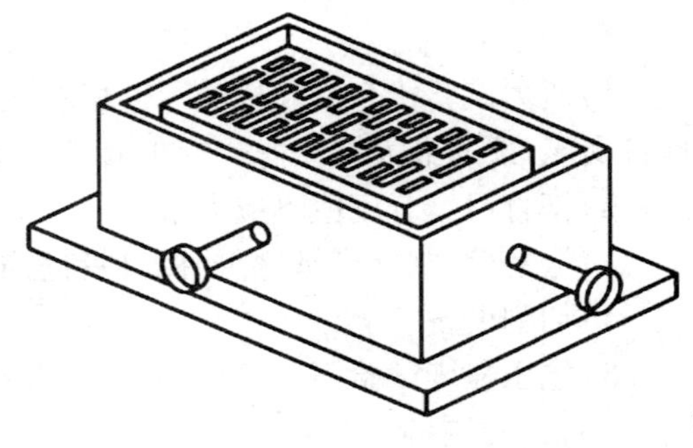

图15.30　二次成型制样模具

（4）试件养护

一次成型制样、二次成型制样在不低于10 ℃的不通风室内养护4 h，进行强度检测；非成型制样不需养护，试样气干状态直接进行检测。

（5）检测步骤

测量每个试件连接面或受压面的长、宽尺寸各两个，分别取其平均值（精确至1 mm）。将试件平放在加压板的中央，垂直于受压面加荷，加荷过程应均匀平稳，不得发生冲击或振动，加荷速度以2～6 kN/s为宜，直至试件破坏为止，记录最大破坏荷载P。

（6）结果计算与评定

1）每块试样的抗压强度f_p按下式计算：

$$f_p = \frac{P}{L \times B}$$

式中　f_p—— 抗压强度，MPa；

P —— 最大破坏荷载，N；

L —— 受压面（连接面）的长度，mm；

B —— 受压面（连接面）的宽度，mm。

2）计算10块砖抗压强度平均值（$\bar{f}$）、标准差（s）、和标准值（f_k）：

抗压强度平均值：$\bar{f} = \frac{1}{10}(f_1 + f_2 + \cdots + f_{10}) = \frac{1}{10}\sum f_i$

抗压强度标准差：$s = \sqrt{\frac{1}{9}\sum_{i=1}^{10}(f_i - \bar{f})^2}$

抗压强度标准值：　$f_k = \bar{f} - 1.83\, s$

式中　$\bar{f}$——10 块试样的抗压强度平均值，MPa，精确至 0.01；

f_i——分别为 10 块砖的抗压强度值（i = 1 ~ 10），MPa，精确至 0.01；

s——10 块试样的抗压强度标准差，MPa，精确至 0.01；

f_k——10 块砖的抗压强度标准值，MPa，精确至 0.1。

15.6.2　非烧结砖检测

本节主要介绍蒸压粉煤灰砖、灰砂砖相关工程指标检测方法及结果评定相关要求。

15.6.2.1　采用标准

《蒸压灰砂砖》GB 11945—1999

《蒸压粉煤灰砖》JC/T 239—2014

《混凝土砌块和砖试验方法》GB/T 4111—2013

《砌墙砖试验方法》GB/T 2542—2012

15.6.2.2　取样方法与数量

取样方法及数量见表 15.13。

表 15.13　非烧结砖取样方法与数量

序号	材料	取样批量	取样方法	取样数量	执行标准
1	蒸压灰砂砖	以 10 万块为一批，不足 10 万块按一批计	尺寸偏差和外观质量在每一检验批的产品堆垛中随机抽样；其他检验项目的样品从外观质量检验合格的样品中随机抽取	尺寸偏差从外观合格的砖样中随机抽取 50 块	《蒸压灰砂砖》（GB 11945—1999）《砌墙砖试验方法》（GB/T 2542—2012）
				强度等级 5 块	
2	蒸压粉煤灰砖			随机抽取 100 块砖进行尺寸偏差检验	《蒸压粉煤灰砖》（JC 239—2014）《混凝土砌块和砖试验方法》（GB/T 4111—2013）
				强度等级 20 块	

15.6.2.3　蒸压粉煤灰砖

（1）尺寸测量

1）目的。检测蒸压粉煤灰砖试样的几何尺寸是否符合标砖规定。

2）量具。钢直尺或钢卷尺，分度值 1 mm。

3）检测方法（直角六面体块材）。长度在条面的中间、宽度在顶面的中间、高度在顶面的中间测量。

4）结果表示。每项在对应两面各测一次，取平均值，精度至 1 mm。

(2)抗折强度检测

参见烧结砖抗折强度检测方法及结果评定。

(3)抗压强度检测

1)目的。测定蒸压粉煤灰砖抗压强度,为确定强度等级提供依据。

2)仪器设备。

①材料试验机。示值误差应不大于1%,其量程选择应能使试件的预期破坏荷载落在满量程的20% ~80%;

②钢直尺。规格为400 mm,分度值为1 mm;

③切割设备。钢性材质,刃口锋利。

3)试件制备。

①不带砌筑砂浆槽的砖试件制备。取10块整砖放在(20±5)℃的水中浸泡24 h后取出,用湿布擦去表面水分;采用样品中间部位切割,交错叠加制备抗压强度试件,如图15.31(半截砖叠合示意图),交错叠加部位的长度以100 mm为宜,但不应小于90 mm,如果不足90 mm,应另取备用试样补足。

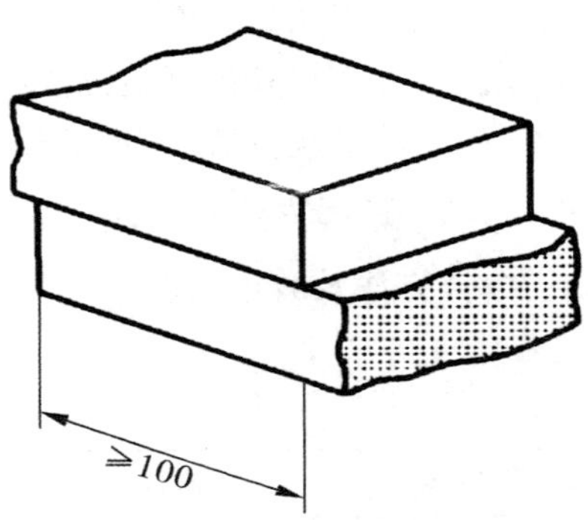

图15.31 半砖叠合示意图

②带砌筑砂浆槽的砖试件制备。采用样品中间部位切割。用强度等级不低于42.5的普通硅酸盐水泥调制成稠度适宜的水泥净浆。试样在(20±5)℃的水中浸泡15 min,在钢丝网架上滴水3 min,立即用水泥净浆将砌筑砂浆槽抹平,在温度(20±5)℃、相对湿度(50±15)%的环境下养护2 d后,再按照上述"不带砌筑砂浆槽的砖试件制备"方法处理。

4)检测步骤。测量叠加部位的长度(L)和宽度(B),分别测量两次取平均值,精确1 mm。

将试件放在试验机下压板上,要尽量保证试件的重心与试验机压板中心重合。

试验机加荷应均匀平稳,不应发生冲击或振动。加荷速度以4 ~6 kN/s为宜,直至试件破坏为止,记录最大破坏荷载P。

5)结果计算与评定。每块试样的抗压强度R按下式计算,精确至0.01 MPa:

$$R = \frac{P}{L \times B}$$

式中 R—— 抗压强度,MPa;

P —— 最大破坏荷载,N;

L —— 受压面(连接面)的长度,mm;

B —— 受压面(连接面)的宽度,mm。

实验结果以10个试件抗压强度的算术平均值和单块最小值表示,精确至0.1 MPa。

15.6.2.4　蒸压灰砂砖

(1)外观质量检测

1)目的。检测蒸压灰砂砖试样的几何尺寸是否符合标砖规定。

2)量具。钢直尺或钢卷尺,分度值 1 mm。

3)检测方法(参照烧结砖外观质量检测方法)

4)判定规则。尺寸偏差和外观质量采用二次抽样方案,根据规范(GB 11945—1999)规定的质量指标,检查出其不合格产品 d_1,按下列规则判定:

$d_1 \leqslant 5$ 时,尺寸偏差和外观质量合格;

$d_1 \geqslant 9$ 时,尺寸偏差和外观质量不合格;

$d_1>5$ 且 $d_1<9$ 时,需再次从该产品批中抽样 50 块检验,检查出不合格品数 d_2,按下列规则判定:

$d_1+d_2 \leqslant 12$ 时,尺寸偏差和外观质量合格;

$d_1+d_2 \geqslant 13$ 时,尺寸偏差和外观质量不合格。

(2)强度检测

抗折强度及抗压强度检测方法及结果评定参见烧结砖相关规定。

15.6.3　蒸压加气混凝土砌块性能检测

15.6.3.1　采用标准

《蒸压加气混凝土砌块》GB 11968—2006

《蒸压加气混凝土性能试验方法》GB/T 11969—2008

15.6.3.2　取样方法

同品种、同规格、同等级的砌块,以 10000 块为一批,不足 10000 块亦为一批,随机抽取 50 块砌块,进行尺寸偏差、外观检验。

从外观与尺寸偏差检验合格的砌块中随机抽取 6 块砌块制作试件,进行如下项目检验:

①干密度:　　3 组 9 块;

②强度级别:　　3 组 9 块。

15.6.3.3　蒸压加气混凝土砌块干密度、含水率、吸水率检测

(1)目的。

判定砌块的干密度级别及确定等级。

(2)仪器设备。

电热鼓风干燥箱(最高温度 200℃)、托盘天平和磅秤(称量 2000 g,感量 1 g)、钢板直尺(规格为 300 mm,分度值为 0.5 mm)、恒温水槽(水温 15 ~25 ℃)。

(3)试样制备

试件的制备,采用机锯或刀锯,锯切时不得将试件弄湿。试件应沿制品发气方向中心部分上、中、下顺序锯取一组,“上”块上表面距离制品顶面 30 mm,“中”块在制品正中处,“下”块下表面离制品底面 30 mm。制品的高度不同,试件间隔略有不同,以高 600 mm 的

制品为例,试件锯取部位如图 15.32 所示。

试件表面必须平整,不得有裂缝或明显缺陷,尺寸允许偏差为±2 mm;试件应逐块编号,标明锯取部位和发气方向。

试件为 100 mm×100 mm×100 mm 正立方体,共二组 6 块,如图 15.33 所示。

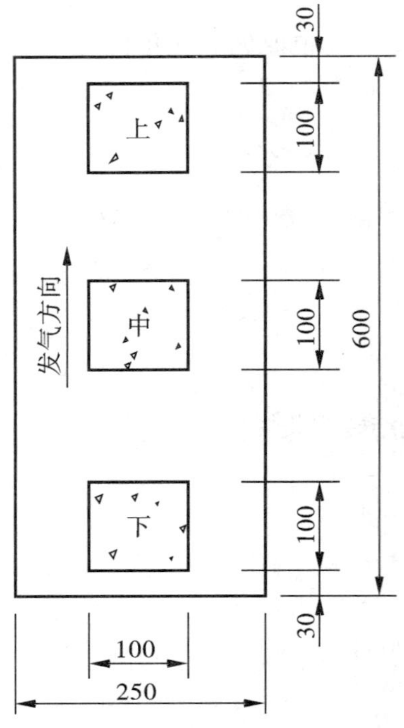

图 15.32 立方体试件锯取示意图(单位:mm)

图 15.33 立方体试件

(4)干密度和含水率检测

1)取试件一组 3 块,逐块量取长、宽、高三个方向的轴线尺寸,精确至 1 mm,计算试件的体积;并称取试件质量(M),精确至 1 g。

2)将试件放入电热鼓风干燥箱内,在(60±5)℃下保温 24 h,然后在(80±5)℃下保温 24 h,再在(105±5)℃下烘至恒质(M_0)。恒质指在烘干过程中间隔 4 h,前后两次质量差不得超过试件质量的 0.5%。

(5)吸水率检测

1)将另一组 3 块试件放入电热鼓风干燥箱内,在(60±5)℃下保温 24 h,然后在(80±5)下保温 24 h,再在(105±5)℃下烘至恒质(M_0)。

2)试件冷却至室温后,放入水温为(20±5)℃的恒温水槽内,然后加水至试件高度的 1/3,保持 24 h,再加水至试件高度的 2/3,经 24 h 后,加水高出试件 30 mm 以上,保持 24 h。

3)将试件从水中取出,用湿布抹去表面水分,立即称取每块质量(M_g),精确至 1 g。

(6)结果计算

1)干密度按下式计算:

$$r_0 = \frac{M_0}{V} \times 10^6$$

式中　r_0——干密度，kg/m^3；

M_0——试件烘干后质量，g；

V——试件体积，mm^3。

2）含水率按下式计算：

$$W_s = \frac{M - M_0}{M_0} \times 100\%$$

式中　W_s——含水率，%；

M_0——试件烘干后质量，g；

M——试件烘干前质量，g。

3）吸水率按下式计算（以质量分数表示）：

$$W_R = \frac{M_g - M_0}{M_0} \times 100\%$$

式中　W_R——吸水率，%；

M_0——试件烘干后质量，g；

M_g——试件吸水后质量，g。

结果按 3 块试件检测的算术平均值进行评定，干密度的计算精确至 1 kg/m^3，含水率和吸水率的计算精确至 0.1%。

（7）结果评定

以 3 组干密度试件的测定结果平均值判定砌块的干密度级别，符合前文第 8 章表8.8 规定时则判该批砌块合格。

15.6.3.4　蒸压加气混凝土砌块抗压强度检测

（1）目的

判定砌块的强度等级。

（2）仪器设备

压力试验机、电热鼓风干燥箱、托盘天平和磅秤、钢板直尺、恒温水槽等。

（3）试样制备

试件的制备要求同干密度、含水率、吸水率检测。试件为 100 mm×100 mm×100 mm 正立方体一组 3 块。试件在含水率 8%～12% 下进行检测，如果含水率超过上述规定范围，则在（60±5）℃下烘至所要求的含水率。

（4）检测步骤

1）检查试件外观。

2）测量试件的尺寸，精确至 1 mm，并计算试件的受压面积（A_1）。

3）将试件放在材料试验机的下压板的中心位置，试件的受压方向应垂直于制品的发气方向。

4）开动试验机，当上压板与试件接近时，调整球座，使接触均衡。

5）以（2.0±0.5）kN/s 的速度连续而均匀地加荷，直至试件破坏，记录破坏荷载(P_1)。

6)将检测后的试件全部或部分立即称取质量,然后在(105±5)℃下烘至恒质,计算其含水率。

(5)结果计算

抗压强度按下式计算,精确至0.1 MPa:

$$f_{cc}=\frac{P_1}{A_1}$$

式中 f_{cc}——试件的抗压强度,MPa;

P_1——破坏荷载,N;

A_1——试件受压面积,mm^2。

(6)结果评定

以5组抗压强度试件测定结果按前文第8章表8.9判定其强度级别。当强度和干密度级别关系符合表8.10规定,同时,3组试件中各个单组抗压强度平均值全部大于表8.10规定的此强度级别的最小值时,判定该批砌块符合相应等级,若有1组或1组以上小于此强度级别的最小值时,则判定该批砌块不符合相应等级。

15.7 弹性体改性沥青防水卷材检测

试验依据:《弹性体改性沥青防水卷材》(GB 18242—2008)。

15.7.1 一般规定

(1)取样方法:以同一类型、同一规格10000 m^2为一批,不足10000 m^2时亦可作为一批。在每批产品中随机抽取5卷进行单位面积质量、面积、厚度及外观检查。从单位面积质量、面积、厚度及外观合格的卷材中随机抽取1卷进行物理力学性能试验。

(2)试件制备:将取样的一卷卷材切除距外层卷头2500 mm后,取1 m长的卷材按表15.14要求的尺寸和数量裁取试件。

15.7.2 拉伸性能测试

试验依据:《建筑防水卷材试验方法 第9部分:高分子防水卷材 拉伸性能》(GB/T 328.9—2007)。

(1)试验原理及方法

将试样两端置于夹具内夹牢,然后在两端同时施加拉力,试件以恒定的速度拉伸至断裂。连续记录试验中拉力和对应的长度变化。

(2)试验目的

通过拉伸试验,检验卷材抵抗拉力破坏的能力,作为选用卷材的依据。

(3)主要仪器设备

拉伸试验机:有连续记录力和对应距离的装置,能按规定的速度均匀地移动夹具,有足够的量程(至少2000 N)和夹具移动速度(100±10)mm/min,夹具宽度不小于50 mm;量尺:精确度1 mm。

表15.14　试件尺寸和数量表

序号	试验项目		试件形状(纵向×横向)(mm)	数量(个)
1	可溶物含量		100×100	3
2	耐热量		125×100	纵向3
3	低温柔性		150×25	纵向10
4	不透水性		150×150	3
5	拉力及延伸率		(250～320)×50	纵横向各5
6	浸水后质量增加		(250～320)×50	纵向5
7	热老化	拉力及延伸率保持率	(250～320)×50	纵横向各5
		低温柔性	150×25	纵向10
		尺寸变化率及质量损失	(250～320)×50	纵向5
8	渗油性		50×50	3
9	接缝剥离强度		400×200(搭接边处)	纵向2
10	钉杆撕裂强度		200×100	纵向
11	矿物粒料黏附性		265×50	纵向
12	卷材下表面沥青涂盖层厚度		200×50	纵向
13	人工气候加速老化	拉力保持率	120×25	纵横向各5
		低温柔性	120×25	纵向10

(4)试验步骤

1)试件制备

整个拉伸试验应制备两组试件,一组纵向5个试件,一组横向5个试件。

试件在试样上距边缘100 mm以上任意裁取,矩形试件宽为(50±0.5)mm,长为(200±0.5)mm,长度方向为试验方向。

2)试验应在(23±2)℃的条件下进行。试件在试验前在(23±2)℃和相对湿度30%～70%的条件下至少放置20 h。

3)将试件紧紧地夹在拉伸试验机的夹具中,注意试件长度方向的中线与试验机夹具中心在一条线上。夹具间距离为(200±2)mm,为防止试件从夹具中滑移应作标记。

4)开动试验机使受拉试件受拉,夹具移动的恒定速度为(100±10)mm/min。

5)连续记录拉力和对应的夹具间距离。

(5)数据处理及试验结果

1)分别计算纵向或横向5个试件最大拉力的算术平均值(修约至5 N)作为卷材纵向或横向拉力,单位N/50 mm,平均值达到标准规定的指标时判为合格。

2)延伸率E(%)按下式计算:

$$E = \frac{L_1 - L_0}{L} \times 100\%$$

式中 L_1——试件最大拉力时的标距,mm;

L_0——试件初始标距,mm;

L——夹具间距离,mm。

分别计算纵向或横向5个试件最大拉力时延伸率的算术平均值(修约至1%)作为卷材纵向或横向延伸率,平均值达到标准规定的指标时判为合格。

15.7.3 不透水性检测

试验依据:《沥青和高分子防水卷材不透水性》(GB/T 328.10—2007)。

(1)试验原理及方法

试验方法分为方法A和方法B。方法A试验适用于卷材低压力的使用场合,如:屋面、基层、隔汽层。试件满足直到60 kPa压力24 h。方法B试验适用于卷材高压力的使用场合,如:特殊屋面、隧道、水池。此处介绍方法A。

方法A的试验原理是:将试件置于不透水性试验装置的不透水盘上,压力水作用24 h,观察有无明显的水渗到上面的滤纸产生变色。

(2)试验目的

通过测定不透水性,检测卷材抵抗水渗透的能力。

(3)主要仪器

一个带法兰盘的金属圆柱体箱体,孔径150 mm,并连接到开放管子末端或容器,其间高差不低于1 m,如图15.34所示。

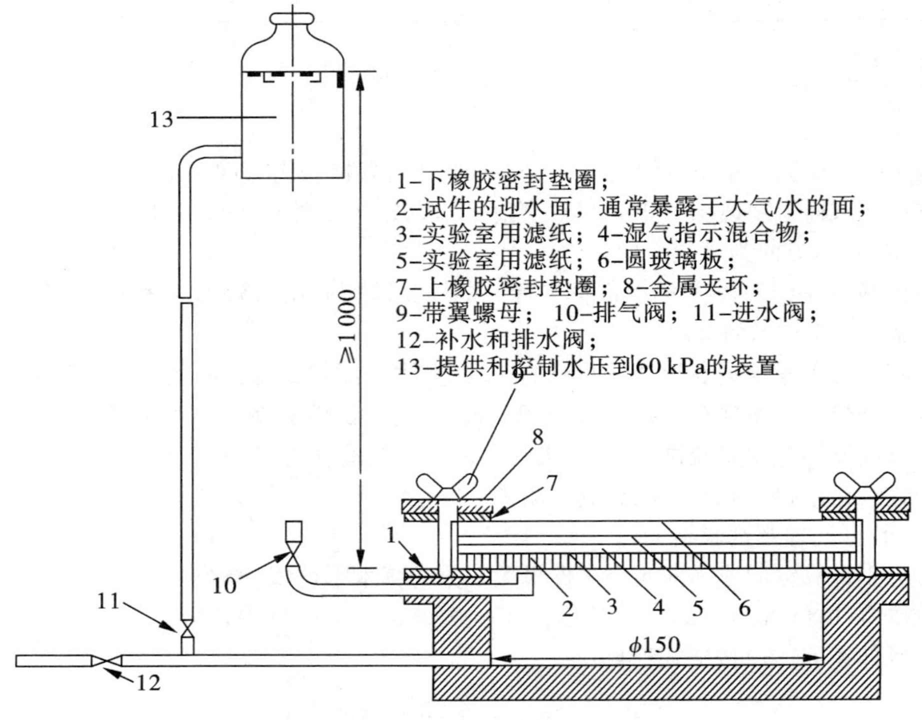

图15.34 低压力不透水性试验装置

(4)试件制备

试件尺寸:圆形试件,直径(200±2)mm 。

试件在卷材宽度方向均匀裁取,最外一个距卷材边缘100 mm。试件数量,最少三块。

试验前试件在(23±5)℃放置至少6 h。

(5)试验步骤

1)放试件在设备上,旋紧翼形螺母固定夹环。打开进水阀让水进入,同时打开排气阀排出空气,直至水出来,关闭排气阀;

2)调整试件上表面所要求的压力。

3)保持压力(24±1)h;

4)检查试件,观察上面滤纸有无变色。

(6)结果评定

试件有明显的水渗到上面的滤纸产生变色,认为试验不符合。

所有试件通过认为卷材不透水。

15.7.4 耐热性检测

试验依据:《建筑防水卷材试验方法 第11部分:沥青防水卷材 耐热性》(GB/T 328.11—2007)。

(1)试验原理及方法

将试样置于能得到要求温度的恒温箱内,观察当试样受到高温作用时,有无涂层滑动流淌、滴落、气泡等现象,依此判断试样对温度的敏感程度。

(2)试验目的

通过耐热性检测,评定卷材的耐热性能,作为卷材环境温度要求的依据。

(3)主要仪器

鼓风烘箱、热电偶、光学测量装置等。

(4)试验步骤

1)将烘箱预热到规定试验温度,温度通过与试件中心同一位置的热电偶控制。整个试验期间,试验区域的温度波动不超过±2℃。

2)将制备好的一组三个试件露出的胎体处用悬挂装置夹住,涂盖层不要夹到。

3)将试件垂直悬挂在烘箱的相同高度,间隔至少30 mm。此时烘箱的温度不能下降太多,开关烘箱门放入试件的时间不超过30 s。放入试件后加热时间为(120±2)min。

4)加热周期结束后,将试件和悬挂装置一起从烘箱中取出,相互间不要接触,在(23±2)℃自由悬挂冷却至少2 h。然后除去悬挂装置,在试件两面画第二个标记,用光学测量装置在每个试件的两面测量两个标记底部间最大距离,精确到0.1 mm。

(5)结果评定

计算卷材每个面三个试件的滑动值的平均值,精确到0.1 mm;上表面和下表面的滑动值平均值不超过2.0 mm认为合格。

15.7.5 低温柔性检测

试验依据:《建筑防水卷材试验方法　第14部分:沥青防水卷材　低温柔性》(GB/T 328.14—2007)。

(1)试验原理及方法

从试样裁取的试件,上表面和下表面分别绕浸在冷冻液中的机械弯曲装置上弯曲180°。弯曲后,检查试件涂盖层存在的裂纹。

(2)试验目的

通过试验评定试样在规定负温下抵抗弯曲变形的能力,作为低温条件下卷材使用的选择依据。

(3)主要仪器

1)试验装置如图15.35所示。该装置由两个直径(20±0.1)mm不旋转的圆筒和一个直径(30±0.1)mm的圆筒弯曲轴组成,弯曲轴在两个圆筒中间,能上下移动,圆筒和弯曲轴间的距离可以调节为卷材的厚度。整个装置浸入冷冻液中。

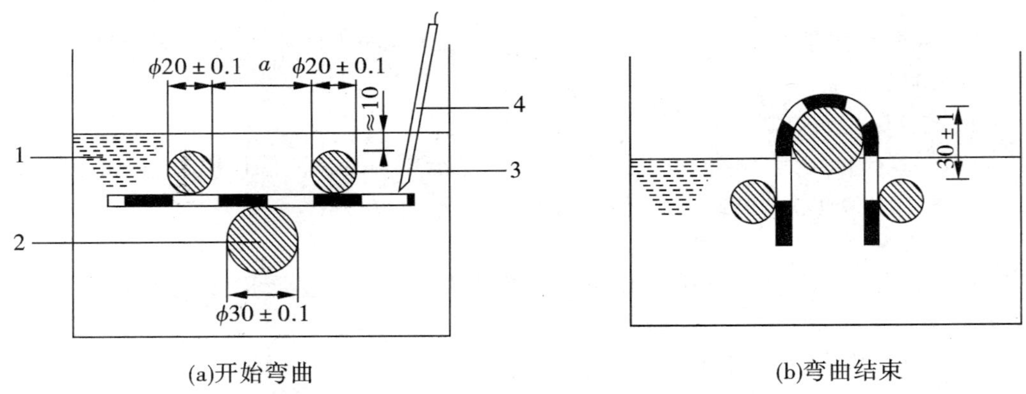

(a)开始弯曲　　(b)弯曲结束

图15.35　试验装置原理和弯曲过程　(单位:mm)

1-冷冻液;2-弯曲轴;3-固定圆筒;4-半导体温度计(热敏探头)

2)冷冻液:低至-25 ℃的丙烯乙二醇/水溶液(体积比1∶1),或低至-20℃的乙醇、水混合物(体积比2∶1)。.

3)低温制冷仪:能控制温度在+20 ~ -40 ℃,控温精度0.5 ℃。

(4)试件制备

1)矩形试件尺寸(150±1)mm×(25±1)mm,长边在卷材的纵向。从试样宽度方向上距边缘150 mm以上均匀裁取试件。两组各5个试件,一组是上表面试验,另一组是下表面试验。

2)去除试件表面的任何保护膜。适宜的方法是常温下用胶带粘在上面,冷却到接近假设的冷弯温度,然后从试件上撕去胶带。

3)试件试验前至少在(23±2)℃温度下平放4 h,并且相互之间不能接触,也不能粘在板上。

(5)试验步骤

1)冷冻液达到规定的试验温度,误差不超过 0.5 ℃,试件放于支撑装置上,且在圆筒的上端,保证冷冻液完全浸没试件。试件放入冷冻液达到规定温度后,开始保持在该温度 1 h±5 min。半导体温度计的位置靠近试件,检查冷冻液温度。

2)试件放置在圆筒和弯曲轴之间,试验面朝上,然后设置弯曲轴以(360±40)mm/min 速度顶着试件向上移动,试件同时绕轴弯曲。轴移动的终点在圆筒上面(30±1)mm 处。

3)在完成弯曲过程 10 s 内,在适宜的光源下用肉眼检查试件有无裂纹,必要时,用辅助光学装置帮助。假若有一条或更多的裂纹从涂盖层深入到胎体层,或完全贯穿无增强卷材,即存在裂缝。

(6)结果评定

一个试验面 5 个试件在规定温度至少 4 个无裂缝为通过,上表面和下表面的试验结果要分别记录。

15.8 保温材料性能检测

15.8.1 绝热用模塑聚苯乙烯泡沫塑料(EPS)/绝热用挤塑聚苯乙烯泡沫塑料(XPS)

15.8.1.1 采用标准

《泡沫塑料及橡胶 表观密度的测定》GB/T 6343—2009

《硬质泡沫塑料 压缩性能的测定》GB/T 8813—2008

《绝热材料稳态及有关特性的测定防护热板法》GB/T 10294—2008

《硬质泡沫塑料 尺寸稳定性试验方法》GB/T 8811—2008

《塑料 用氧指数法测定燃烧行为 第 2 部分:室温试验》GB/T 2406.2—2009

15.8.1.2 表观密度测定

(1)试验目的

检测试样的表观密度是否符合国标要求。

(2)仪器设备

天平(称量精度为 0.1%);游标卡尺;金属直尺等。

(3)试验步骤

1)制取样品:试样的形状应便于体积计算。切割时,应不改变其原始泡孔结构。试样总体积至少为 100 cm^3,在仪器允许及保持原始形状不变的条件下,尺寸尽可能大。至少测试 5 个试样。在测定样品的密度时会用到试样的总体积和总质量。试样应支撑体积可精确的规整几何体。

2)状态调节:测试用样品材料生产后,应至少放置 72 h,才能进行制样。样品在下列规定标准环境或干燥环境(干燥器中)下至少放置 16 h,这段状态调节时间可以是在材料制成后放置的 72 h 中的一部分。标准环境条件下应符合(23±2)℃,(50±10)%,干燥环境:(23±2)℃或(27±2)℃。

3)尺寸测量:每个尺寸至少测量3个位置,对于板状的硬质材料,在中部每个尺寸测量五个位置。分别计算每个尺寸平均值,并计算试样体积。

4)称量试样,精确到5%,单位为克(g)。

(4)结果计算

计算表观密度,取其平均值,并精确至0.1 kg/m³。

$$\rho = \frac{m}{V} \times 10^6$$

式中 ρ——表观密度,单位为千克每立方米(kg/m³);

M——试样质量,单位为克(g);

V——试样体积,单位为立方毫米(mm³)。

15.8.1.3 压缩强度测定

(1)试验目的

检测试样的压缩强度,判断试样是否符合国标要求。

(2)仪器设备

压缩试验机;位移和力的测量装置;测量试样尺寸的量具。

(3)试验步骤

1)试样制备:试样厚度应为(50±1)mm,使用时需带有模塑表皮的制品,其试样应取整个制品的原厚,但厚度最小为10 mm,最大不得超过试样的宽度或直径。试样的受压面为正方形或圆形,最小面积为25 cm²,最大面积为230 cm²,首先使用受压面为(100±1)mm×(100±1)mm的正四棱柱试样。制取试样应不改变泡沫材料的结构,制品在使用中不保留模塑表皮的应除去表皮。从硬质泡沫塑料制品的块状材料或厚板中制取试样时,取样方法和数量应参照有关泡沫塑料制品标准的规定。在缺乏相关规定时,至少要其5个试样。

2)试样状态调节:温度(23±2)℃,相对湿度(50±10)%,至少6 h。

3)测量压缩强度:按《泡沫塑料与橡胶线性尺寸的测定》(GB/T 6342—1996)规定,测量每个试样的三维尺寸。将试样放置在压缩试验机的两块平行板之间的中心,以每分钟压缩试样的初始厚度10%的速率压缩试样,直到试样厚度变为初始厚度的85%,记录在压缩过程中的力值。

(4)结果计算

压缩强度计算:

$$\sigma_m = 10^5 \times \frac{F_m}{A_0}$$

式中 F_m——相对变形ε<10%的最大压缩力,N;

A_0——试样初始横截面积。

15.8.1.4 导热系数测定(防护热板法)

(1)试验目的

检测试样的导热系数,判断其是否符合国标要求。

(2)仪器设备

平板导热器。平板导热仪外观见图 15.36。

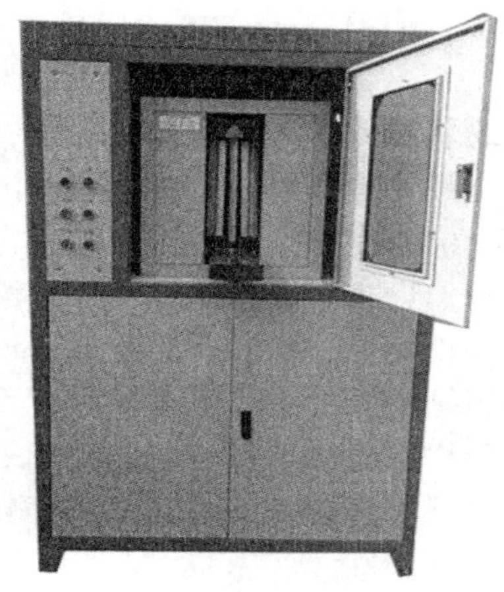

图 15.36 平板导热仪

(3)试验步骤

1)试样制备:根据装置的形式,从每个样品中选取一个或两个试件。当需要两个试件时,它们应尽可能地一样,厚度差别应小于 2%,除特殊要求外,试件尺寸应该完全覆盖加热单元的表面。试件的厚度应是实际厚度或大于能给出被测材料热性质的最小厚度。

2)状态调节:测定试件质量后必须把试件放在干燥器或通风的烘箱里,以对材料适宜的温度将试件调节到恒定的质量。为减少试验时间,时间可在放入装置前调节到试验平均温度,为防止测定过程中湿气深入试件,可将试件封闭在防水的封套中。当需要测定试件在空气中的传热性质时,调节防护热板组件周围砌体的相对湿度,使其露点温度至少比冷却单元温度低 5 K。

3)导热系数测定:把试件封入气密性封袋内避免湿分迁入(或逸出)试件,试验时封袋与冷面接触的部分不应出现凝结水。以大于或等于 Δt 的时间间隔规定读取数据,持续到连续四组读数给出的热阻值的差别不超过 1%,并且不是单调地朝一个方向改变时。记录数据。

(4)结果计算

$$\lambda = \frac{\Phi \cdot d}{A(T_1 - T_2)}$$

式中 λ——导热系数,W/(m·K);

Φ——加热单元计量部分的平均加热功率,W;

T_1——试件热面温度平均值,K;

T_2——试件冷面温度平均值,K;

d——试件平均厚度,mm;

A——计量面积,m^2。

15.8.1.5 尺寸稳定性测定

(1)试验目的

测定试样线性尺寸发生的变化,判断试样线性尺寸稳定性是否符合国标要求。

(2)仪器设备

恒温恒湿箱;量具。

(3)试验步骤

1)试样制备:用锯切或其他机械加工方法从样品上切取试样,并保证试样表面平整而无裂纹,若无特殊规定,应除去泡沫塑料的表皮。试样为长方体,试样最小尺寸为(100±

1)mm×(100±1)mm×(25±0.5)mm。对选定的任一试验条件。每一样品至少测试 3 个试样。

2)状态调节:在温度(23±2)℃,相对湿度 45% ~55% 条件下调节 88 h。

3)尺寸测量:测量每个试样三个不同位置的长度(L_1、L_2、L_3),宽度(W_1、W_2、W_3)及五个不同位置的厚度(T_1、T_2、T_3、T_4、T_5),单位为 mm。

4)加热试样:调节试验箱内温度、湿度至选定的试验条件,将试样水平置于箱内金属网或多孔板上,试样间隔至少 25 mm,鼓风以保持箱内空气循环。试样不应受加热元件的直接辐射。

5)测量试样尺寸:将加热过的试样在温度(23±2)℃ 、相对湿度 45% ~55% 条件下放置 1 h~3 h。测量试样尺寸,并目测检查试样状态。

(4)结果计算

尺寸变化率计算:

$$\varepsilon_L = \frac{L_t - L_0}{L_0} \times 100\%$$

$$\varepsilon_W = \frac{W_t - W_0}{W_0} \times 100\%$$

$$\varepsilon_W = \frac{W_t - W_0}{W_0} \times 100\%$$

式中 ε_L、ε_W、ε_W——分别为试样的长度、宽度及厚度的尺寸变化率的数值,%;

L_t、W_t、T_t——分别为试样试验后的平均长度、宽度和厚度的数值,mm;

L_0、W_0、T_0——分别为试样试验前的平均长度、宽度和厚度的数值,mm;

15.8.1.6 燃烧性能测定

(1)试验目的

使用顶面点燃法测定试样的氧指数,判断试样是否符合国标最小氧指数要求。

(2)仪器设备

1)试验燃烧筒:由一个垂直固定在基座上,并可导入含氧混合气体的耐热玻璃筒组成。优选的燃烧筒尺寸为高度(500±50)mm,内径(75~100)mm。燃烧筒顶端具有限流孔,排出气体的流速至少为 90 mm/s。

2)试样夹:用于燃烧筒中央垂直支撑试样。

3)气源:纯度(质量分数)不低于 98% 的氧气和/或氮气,和清洁的空气[含氧气 20.9%(体积分数)]作为气源。

4)气体测量和控制装置。

5)点火器:由一根末端直径为(2±1)mm 能插入燃烧筒并喷出火焰点燃试样的管子组成。火焰的燃料应为未混有空气的丙烷。当管子垂直插入时,应调节燃料供应量以使火焰从出口垂直向下喷射(16±4)mm。

6)计时器:测量时间可达 5 min,准确度±0.5 s。

氧指数测定仪见图 15.37。

(3)试验步骤

试验原理:将一个试样垂直固定在向上流动的氧、氮混合气体的透明燃烧筒里,点燃试样顶端,并观察试样的燃烧特性,把试样连续燃烧时间或试样燃烧长度与给定的判据相比较,通过在不同氧浓度下的一系列试验,估算氧浓度的最小值。为了与规定的最小氧指数值进行比较,试验3个试样,根据判据判定至少两个试样熄灭。

图15.37 氧指数测定仪

1)试样制备:按材料标准进行取样,所取样品至少能制备15根试样。试样尺寸、模塑和切割试样最适宜的样条形状,见表15.15。为了观察试样燃烧距离,Ⅰ、Ⅱ、Ⅲ、Ⅳ、Ⅵ试样使用顶面点燃法,应在离点燃端50 mm处画标线。

表15.15 试样尺寸

试样形状	尺寸			用途
	长度/mm	宽度/mm	厚度/mm	
Ⅰ	80～150	10±0.5	4±0.25	用于模塑材料
Ⅱ	80～150	10±0.5	10±0.5	用于泡沫材料
Ⅲ[b]	80～150	10±0.5	≤10.5	用于片材“接收状态”
Ⅳ	70～150	6.5±0.5	3±0.25	电器用自撑模塑材料或板材
Ⅴ[b]		52±0.5	≤10.5	用于软膜或软片
Ⅵ[c]	140～200	20	0.02～0.10[d]	用于能用规定的杆缠绕“接收状态”的薄膜

2)状态调节:除非另有规定,否则每个试样试验前应在温度(23±2)℃和相对湿度(50±5)%条件下至少调节88 h。

3)测定最小氧指数:当不需要测定材料的准确氧指数,只是为了与规定的最小氧指数值相比较时使用,若有争议或需要实际氧指数时,应用以下试验步骤:

①选择最小规定的氧浓度。

②确保燃烧筒处于垂直状态,将试样垂直安装在燃烧筒的中心位置,使试样的顶端低于燃烧筒顶口至少100 mm,同时试样的最低点的暴露部分要高于燃烧筒基座的气体分散装置的顶面100 mm。

③调整气体混合器和流量计,使氧/氮气体在(23±2)℃下混合,氧浓度达到设定值,并以40 mm/s±2 mm/s的流速通过燃烧筒,在点燃试验前至少用混合气体冲洗燃烧筒30 s。确保点燃试样燃烧期间气体流速不变。

④顶面点燃是试样顶面使用点火器点燃。

⑤将火焰的最低部分施加预试样的顶面,施加火焰30 s,每隔5 s移开一次,移开时恰好有足够时间观察试样的整个顶面是否处于燃烧状态。在每增加5 s后,观察整个试样顶面持续燃烧,立即移开点火器,此时试样被点燃并记录燃烧时间和观察燃烧长度。

(4)结果评价

当试样点燃时开始记录时间,观察燃烧行为。如果燃烧中止,但在1 s内又自发再燃,则继续观察和计时。如果试样的燃烧时间和燃烧长度均未超过表15.16规定的相关值,记作"0"反应。如果燃烧时间和燃烧长度两者任何一个超过表15.16规定的相关值,记下燃烧行为和火焰熄灭情况,此时记作"×"反应。

表15.16 氧指数测量的判定依据

试验类型	点燃方法	判据(二选其一)	
		点燃后的燃烧时间/s	燃烧长度
Ⅰ、Ⅱ、Ⅲ、Ⅳ和Ⅳ	A 顶面点燃	180	试样顶端以下50 mm
	B 扩散点燃	180	上标线以下50 mm
Ⅴ	B 扩散点燃	180	上标线(框架上)以下80 mm

注:1.不同形状的试样或不同点燃方式及试验过程,不能产生等效的氧指数效果。

2.当试样上任何可见的燃烧部分,包括垂直表面流淌的燃烧滴落物,通过规定的标线时,认为超过了燃烧范围。

15.8.2 网格布

15.8.2.1 采用标准

《增强制品试验方法 第3部分:单位面积质量的测定》GB/T 9914.3—2013

《增强材料 机织物试验方法 第5部分:玻璃纤维拉伸断裂强力和断裂伸长》GB/T 7689.5—2013

《玻璃纤维耐碱网格布》GB/T 20102—2006

15.8.2.2 单位面积质量

(1)试验目的

测定试样的单位面积质量,判断其是否符合国标要求。

(2)仪器设备

抛光金属模板(用于试样制备,面积为100 cm^2的正方形或圆形用于织物,裁剪的试验面积允许误差应小于1%);合适的裁剪工具(如刀、剪刀或冲压装置);试样皿(有耐热材料制成,能使试样表面空气流通良好,不会损失试样);天平(具有表15.17的特性);通风烘箱[空气置换率为每小时20~50次,温度能控制在(105±3)℃内];干燥器(内装合适的干燥剂);不锈钢钳(用于加持试样和试样皿)。

表 15.17 天平的特性

材料	测量范围	容许误差限	分辨率
织物≥200 g/m^2	0～150 g	10 mg	1 mg
织物≤200 g/m^2	0～150 g	1 mg	0.1 mg

(3)试验步骤

1)试样制备:切取一条整幅宽度至少35 cm的织物作为试验室样本。在一个清洁的工作台面上,用裁剪工具和模板,切取规定的试样数;如果试样可能有纤维掉落,应采用试样皿;如需要可将试样折叠,以保证试样上原丝或纱线的完整性。除非另有要求,织物含水率超过0.2%(或含水率未知时)时,应将试样置于(105±3)℃的通风烘箱中干燥1 h,然后放入干燥器冷却至室温。试验室的试样数应为:每50 cm宽取一个100 cm^2的试样,任何情况下,最少取2个试样;试样应分开取,最好包括不同的纬纱;应距边缘至少5 cm。除非产品规范或测试委托方要求,试样不需要调湿;如需调湿,推荐《塑料试样状态调节和试验的标准环境》(GB/T 2918—1998)规定的温度为(23±2)℃,相对湿度为(50±10)%的标准环境条件下进行。

2)称量质量:称取每个试样的质量并记录结果。如果使用试样皿,则应扣除其质量。质量的数值应与天平的分辨率一致。

(4)结果计算

①计算每个试样的单位面积质量ρ_A,单位为克每平方米(g/m^2)。

$$\rho_A = \frac{m_s}{A} \times 10^4$$

式中 m_S——试样质量,单位为克(g)

A——试样面积,单位为平方厘米(cm^2)

②以所有试样的测试结果的平均值作为单位面积质量的报告值。

③对于单位面积质量大于等于200 g/m^2的织物,结果精确至1 g;对于单位面积质量小于等于200 g/m^2的织物,结果精确至0.1 g。

15.8.2.3 拉伸断裂强力和断裂伸长的测定

(1)试验目的

测定试样的断裂强力和断裂伸长,判断其是否符合国标要求。

(2)仪器设备

夹具(夹具宽度应大于试样宽度,夹具的夹持面应平整且互相平行,夹具应设计成试样的中心轴线与试验时的受力方向保持一致,上下夹具的初始距离(有效长度)应为(200±2)mm;拉伸试验机[推荐使用等速伸长(CRE)试验机,对于试样拉伸速度应满足(100±5)mm/min];模板(用于从试验室样本上裁取过渡试样,试样尺寸为350 mm×370 mm,模板应有连个槽口用于标记试样中间部分);合适的裁剪工具。

(3)试验步骤

1)试样制备:除非产品规范或相关方另有规定,去除可能有损伤的最外层(至少去掉

1 m)，裁取长约 1 m 的布段为试验室样本。试样长度应为 350 mm，以使试样有效长度为(200±2)mm。试样宽度，不包括毛边(试样的拆边部分)应为 50 mm。裁取一片硬纸或纸板，其尺寸应大于或等于模板尺寸。

①将织物完全平铺在硬纸或纸板上，确保经纱和纬纱笔直无弯曲并相互垂直。

②将模板放在织物上，并使整个模板处于硬纸或纸板上，用裁剪工具沿着模板的外边缘同时切取一片织物和硬纸或纸板作为过渡试样。对于经向试样，模板上有效长度的边应平行于经纱，对于纬向试样，模板上有效长度平行于纬纱。

③用软铅笔沿着模板上的两个槽口的内侧边画线，移开模板。画线时注意不要损伤纱线。

④在织物两端长度各为 75 mm 的端部区域涂覆合适的胶黏剂，使织物的两端与背衬的硬纸或纸板粘在一起，中间两条铅笔线之间部分不涂覆。(胶黏剂推荐使用：天然橡胶或氯丁橡胶溶液、局甲基丙烯酸丁酯的二甲苯溶液、环氧树脂等)

⑤过渡试样烘干后，沿垂直于两条铅笔线的方向裁剪成条状试样。试样宽度为 65 mm，制成尺寸为 350 mm×65 mm 的试样。每个试样包括了长度为 200 mm 无涂覆的中间部分，和两端各为 75 mm 的涂覆部分。

⑥细心地拆去试样两边的纵向纱线，两边拆去的纱线根数应大致相同，直到试样宽度为 50mm，或尽可能接近。

2)试样调湿：在 GB/T 2918—1998 规定的温度为(23±2)℃、相对湿度 50%±10%的标准环境下进行调湿，调湿时间为 16 h 或由相关方商定。

3)拉伸测量

①调整夹具间距，试样的间距为(200±2)mm。确保夹具相互对准并平行。使试样的纵轴贯穿两个夹具前边缘的中点，夹紧其中一个夹具。在夹紧另一夹具前，从试样的中部与试样纵轴垂直的方向切断背衬纸板，并在整个试样宽度方向上均匀地施加预张力，预张力大小为预期强力的(1±0.25)%，然后夹紧另一个夹具。如果拉伸试验机配有记录仪或计算机，可以通过引动活动夹具施加预张力。从断裂荷载中减去预张力值。

②启动拉伸试验机，拉伸至试样断裂。

③记录最终断裂强力。除非另有商定，当织物分别为两个或以上阶段断裂时，记录第一组纱断时的最大强力，并将其作为织物的拉伸断裂强力。

④记录断裂伸长，精确至 1 mm。

⑤如果有试样断裂在两个中任何一个夹具的接触线 10 mm 以内，则舍去其试样，并用新试样重新试验。

(4)结果表示

1)断裂强力：计算每个方向(经向和纬向)断裂强力的算术平均值，分别作为织物经向和纬向的断裂强力测定值，用牛顿表示，保留小数点后两位。

2)断裂伸长：计算织物每个方向(经向和纬向)断裂伸长的算术平均值，以断裂伸长增量与初始有效长度的百分比表示，保留两位有效数字，分别作为织物的断裂伸长。

15.8.2.4 断裂强力保留率

(1)试验目的

将试样用氢氧化钠腐蚀后检测其断裂强力,计算试验的断裂强力保留率,判断其是否符合国标要求。

(2)仪器设备与试剂

拉伸试验机(符合第15.8.2.3拉伸试验机要求);带盖容器(应由不与碱溶液发生化学反应的材料制成;尺寸应能使玻璃纤维网布试样平直地放置在内,并保证碱溶液的液面高于试样至少25 mm;容器的盖应密封,以防止碱溶液中的水分蒸发浓度增大);蒸馏水;氢氧化钠(化学纯)。

(3)试验步骤

1)试样制备

①从卷装上裁取30个宽度为(50±3)mm,长度为(600±13)mm的试样条。其中15个试样条的长边平行玻璃纤维网布的经向(经向试样),15个试样条的长边平行于玻璃纤维网布的纬向(纬向试样)。每个试样应包括相等的纱线根数,并且宽度不超过允许偏差范围(±3mm)。经向试样在玻璃纤维网格整个宽度上裁取,确保代表了不同的纬纱;纬向试样在样品卷装上较宽的长度范围内裁取。

②分别在每个试样的两端编号,然后将试样沿横向从中间一分为二,一半用于测定未经碱溶液浸泡的拉伸断裂强力,另一半用于测定碱溶液浸泡后的拉伸断裂强力。这样可以保证未经碱溶液浸泡的试样与碱溶液浸泡试样的可比性。

2)试样处理

①记录每个试样条的两端编号和位置,确保得到的一对未经碱溶液浸泡的试样和经碱溶液浸泡的试样拉伸断裂强力值是来自同一条试样。

②配制浓度为50 g/L(5%)的氢氧化钠溶液置于带盖容器内,确保溶液面浸没试样至少25 mm,保持溶液温度(23±2)℃。

③将用于碱溶液浸泡处理的试样放入配制好的氢氧化钠溶液中,试样应平整地放置,如果试样有卷曲倾向,可用陶瓷片等小的重物压在试样两端。在容器内表面对液面位置进行标记,加盖并密封。若取出试样时发现液面高度发生变化,则应从新取样进行试验。

④试样在氢氧化钠溶液中浸泡28天。

⑤取出试样后,用蒸馏水将试样上残留的碱溶液冲洗干净,置于温度在(23±2)℃的,相对湿度(50±5)%条件下放置7天。

⑥未经碱溶液浸泡的试样在温度(23±2)℃的,相对湿度(50±5)%的试验室内同时放置。

3)拉伸测定

①按15.8.2.3的步骤处理,以防止试样在夹具内打滑或断裂。

②将试样固定在夹具内,中间有效部位的长度为200 mm。

③以100 mm/min的速度拉伸试样至断裂。

④记录试样断裂时的力值(N/50 mm)。

⑤如果试样在夹具内打滑或断裂,或试样沿夹具边缘断裂,应舍弃这个结果重新用另

一个试样测试，直至每种试样得到5个有效的测试结果：未经碱溶液浸泡处理的经向和纬向试样；经碱溶液浸泡的经向和纬向试样。

注：当试样存在自身缺陷或试验过程中受到损伤，会产生明显脆性和测试值出现较大变异，这样的试样的测试结果应废弃。

(4)结果计算

分别计算经碱溶液浸泡（经向和纬向）平均值和未经碱溶液浸泡（经向和纬向）平均值。分别计算经向拉伸断裂强力的保留率(ρ_t)和纬向拉伸拉伸断裂强力保留率(ρ_w)：

$$\rho_t(\text{或}\,\rho_w) = \frac{\dfrac{C_1}{U_1} + \dfrac{C_2}{U_2} + \dfrac{C_3}{U_3} + \dfrac{C_4}{U_4} + \dfrac{C_5}{U_5}}{5} \times 100\%$$

式中 $C_1 \sim C_5$——分别为5个碱溶液浸泡处理后的试样拉伸断裂强力，N；

$U_1 \sim U_5$——分别为5个未经碱溶液浸泡处理后的试样拉伸断裂强力，N。

15.8.3 锚栓

15.8.3.1 采用标准

《外墙保温用锚栓》JG/T 366—2012

15.8.3.2 锚栓抗拉承载力测定适用范围

锚栓可用于下列类别的基层墙体：

1)普通混凝土基层墙体(A类)；

2)实心砌体基层墙体(B类)，包括烧结普通砖、蒸压灰砂砖、蒸压粉煤灰砖砌体以及轻骨料混凝土墙体；

3)多孔砖砌体基层墙体(C类)，包括烧结多孔砖、蒸压灰砂多孔砖砌体墙体；

4)空心砌块基层墙体(D类)，包括普通混凝土小型空心砌块、轻集料混擬土小型空心砌块墙体；

5)无压加气混凝土基层墙体(E类)。

15.8.3.3 锚栓抗拉承载力标准值

标准试验条件下锚栓的抗拉承载力标准值应符合表15.18的要求。

表15.18 标准试验条件下锚栓抗拉承载力标准值 (kN)

项目	性能指标				
	A类基层墙体	E类基层墙体	C类基层墙体	D类基层墙体	E类基层墙体
承载力标准值，F_k	≥0.60	≥0.50	≥0.40	≥0.30	≥0.30

15.8.3.4 锚栓抗拉承载力测定

(1)试验目的

测定标准试验条件下锚栓的抗拉承载力，判断其是否满足国标要求。

(2) 仪器设备

可连续平稳加载的拉拔仪。

(3)试验步骤

1)试验用基层墙体试块强度等级要求:

—混凝土,强度等级 C25。

—烧结普通砖,应符合 GB 5101—2003,强度等级 MU15。

—蒸压灰砂砖,应符合 GB 11945-1999,强度等级 MU15。

—粉煤灰砖,应符合 JC 239—2001,强度等级 MU15。

—轻骨料混凝土砖,应符合 JCJ 51—2002,强度等级 LC15。

—烧结多孔砖,应符合 GB 13544—2000,强度等级 MU15。

—蒸压灰砂空心砖 ,应符合 JC/T 637—1996,强度等级 15。

—普通混凝土小型空心砌块,应符合 GB 8239—1997,强度等级 MU10。

—轻集料混凝土小型空心砌块,应符合 GB/T 15229—2002,强度等级 10。

—烧结空心砖和空心砌块,应符合 GB 13545—2003,强度等级 MU10。

—蒸压加气混凝土砌块,应符合 GB 11968—2006,强度等级 A2.0。

应按 15.8.3.2 基层墙体类别,同类基层墙体,可任选一种材料进行试验。

标准试验环境为空气温度(23±5)℃,相对湿度为(50±10)% 。

2)安装锚栓:在基层墙体试块上按生产商提供的安装方法进行安装,有效锚固深度不应小于 25 mm,试件数量 10 个。

3)抗拉测定:使用拉拔仪进行试验,拉拔仪支脚中心轴线与锚栓试件中心轴线之间距高不应小于有效锚固深度的 2 倍。均匀稳定加载,荷载方向垂直于基层墙体试块表面,加载至锚栓试件破坏,记录破坏荷载值和破坏状态。

(4)结果计算

1)锚栓抗拉承载力标准值计算:

$$F = \bar{F} \cdot (1 - K \cdot V)$$

式中 F——锚栓抗拉承载力标准值(5%分位数),单位为千牛(kN)。标准试验条件下,锚栓抗拉承载力标准值表述为 F_k;

$\bar{F}$——锚栓试件破坏荷载的算术平均值,单位为千牛(kN);

k——系数;锚栓为 5 个时取 3.4,10 个时取 2.6;

V——变异系数,为锚栓试件测定值标准偏差与算术平均值之比。

2)如果试验中破坏荷载的变异系数大于 20%,确定抗拉承载力标准值时乘以一个附加系数 α,α 的计算式如下:

$$\alpha = \frac{1}{1 + [V(\%) - 20] \times 0.03}$$

15.8.4 胶黏剂

15.8.4.1 采用标准

《墙体保温用膨胀聚苯乙烯板胶黏剂》JC/T992—2006

15.8.4.2 聚苯板胶黏剂拉伸强度性能指标

聚苯板胶黏剂拉伸强度性能指标见表15.19。

表15.19 聚苯板胶黏剂拉伸强度性能指标

试验项目		性能指标
拉伸黏结强度/MPa（与水泥砂浆）	原强度	≥0.60
	耐水	≥0.40
拉伸黏结强度/MPa（与膨胀聚苯板）	原强度	≥0.10，破坏界面在膨胀聚苯板上
	耐水	≥0.10，破坏界面在膨胀聚苯板上
可操作时间/h		1.5～4.0

15.8.4.3 拉伸黏结强度测定

（1）试验目的

测定聚苯板胶黏剂与聚苯板或水泥砂浆板的拉伸黏结强度，并判断其是否符合国标要求。

（2）仪器与材料

1）材料拉力试验机：电子拉力试验机，试验荷载为量程的20%～80%。

2）试样成型框：材料为金属或硬质塑料。试样成型框尺寸见JC/T 992—2006附录A的A.3试验仪器。

3）拉伸专用夹具：上夹具、下夹具、拉伸垫板尺寸见JC/T 992—2006附录A的A.3试验仪器，材料为45号钢，拉伸专用夹具装配按JC/T 992—2006附录A的A.3试验仪器所示进行。

4）聚苯板试板：尺寸70 mm×70 mm×20 mm，表观密度(18.0±0.2)kg/m^3，垂直于板面方向的抗拉强度不小于0.10 MPa，其他性能指标应符合GB/T 10801.1规定的要求。

5）水泥砂浆试板：尺寸70 mm×70 mm×20 mm，普通硅酸盐水泥强度等级42.5，水泥与中砂质量比为1∶3，水灰比为0.5。试板应在成型后20～24 h之间脱模，脱模后在(20±2)℃水中养护6 d，再在试验环境下空气中养护21 d。水泥砂浆试板的成型面应用砂纸磨平。

6）高强度黏结剂：树脂胶黏剂，标准试验条件下固化时间不得大于24 h。

（3）试验步骤

1）试样制备

①浆料制备：按生产商使用说明书要求配制聚苯板胶黏剂。聚苯板胶黏剂配制后，放置15 min使用 。

②成型：根据试验项目确定试板为聚苯板试板或水泥砂浆试板，将成型框放在试板上，将配制好的聚苯板胶黏剂搅拌均匀后填满成型框，用抹灰刀抹平表面，轻轻除去成型框。放置30 min后，在聚苯板胶黏剂表面盖上聚苯板。每组试样五个。试样尺寸为：40 mm×40 mm×6 mm。

③养护：试样在标准试验条件下养护 13 d，拿去盖着的聚苯板，用高强度黏结剂将上夹具与试样聚苯板胶黏剂粘贴在一起，在标准试验条件下继续养护 1 d。

2）试样处理

将试样按下述条件进行处理：

①原强度：无附加条件。

②耐水：在(23±2)℃的水中浸泡 7 d，试样聚苯板胶黏剂层向下，浸入水中的深度 2～10 mm，到期试样从水中取出并擦拭表面水分。

③耐冻融：试样按下述条件进行循环 10 次，完成循环后试样在标准试验条件下放置到室温。当试样处理过程需中断时，试样应放在(－20±2)℃条件下。在(23±2)℃的水中浸泡 8 h，试样聚苯板胶黏剂层向下，浸入水中的深度为 2～10 mm；在(－20±2)℃条件下冷冻 16 h。

(3）拉伸测定

将拉伸专用夹具及试样安装在试验机上，进行强度测定，拉伸速度为(5±1) mm/min，加荷至试样破坏，记录试样破坏时的荷载值。

(4）结果计算

拉伸黏结强度计算，试样结果为五个试样的算术平均值，精确至 0.01 MPa。

$$R = \frac{F}{A}$$

式中　R——试样拉伸黏结强度，MPa；

F——试样破坏荷载值，N；

A——黏结面积，mm^2；取 1600 mm^2。

15.8.5　抹面剂

15.8.5.1　采用标准

《墙体保温用膨胀聚苯乙烯板抹面胶浆》JC/T 993—2006

15.8.5.2　抹面胶浆拉伸黏结强度性能指标(表 15.20)

抹面胶浆拉伸黏结强度性能指标见表 15.20。

表 15.20　抹面胶浆拉伸黏结强度性能指标

项目		指标
拉伸黏结强度，MPa，≥	原强度	0.10
	耐水	0.10
	耐冻融	0.10

15.8.5.3　拉伸黏结强度测定

(1）试验目的

测定在正向拉力作用下聚苯板从抹面胶浆的黏结体脱落过程中所承受的最大拉应

力,确定抹面胶浆与聚苯板的拉伸黏结强度。

(2)仪器与材料

1) 材料拉力试验机:电子拉力试验机,试验荷载为量程的20% ~80%。

2) 试样成型框:材料为金属或硬质塑料。试样成型框尺寸见 JC/T 993—2006 附录 A 的 A.3 仪器设备。

3)拉伸专用夹具:上夹具、下夹具、拉伸垫板尺寸见 JC/T 993—2006 附录 A 的 A.3 仪器设备,材料为45 号钢, 拉伸专用夹具装配按 JC/T 993—2006 附录 A 的 A.3 仪器设备所示进行。

4)聚苯板试板:尺寸 70 mm×70 mm×20 mm,表观密度(18.0±0.2)kg/m^3垂直于板面方向的抗拉强度不小于1.0 MPa,其他性能指标应符合 GB/T 10801.1 规定要求。

5)高强度黏结剂:树脂胶黏剂,标准试验条件下固化时间不得大于 24 h。

(3)试验步骤

1)试样制备

①浆料制备:按生产商使用说明书要求配制抹面胶浆。抹面胶浆配制后, 放置 15 min 使用 。

②成型:将成型框放在试板上,将配制好的抹面胶浆搅拌均匀后填满成型框, 用抹灰刀抹平表面, 轻轻除去成型框。每组试样五个。试样尺寸为:40 mm×40 mm×3 mm。

2)试样养护:试样在标准试验条件下养护 13 d,用高强度黏结剂将上夹具与试样抹面胶浆粘贴在一起,在标准试验条件下继续养护 1 d。

3)试样处理

将试样按下述条件进行处理:

①原强度:无附加条件;

②耐水:在(23±2)℃的水中浸泡 7 d,试样抹面胶浆层向下,浸入水中的深度 2 ~ 10 mm,到期试样从水中取出并擦拭表面水分;

③耐冻融:试样按下述条件进行循环 10 次,完成循环后试样在标准试验条件下放置到室温。当试样处理过程需中断时,试样应放在(-20±2)℃条件下。在(23±2)℃的水中浸泡 8 h,试样抹面胶浆层向下,浸入水中的深度为 2 ~ 10mm;在(-20±2)℃条件下冷冻 16 h。

4)拉伸测定:将拉伸专用夹具及试样安装在试验机上,进行强度测定,拉伸速度为(5 ±1)mm/min,加荷至试样破坏,记录试样破坏时的荷载值。

(4)结果计算

拉伸黏结强度计算,试样结果为五个试样的算术平均值,精确至0.01 MPa。

$$R=\frac{F}{A}$$

式中 R——试样拉伸黏结强度,MPa;

G——试样破坏荷载值,N;

A——黏结面积,mm^2;取 1600 mm^2。

15.8.5.4 压折比测定

按生产商使用说明书要求配制抹面胶浆胶料，抗压强度、抗折强度测定按《水泥胶砂强度试验》（GB/T 17671—1999）规定的进行，试验养护条件为在标准试验条件下放置 28 d。

压折比计算，结果精确至 0.1。

$$T = \frac{R_c}{R_f}$$

式中 T——压折比；

R_C——抗压强度，MPa；

R_f——抗折强度，MPa。

参考文献

[1]周明月. 建筑材料与检测. 2 版. 北京:化学工业出版社,2017.
[2]赵华玮. 建筑材料与检测. 3 版. 郑州:郑州大学出版社,2015.
[3]覃维祖. 结构工程材料. 北京:清华大学出版社、施普林格出版社,2000
[4]魏小胜,严捍东,张长青. 工程材料. 武汉:武汉理工大学出版社,2008
[5]丁大钧. 墙体改革与可持续发展. 北京:机械工业出版社,2006
[6]徐惠忠,周明. 新型建筑围护材料生产工艺与实用技术. 北京:化学工业出版社,2007.
[7]魏鸿汉. 建筑材料. 3 版. 北京:中国建筑工业出版社,2010.
[8]张健. 建筑材料与检测. 2 版. 北京:化学工业出版社,2009.
[9]林祖宏. 建筑材料. 北京:北京大学出版社,2008.
[10]王秀花. 建筑材料. 2 版. 北京:机械工业出版社,2009.
[11]宋岩丽,王社信,周仲景. 建筑材料与检测. 北京:人民交通出版社,2007.
[12]范文昭. 建筑材料. 3 版. 北京:中国建筑工业出版社,2010.
[13]曹亚玲. 建筑材料. 北京:化学工业出版社,2009.
[14]钟祥璋. 建筑吸声材料与隔声材料. 北京:化学工业出版社,2005.
[15]苏达根. 土木工程材料. 北京:高等教育出版社,2003.
[16]刘红飞,蒋元海,叶蓓红. 建筑外加剂. 北京:中国建筑工业出版社,2006 .
[17]马保国,刘军. 建筑功能材料. 武汉:武汉理工大学出版社,2004.
[18]何雄. 建筑材料质量检测. 2 版. 北京:中国广播电视出版社,2009.
[19]中华人民共和国住房和城乡建设部,中华人民共和国国家质量监督检验检疫总局. GB 50164—2011 混凝土质量控制标准.
[20]中华人民共和国住房和城乡建设部. JGJ/T 10—2011 混凝土泵送施工技术规程.